Red Hat Enterprise Linux 9 系统管理实战

肖志健 著

清华大学出版社
北京

内 容 简 介

随着当今信息技术的飞速发展和 Internet 的普及，人们越来越依靠网络上的服务器为自己提供各方面的信息，如抖音、微信、微博、淘宝等。这些服务器使用的操作系统大多是 Linux，在众多的 Linux 操作系统中，Red Hat Enterprise Linux 是目前使用较为广泛的企业级首选系统。本书配套 PPT 课件、作者答疑服务。

本书共分 18 章，内容包括 Linux 与 Red Hat Enterprise Linux、Linux 的启动与进程管理、Linux 的日常运维、Linux 服务管理 systemd、Linux 日志系统、Linux 文件系统管理、Linux 磁盘管理、Linux 网络管理、Linux 防火墙管理、Linux 路由管理、配置 NAT 上网、Linux 远程访问、网络文件共享方案、使用 SELinux 和安全审计工具、使用 Webmin 工具管理、Linux 虚拟化配置、Docker 容器级虚拟化、Kubernetes 集群搭建。

本书内容详尽、示例丰富，是一本比较适用的 Red Hat Enterprise Linux 运维入门书，适合零基础的读者入门使用，也适合从事运维工作的读者作为查询手册使用，同时还可作为高等院校计算机及相关专业的教材。

本书封面贴有清华大学出版社防伪标签，无标签者不得销售。
版权所有，侵权必究。举报：010-62782989，beiqinquan@tup.tsinghua.edu.cn。

图书在版编目（CIP）数据

Red Hat Enterprise Linux 9 系统管理实战 / 肖志健著. –北京：清华大学出版社，2023.3
ISBN 978-7-302-63122-4

Ⅰ. ①R… Ⅱ. ①肖… Ⅲ. ①Linux 操作系统 Ⅳ.①TP316.85

中国国家版本馆 CIP 数据核字（2023）第 047563 号

责任编辑：夏毓彦
封面设计：王　翔
责任校对：闫秀华
责任印制：丛怀宇

出版发行：清华大学出版社
网　　址：http://www.tup.com.cn，http://www.wqbook.com
地　　址：北京清华大学学研大厦 A 座
邮　　编：100084
社 总 机：010-83470000
邮　　购：010-62786544
投稿与读者服务：010-62776969，c-service@tup.tsinghua.edu.cn
质 量 反 馈：010-62772015，zhiliang@tup.tsinghua.edu.cn

印 装 者：三河市君旺印务有限公司
经　　销：全国新华书店
开　　本：190mm×260mm
印　张：20.75
字　数：560 千字
版　　次：2023 年 4 月第 1 版
印　次：2023 年 4 月第 1 次印刷
定　　价：119.00 元

产品编号：093198-01

前　　言

Red Hat Enterprise Linux 9 做了哪些改变

Red Hat Enterprise Linux（RHEL）9 是第一个由 CentOS Stream 构建的生产版本，CentOS Stream 抛弃了过去老旧的瀑布式开发模式而使用了敏捷开发模式。RHEL 9 使用了与 Linux Kernel 社区同步的内核版本 5.14。RHEL 9 的支持和更新会更加的快捷和稳定，更好地为 RHEL 9 作为企业的 IT 基础设施提供动力。

本书真的适合你吗

本书介绍了 RHEL 9 运维的基本工具的使用和实例演示，帮助读者从零基础开始到掌握 RHEL 9 系统运维。本书提供实际工作中的应用实例和具体操作步骤，内容涉及基础系统运维知识、进阶网络运维知识、虚拟化和容器知识的介绍和案例。本书从现实的系统使用场景出发，解决系统构建问题，并详细介绍各种维护工具以及它们的使用场合，同时提供多套笔者自己在实际应用中的案例。

本书特点

（1）本书不论是理论知识的介绍还是实例的演示，都是从实际应用角度出发，精心选择典型例子，讲解细致，分析透彻。

（2）本书深入浅出、轻松易学，以实例为主线，激发读者的阅读兴趣，让读者能够真正学会 RHEL 9 最实用、最方便的运维技能。

（3）本书贴近读者、贴近实际，大量成熟的应用案例，帮助读者快速找到运维的最优解决方案。书中很多实例来自笔者的实际运维工作。

（4）本书根据需要在各章使用了很多案例，让读者可以在学习过程中更轻松地理解相关知识点及技能。

配套 PPT 课件下载

本书配套 PPT 课件，需要用微信扫描下面的二维码获取。如果下载有问题或阅读中发现问题，请联系 booksaga@163.com，邮件主题写"RHEL 9 系统管理实战"。

本书读者

- Red Hat Enterprise Linux 初学者
- Linux 运维工程师
- Linux 服务器开发人员
- Web 应用开发人员
- 数据库管理人员
- 高等院校的学生
- 培训学校的学生
- 云计算初学者

笔　者
2023 年 1 月

目 录

第 1 章 Linux 与 Red Hat Enterprise Linux ·································· 1
  1.1 认识 Linux ·································· 1
    1.1.1 Windows 与 Linux 的区别 ·································· 1
    1.1.2 UNIX 与 Linux 的区别 ·································· 2
    1.1.3 Linux 行业应用 ·································· 2
  1.2 Linux 的授权与版本 ·································· 2
    1.2.1 GNU 公共许可证 ·································· 2
    1.2.2 Linux 的内核版本 ·································· 3
    1.2.3 Linux 的发行版本 ·································· 3
  1.3 Red Hat Enterprise Linux 9 的简介 ·································· 4
    1.3.1 混合云智能操作系统 ·································· 4
    1.3.2 多云认证 ·································· 4
    1.3.3 支持新兴技术 ·································· 4
    1.3.4 容器工具 ·································· 5
    1.3.5 简化流程 ·································· 5
    1.3.6 边缘计算 ·································· 6
  1.4 Red Hat Enterprise Linux 9 的安装 ·································· 6
    1.4.1 可选择的安装方式 ·································· 6
    1.4.2 创建虚拟机 ·································· 7
    1.4.3 安装 Red Hat Enterprise Linux ·································· 10
  1.5 Linux 的启动 ·································· 19
    1.5.1 本地登录 ·································· 19
    1.5.2 远程登录 ·································· 20
    1.5.3 打开 Linux 的终端命令行 ·································· 21
  1.6 Linux 启动后的设置 ·································· 22
    1.6.1 首次启动的设置 ·································· 22
    1.6.2 账号登录 ·································· 23
    1.6.3 重置 root 密码 ·································· 25
  1.7 小结 ·································· 27
  1.8 习题 ·································· 27

第 2 章 Linux 的启动与进程管理 …… 28

2.1 启动管理 …… 28
- 2.1.1 Linux 系统的启动过程 …… 28
- 2.1.2 Linux 运行级别 …… 29
- 2.1.3 服务单元控制 …… 30

2.2 系统引导程序 GRUB …… 33
- 2.2.1 GRUB 2 的简介 …… 34
- 2.2.2 GRUB 2 的启动菜单界面 …… 35
- 2.2.3 GRUB 2 的命令行界面 …… 35
- 2.2.4 GRUB 2 的一些常用命令 …… 36
- 2.2.5 理解 GRUB 2 的配置文件 …… 36

2.3 应用实例——手动引导 Linux …… 37
2.4 小结 …… 38
2.5 习题 …… 38

第 3 章 Linux 的日常运维 …… 39

3.1 软件包管理 …… 39
- 3.1.1 RPM 软件包管理 …… 39
- 3.1.2 YUM 软件包管理 …… 44
- 3.1.3 DNF 软件包管理 …… 49
- 3.1.4 使用图形化工具管理软件包 …… 52

3.2 用户管理 …… 52
- 3.2.1 Linux 的用户类型 …… 52
- 3.2.2 用户管理机制 …… 53
- 3.2.3 用命令行管理用户账号 …… 55
- 3.2.4 用命令行管理用户组 …… 58
- 3.2.5 使用图形化工具管理用户 …… 60

3.3 编辑器的使用 …… 61
- 3.3.1 Gedit …… 61
- 3.3.2 vim …… 62

3.4 计划任务管理 …… 63
- 3.4.1 单次任务 at …… 63
- 3.4.2 周期任务 crond …… 63

3.5 小结 …… 65
3.6 习题 …… 65

第 4 章 Linux 服务管理 …… 66

4.1 systemd 的特点 …… 66

- 4.1.1 systemd 提供了按需启动能力 ········· 66
- 4.1.2 systemd 采用 Linux 的 Cgroup 特性跟踪和管理进程的生命周期 ········· 67
- 4.1.3 启动挂载点和自动挂载管理 ········· 67
- 4.1.4 实现事务性依赖关系管理 ········· 67
- 4.1.5 日志服务 ········· 68
- 4.1.6 unit 的应用 ········· 68
- 4.2 systemd 的使用 ········· 69
  - 4.2.1 unit 文件的编写 ········· 69
  - 4.2.2 创建自己的 systemd 服务 ········· 71
  - 4.2.3 System V 和 systemd 的命令对比列表 ········· 71
- 4.3 systemctl 命令实例 ········· 72
- 4.4 小结 ········· 73
- 4.5 习题 ········· 73

第 5 章 Linux 日志系统 ········· 74

- 5.1 rsyslog 日志服务和日志轮转 ········· 74
  - 5.1.1 rsyslog 日志系统简介 ········· 74
  - 5.1.2 rsyslog 配置文件及语法 ········· 75
- 5.2 使用日志轮转 ········· 77
  - 5.2.1 logrotate 命令及配置文件参数说明 ········· 77
  - 5.2.2 利用 logrotate 轮转 Nginx 日志 ········· 79
- 5.3 systemd 日志 ········· 80
- 5.4 范例——利用日志定位问题 ········· 81
- 5.5 小结 ········· 82
- 5.6 习题 ········· 82

第 6 章 Linux 文件系统管理 ········· 83

- 6.1 认识 Linux 分区 ········· 83
- 6.2 Linux 中的文件管理 ········· 84
  - 6.2.1 文件的类型 ········· 84
  - 6.2.2 文件的属性与权限 ········· 85
  - 6.2.3 改变文件所有权 ········· 86
  - 6.2.4 改变文件权限 ········· 88
- 6.3 XFS 文件系统管理 ········· 89
  - 6.3.1 XFS 文件系统的备份和恢复 ········· 89
  - 6.3.2 检查 XFS 文件系统 ········· 91
- 6.4 小结 ········· 92

6.5 习题 92

第 7 章 Linux 磁盘管理 93

7.1 磁盘管理常用命令 93
    7.1.1 查看磁盘空间占用情况 93
    7.1.2 查看文件或目录所占用的空间 95
    7.1.3 调整和查看文件系统参数 96
    7.1.4 基本磁盘管理 97
    7.1.5 格式化文件系统 99
    7.1.6 挂载/卸载文件系统 100

7.2 交换空间管理 102

7.3 独立磁盘冗余阵列 103

7.4 LVM 工具 104
    7.4.1 LVM 基础 104
    7.4.2 命令行 LVM 配置实战 105
    7.4.3 使用 ssm 管理逻辑卷 109

7.5 使用 gnome-disk-utility 磁盘工具 111
    7.5.1 gnome-disk-utility 的简介 111
    7.5.2 管理磁盘 112

7.6 使用 GParted 分区编辑器 113
    7.6.1 安装 GParted 113
    7.6.2 创建分区 114
    7.6.3 格式化分区 115
    7.6.4 激活分区 115

7.7 范例——监控硬盘空间 115

7.8 小结 116

7.9 习题 116

第 8 章 Linux 网络管理 118

8.1 网络管理协议 118
    8.1.1 TCP/IP 的简介 118
    8.1.2 UDP 与 ICMP 的简介 120

8.2 网络管理命令 121
    8.2.1 检查网络是否通畅或网络连接速度的 ping 命令 121
    8.2.2 配置网络或显示当前网络接口状态的 ifconfig 命令 122
    8.2.3 显示添加或修改路由表的 route 命令 125
    8.2.4 复制文件至其他系统的 scp 126
    8.2.5 复制文件至其他系统的 rsync 命令 127

8.2.6 显示网络连接、路由表或接口状态的 netstat 命令 129
8.2.7 探测至目的地址的路由信息的 traceroute 命令 130
8.2.8 测试、登录或控制远程主机的 telnet 命令 132
8.2.9 下载网络文件的 wget 命令 133
8.3 Linux 网络配置 134
8.3.1 Linux 网络配置相关文件 134
8.3.2 配置 Linux 系统的 IP 地址 134
8.3.3 设置主机名 136
8.3.4 设置默认网关 137
8.3.5 设置 DNS 服务器 137
8.4 动态主机配置协议 137
8.4.1 DHCP 的工作原理 138
8.4.2 配置 DHCP 服务器 139
8.4.3 配置 DHCP 客户端 140
8.5 Linux 域名服务 DNS 141
8.5.1 DNS 的简介 141
8.5.2 DNS 服务器配置 142
8.5.3 DNS 服务测试 146
8.6 小结 146
8.7 习题 146

第 9 章 Linux 防火墙管理 148

9.1 防火墙管理工具 Firewalld 148
9.1.1 Linux 内核防火墙的工作原理 148
9.1.2 Firewalld 的简介 151
9.1.3 Firewalld 的相关概念 152
9.1.4 Firewalld 配置实例 154
9.2 Linux 高级网络配置工具 157
9.2.1 高级网络管理工具 iproute2 157
9.2.2 网络数据采集与分析工具 tcpdump 160
9.3 小结 163
9.4 习题 163

第 10 章 Linux 路由管理 164

10.1 认识 Linux 路由 164
10.1.1 路由的基本概念 164
10.1.2 路由的原理 165
10.1.3 路由表 165

10.1.4 静态路由和动态路由 ········166
10.2 配置 Linux 静态路由 ········166
    10.2.1 配置网络接口地址 ········166
    10.2.2 测试网卡接口 IP 配置状况 ········169
    10.2.3 route 命令 ········170
    10.2.4 普通客户机的路由设置 ········171
    10.2.5 Linux 路由器配置实例 ········171
10.3 Linux 的策略路由 ········172
    10.3.1 策略路由的概念 ········172
    10.3.2 路由表的管理 ········173
    10.3.3 路由管理 ········174
    10.3.4 路由策略管理 ········175
    10.3.5 策略路由应用实例 ········177
10.4 小结 ········179
10.5 习题 ········179

第 11 章 配置 NAT 上网 ········180

11.1 认识 NAT ········180
    11.1.1 NAT 的类型 ········180
    11.1.2 NAT 的功能 ········181
11.2 Linux 下的 NAT 服务配置 ········182
    11.2.1 在 Red Hat Enterprise Linux 上配置 NAT 服务 ········182
    11.2.2 在局域网内通过配置 NAT 上网 ········184
11.3 小结 ········184
11.4 习题 ········184

第 12 章 Linux 远程访问 ········185

12.1 SSH 的工作原理 ········185
    12.1.1 SSH 的工作流程 ········185
    12.1.2 SSH 的认证方式和风险 ········186
12.2 OpenSSH 服务器 ········187
    12.2.1 安装 OpenSSH ········187
    12.2.2 OpenSSH 服务端配置文件 ········188
12.3 应用 SSH 客户端 ········192
    12.3.1 使用密码登录 ········192
    12.3.2 使用密钥登录 ········193
    12.3.3 安全文件传输 SFTP ········195
12.4 RHEL 和 Windows 之间的远程桌面 ········197

12.4.1　RHEL 中的远程桌面 197
　　　12.4.2　从 RHEL 中访问 Windows 远程桌面 198
　12.5　小结 199
　12.6　习题 200

第 13 章　网络文件共享 NFS、Samba 和 FTP 201
　13.1　NFS 201
　　　13.1.1　NFS 简介 201
　　　13.1.2　配置 NFS 服务器 202
　　　13.1.3　配置 NFS 客户端 206
　13.2　文件服务器 Samba 206
　　　13.2.1　Samba 的简介 206
　　　13.2.2　Samba 的安装与配置 206
　13.3　FTP 服务器 209
　　　13.3.1　FTP 的简介 210
　　　13.3.2　vsftp 的安装与配置 210
　　　13.3.3　proftpd 的安装与配置 215
　　　13.3.4　如何设置 FTP 才能实现文件上传 219
　13.4　小结 219
　13.5　习题 219

第 14 章　使用 SELinux 和安全审计工具 221
　14.1　使用 SELinux 221
　　　14.1.1　SELinux 起源 221
　　　14.1.2　SELinux 概述及架构 222
　　　14.1.3　与 SELinux 相关的文件和命令 224
　　　14.1.4　SELinux 安全上下文 225
　　　14.1.5　SELinux 管理布尔值 227
　　　14.1.6　SELinux 故障排除 228
　14.2　SELinux 的图形工具 232
　14.3　Linux 安全审计工具 233
　　　14.3.1　Linux 审计系统简介 234
　　　14.3.2　配置审计服务 234
　　　14.3.3　配置审计规则 235
　　　14.3.4　分析审计日志 237
　14.4　小结 240
　14.5　习题 241

第 15 章 系统管理工具 Webmin ··· 242

15.1 Webmin 的简介 ··· 242
15.2 Webmin 的安装和防火墙设置 ··· 243
15.2.1 安装 Webmin ·· 243
15.2.2 防火墙设置 ·· 244
15.3 使用 Webmin ·· 245
15.3.1 登录 Webmin ·· 245
15.3.2 Webmin 的语言选择和主题配置 ······································ 246
15.3.3 Webmin 的配置文件 ·· 247
15.4 主要模块介绍 ·· 249
15.4.1 系统类模块 ·· 249
15.4.2 服务器类模块 ·· 249
15.4.3 网络类模块 ·· 250
15.4.4 硬件类模块 ·· 252
15.4.5 其他类模块 ·· 253
15.4.6 集群和 Un-used Modules 类模块 ··································· 254
15.5 Webmin 的安全性建议 ··· 254
15.6 Red Hat Enterprise Linux Web 控制台 ···································· 255
15.7 小结 ·· 256
15.8 习题 ·· 256

第 16 章 Linux 虚拟化配置 ·· 257

16.1 KVM 虚拟化技术概述 ·· 257
16.1.1 基本概念 ·· 257
16.1.2 硬件要求 ·· 258
16.2 安装虚拟化软件包 ·· 259
16.2.1 通过 yum 命令安装虚拟化软件包 ··································· 259
16.2.2 以软件包组的方式安装虚拟化软件包 ····························· 260
16.3 安装虚拟机 ·· 260
16.3.1 安装 Linux 虚拟机 ·· 261
16.3.2 安装 Windows 虚拟机 ··· 262
16.4 管理虚拟机 ·· 264
16.4.1 虚拟机管理器的简介 ··· 264
16.4.2 查询或者修改虚拟机硬件配置 ·· 265
16.4.3 管理虚拟网络 ·· 267
16.4.4 管理远程虚拟机 ·· 269
16.4.5 使用命令行执行高级管理 ··· 270

- 16.5 存储管理 ... 272
  - 16.5.1 创建基于磁盘的存储池 ... 273
  - 16.5.2 创建基于磁盘分区的存储池 ... 274
  - 16.5.3 创建基于目录的存储池 ... 274
  - 16.5.4 创建基于 LVM 的存储池 ... 275
  - 16.5.5 创建基于 NFS 的存储池 ... 276
- 16.6 KVM 安全管理 ... 277
  - 16.6.1 SELinux ... 277
  - 16.6.2 防火墙 ... 277
- 16.7 小结 ... 278
- 16.8 习题 ... 278

第 17 章 Docker 容器级虚拟化 ... 279

- 17.1 Docker 三大概念——镜像、仓库、容器 ... 279
- 17.2 安装 Docker ... 280
- 17.3 Docker 仓库和加速器 ... 283
- 17.4 Docker 的基础命令 ... 284
  - 17.4.1 搜索镜像 ... 284
  - 17.4.2 拉取镜像 ... 284
  - 17.4.3 查看本地镜像列表 ... 284
  - 17.4.4 运行容器 ... 284
  - 17.4.5 停止容器 ... 285
  - 17.4.6 重新运行容器 ... 286
  - 17.4.7 连接 MySQL 数据库 ... 286
  - 17.4.8 开机自动启动容器 ... 288
  - 17.4.9 删除容器 ... 288
  - 17.4.10 删除镜像 ... 288
- 17.5 Docker 搭建 LNMP 实战 ... 289
  - 17.5.1 Docker 运行 MySQL ... 289
  - 17.5.2 Docker 运行 PHP-FPM ... 289
  - 17.5.3 Docker 运行 Nginx ... 290
- 17.6 认识 Docker Compose ... 291
  - 17.6.1 安装 Docker Compose ... 291
  - 17.6.2 使用 Docker Compose 搭建 LNMP 实战 ... 292
- 17.7 小结 ... 293
- 17.8 习题 ... 294

第 18 章 Kubernetes 集群搭建 · 295

- 18.1 Kubernetes 集群 · 295
  - 18.1.1 什么是 Kubernetes · 295
  - 18.1.2 Kubernetes 集群能解决什么问题 · 296
  - 18.1.3 Kubernetes 体系架构 · 296
- 18.2 环境准备 · 298
  - 18.2.1 硬件配置 · 298
  - 18.2.2 设置主机名 · 298
  - 18.2.3 设置主机名解析 · 299
  - 18.2.4 关闭防火墙、SELinux 和交换分区 · 300
  - 18.2.5 配置内核参数 · 301
  - 18.2.6 配置国内软件源 · 302
- 18.3 软件安装 · 303
  - 18.3.1 安装 Docker 引擎 · 303
  - 18.3.2 安装 Kubernetes 组件 · 304
- 18.4 部署 Master 节点 · 304
  - 18.4.1 初始化集群 · 305
  - 18.4.2 配置 kubectl 工具 · 307
  - 18.4.3 部署网络 · 308
- 18.5 部署 Node 节点 · 308
  - 18.5.1 部署 Node 节点并加入集群 · 308
  - 18.5.2 查看节点 · 309
- 18.6 部署应用 · 310
  - 18.6.1 通过 deployment 部署应用 · 310
  - 18.6.2 通过服务访问应用 · 311
- 18.7 部署图形化管理工具 Dashboard · 313
  - 18.7.1 创建 Dashboard 的 YAML 配置文件 · 313
  - 18.7.2 部署 Dashboard · 313
  - 18.7.3 访问 Dashboard · 315
- 18.8 小结 · 316
- 18.9 习题 · 317

第 1 章

Linux 与 Red Hat Enterprise Linux

Linux 是一款免费、开源的操作系统软件，是自由软件和开源软件的典型代表，很多大型公司或个人开发者都选择使用 Linux。Linux 的发行版本很多，有适合个人开发者的操作系统（如 Ubuntu），也有适合企业使用的操作系统（如 Red Hat Enterprise Linux）。本书主要介绍 Red Hat Enterprise Linux（简称 RHEL）系统。

本章主要涉及的知识点有：

- 认识 Linux
- Linux 的内核版本
- Linux 的发行版本
- 了解 Red Hat Enterprise Linux 以及 Red Hat Enterprise Linux 9 的新特性

1.1 认识 Linux

本节主要帮助读者认识 Linux，了解 Linux 的日常操作与 Windows 的有什么不同，了解 Linux 与 UNIX 的区别。

1.1.1 Windows 与 Linux 的区别

Windows 和 Linux 都是多任务操作系统，都适用于个人开发者或者服务器领域。Windows 的发行版有 Windows 98、Windows NT、Windows 2000、Windows 2003 Server、Window XP、Windows 7、Windows 8、Windows 10 等。Linux 的发行版一般基于内核（当前最新版本为 6.11），由于和内核版本配套的软件包不同，因此各个发行版本之间存在比较大的差异。Windows 更适用于普通用户，其界面友好，易于控制，可以方便地完成日常办公的需求。Linux 更多用于服务器或者开发领域，它的图形界面与 Windows 相比可能比较原始，但随着各发行版本的不断完善，Linux 提供的图形用户接口功能也在不断丰富。

两者对文件类型的识别机制不同，从而使 Linux 更易于免受病毒的感染，这一点是 Windows 无法比拟的。如果初学者已经习惯了 Windows 的图形界面操作，那么能否较快地熟练使用 Linux 取决于能否快速地改变操作习惯和思维方式。

1.1.2 UNIX 与 Linux 的区别

UNIX 是一种多任务、多用户的操作系统,于 1969 年由美国 AT&T 公司的贝尔实验室开发。UNIX 最初是免费的,其安全高效、可移植的特点使它在服务器领域得到了广泛的应用。后来 UNIX 变为商业应用,很多大型数据中心的高端应用都使用 UNIX 系统。

UNIX 的系统结构由操作系统内核和系统的外壳构成。外壳是用户与操作系统交互操作的接口,称作 SHELL,其界面简洁,通过它可以方便地控制操作系统,完成维护任务和一些比较复杂的需求。

UNIX 与 Linux 最大的不同在于 UNIX 是商业软件,对源代码实行知识产权保护,核心并不开放。Linux 是自由软件,其代码是免费和开放的。

两者都可以运行在多种平台之上,在对硬件的要求上,Linux 比 UNIX 要低。

UNIX 系统较多地用作高端应用或服务器系统,因为它的网络管理机制和规则非常完善。Linux 则保持了这些出色的规则,同时还使网络的可配置能力更强,系统管理也更加灵活。

1.1.3 Linux 行业应用

在 IT 服务器 Linux 系统应用领域,利用 Linux 系统可以为企业构架 WWW 服务器、数据库服务器、负载均衡服务器、邮件服务器、DNS 服务器、代理服务器(透明网关)、路由器等,不但使企业降低了运营成本,而且还获得了 Linux 系统带来的高稳定性和高可靠性。从近几年的发展来看,该系统已经渗透到了电信、金融、政府、教育、银行、石油等各个行业,同时各大硬件厂商也相继支持 Linux 操作系统。

在嵌入式 Linux 系统应用领域,由于 Linux 系统开放源代码,功能强大、可靠、稳定性强、灵活,而且具有极大的伸缩性,再加上它广泛支持大量的微处理器体系结构、硬件设备、图形支持和通信协议,因此,从互联网设备(路由器、交换机、防火墙、负载均衡器等)到专用的控制系统(自动售货机、手机、PDA(Personal Digital Assistant,掌上电脑)、各种家用电器等),Linux 操作系统都有广阔的应用市场。特别是经过这几年的发展,它已经成功地跻身于主流嵌入式开发平台。例如,在智能手机领域,Android Linux 已经在智能手机开发平台牢牢地占据了一席之地。

在个人桌面 Linux 应用领域——所谓个人桌面系统,其实就是我们在办公室里使用的个人计算机系统,例如 Windows XP、Windows 10、MAC 等——Linux 系统在这方面的支持也已经非常好了,完全可以满足日常的办公及家用需求。

1.2 Linux 的授权与版本

同 Windows 相比,Linux 的发行版本众多,各版本在使用上也不尽相同。本节将帮助读者认识 Linux 的用户授权和发行版本的相关知识。

1.2.1 GNU 公共许可证

软件是程序员智慧的结晶,软件著作权则保障了开发者的利益,而 Linux 开放、自由的精神是一种反版权概念。GNU 就是 "GNU's Not UNIX",任何遵循 GNU 通用公共许可证(General Public

License，GPL）的软件都可以自由地"使用、复制、修改和发布"。任何对旧代码所做的修改都必须是公开的，并且不能用于商业用途，其分发版本必须遵守 GPL 协议。

GNU 计划是由 Richard Stallman 在 1983 年 9 月 27 日公开发起的，其目标是创建一套完全自由的操作系统。GNU 计划的形象照如图 1.1 所示，估计很多读者已经认识了。

值得一提的是，Linux 的全称为 GNU/Linux，也是 GNU 计划中的一部分。事实上 Linux 系统中的许多应用程序都是 GNU 计划中的一部分，如 Bash、Emacs 编辑器等。

图 1.1　GNU 计划的形象照

注意：GNU 在英文中的原意为非洲牛羚，发音与 new 相同。

1.2.2　Linux 的内核版本

Linux 内核由 C 语言编写，符合 POSIX 标准，但是 Linux 内核并不能称为操作系统，一个完整的 Linux 操作系统还需要用户操作接口、应用程序等。内核只提供基本的设备驱动、文件管理、资源管理等功能，是 Linux 操作系统的核心组件。Linux 内核可以被广泛移植，而且对多种硬件都适用。

Linux 内核版本有稳定版（stable）、长期支持版（longterm）、主线版（mainline）、未来版本（linux-next）这几种。Linux 内核版本号一般由 3 组数字组成，前两组数字用于描述内核系列，比如 5.6.18 内核版本，从字面上已经不能判断该版本是稳定版本还是长期支持版本，需要通过 kernel.org 去查询。在安装了 Linux 的主机上可以通过 Linux 提供的系统命令查看当前使用的内核版本。

1.2.3　Linux 的发行版本

一个操作系统不仅需要内核，还需要用户操作接口、应用程序等才能使用。将 Linux 内核和各类应用程序组合在一起就形成了 Linux 发行版。Linux 有众多发行版，很多发行版还非常受欢迎，有十分活跃的论坛或邮件列表，许多问题都可以得到参与者的快速解答。

（1）Ubuntu 发行版提供了友好的桌面系统，用户通过简单的学习就可以熟练使用该系统，自 2004 年发布后，Ubuntu 为桌面操作系统作出了极大的努力和贡献。与之对应的 Slackware 和 FreeBSD 发行版则需要经过一定的学习才能有效地使用其系统特性。

（2）openSUSE 引入了另外一种包管理机制——YaST，Fedora 革命性的 RPM 包管理机制极大地促进了发行版的普及，Debian 采用的则是另外一种包管理机制——DPKG（Debian Package）。

（3）Red Hat 系列，包括 Red Hat Enterprise Linux（简称 RHEL，收费版本）、CentOS（RHEL 的社区重编译版本、免费，目前已被 Red Hat 公司收购）。Red Hat 可以说是在国内使用人群最多的 Linux 版本，资料非常多。Red Hat 系列的包管理方式采用的是基于 RPM 包的 YUM 包管理方式，包分发方式是编译好的二进制文件。Red Hat Enterprise Linux 和 CentOS 的稳定性都非常好，适合于服务器使用。

1.3 Red Hat Enterprise Linux 9 的简介

2022 年 5 月，红帽公司（Red Hat）发布了 Red Hat Enterprise Linux 9.0（简称 RHEL 9.0）正式版。Red Hat Enterprise Linux 是全球领先的企业级 Linux 操作系统，已获得数百个云服务及数千个硬件和软件供应商的认证。Red Hat Enterprise Linux 可用于支持边缘计算、SAP 工作负载等特定的用例。按照 Red Hat 的惯例，RHEL 9.0 发布之后，9.1、9.2 及 9.3 版主要针对之前版本存在的问题进行修复。本节参考发行注记对 RHEL 9.0 的重大改变及新特性进行简单介绍。

1.3.1 混合云智能操作系统

通过专为混合云开发的操作系统（OS）实现跨环境工作负载迁移。RHEL 9.0 为企业提供了一致的操作系统，可跨公共云、私有云和混合云环境运行。同时还提供了版本选择、使用期限的保障以及由经过认证的硬件、软件和云合作伙伴搭建的强大生态系统，现在还新增了内置管理和预测分析的功能。

1.3.2 多云认证

通过已认证的云和服务供应商来运行企业的工作负载，Red Hat 提供了全方位的支持，目前 Alibaba Cloud、AWS、Google Cloud、IBM、Microsoft Azure 全部提供支持。

1.3.3 支持新兴技术

Red Hat Enterprise Linux 经过优化，可以在服务器或高性能工作站上运行，支持广泛的硬件架构，如 x86、ARM、IBM Power、IBM Z 和 IBM LinuxONE。为实现这一目标，Red Hat 与上游社区和硬件合作伙伴深度协作，带来一个适合许多用例的可靠平台，以及覆盖物理、虚拟和云端部署的统一应用环境。

想要引领创新，配置合适的硬件架构、微芯片组件和容器平台，实现对新兴技术的有效部署需要采用合适的企业级 Linux。Red Hat Enterprise Linux 9 已获得跨架构和跨环境支持，提供了一致且稳定的操作系统，可适应机器学习、预测分析、物联网（IoT）、边缘计算和大数据工作负载。

1. 机器学习

Red Hat Enterprise Linux 9 减少了应用新兴技术的障碍，支持 GPU 等硬件创新，可协助机器学习工作负载。在开发和运行传统和容器化应用时，GPU 支持向多选项过渡。

2. NVIDIA DGX-1 和 DGX-2

NVIDIA 的 DGX-1 和 DGX-2 服务器是针对复杂 AI 挑战为提供强大解决方案而设计，已经过 Red Hat Enterprise Linux 认证。DGX 系统具备先进的、基于 GPU 工作负载加速的功能。Red Hat

Enterprise Linux 9 通过提供定制的调优配置文件进行优化，可在这些系统上运行。

3. 适用 AI 的容器

Red Hat Enterprise Linux 9 已获得相应支持，可在 Red Hat OpenShift 上部署和管理 GPU 加速的 NGC 容器。这些 AI 容器提供集成软件堆栈和驱动程序，以运行 GPU 优化的机器学习框架，如 TensorFlow、Caffe2、PyTorch、MXNet 等。

1.3.4 容器工具

Red Hat Enterprise Linux 9 提供容器工具，支持定制系统，以便通过其他开放容器计划（OCI）标准兼容工具来查找、运行、构建和共享容器。凭借容器化应用带来的更多选择与支持，可以随时按需实施业务解决方案。

1. Podman

使用 Podman 来运行容器。Podman 是一个无守护进程的命令行工具，支持直接创建和管理容器镜像。通过在不需要运行时环境的情况下使用容器，可以实现对软件组件授权的更严格的控制。

2. Buildah

使用 Buildah 来构建容器。Buildah 是一个构建工具，支持在构建期间对镜像层的运行方式和数据的访问方式实施控制。使用 Buildah 不需要容器运行时，也不需要根访问。Buildah 不包括镜像本身的内部构建工具，从而降低我们所构建镜像的大小。

3. Skopeo

使用 Skopeo 来查找和共享容器。Skopeo 是一个灵活的实用程序，可在注册表服务器和容器主机之间迁移、签名和验证镜像。我们可以使用 Skopeo 来检查系统外部镜像。

1.3.5 简化流程

应用再也不会停止运行，同样，操作系统再也不会停止运行。有了 Red Hat Enterprise Linux 9，开发人员可投入更多时间用于交付业务价值，并减少手动管理底层基础架构的时间。非 Linux 用户可以通过 Web 控制台实现快速登录，轻松通过应用流更新应用，并通过 RHEL 9 内置控件保障合规性与安全性。

1. 应用流

可以为开发人员提供所需要的应用，同时保持操作系统发布的独立性。借助应用流能将应用与基本操作系统分开，可以随时更新应用，而不需要等待操作系统的下一个主要版本。

2. Web 控制台

新的 Web 控制台可提供一个基于浏览器的图形界面，用于管理 Red Hat Enterprise Linux 系统。有了 Web 控制台，即使是经验不足的 Linux 用户也可管理本地、远程和虚拟机，而无须通过命令行。

Red Hat Enterprise Linux 9 有助于改善身份管理。身份管理组件与 Web 控制台集成到一起，方便执行单点登录（SSO）和单个主机管理。

3. 安全性

内置的安全控件，比如支持 OpenSSL 1.1.1 和 TLS 1.3 的全系统加密策略有助于保障加密的合规性。Red Hat Enterprise Linux 9 还可以通过仅部署用于支持工作负载所需的软件包来尽可能地缩小攻击面。此外，Red Hat Enterprise Linux 9 还针对安全增强型 Linux（SELinux）强制访问控件改进了安全策略。利用 Red Hat 智能分析工具（目前包含在订阅内）来主动检测安全性、可用性、性能和可扩展性方面的系统问题和漏洞，并构建补救计划。

1.3.6 边缘计算

边缘计算会将计算资源分配到网络的端点，但必要时也会利用集中的资源。这种解决方案可以根据时效型数据来快速提供可指导行动的分析。

Red Hat Enterprise Linux 9 提供了一致、灵活且注重安全的平台，不仅可以加快数据交付，还能推动面向边缘企业工作负载的新型创新。这个精简的平台可以高效管理边缘系统，通过一个集中式界面米连接源头的数据和设备，获得必要的深度见解来实时做出明智的业务决策。

Red Hat Enterprise Linux 9 可为参差不齐的边缘环境提供一个一致的层，以便可靠更新和智能回滚，放心地扩展边缘工作负载。它既能代表上游提出的需求，又在边缘提供稳定、高效的更新，为享受开源创新的优势提供支持。此外，Red Hat 的 IT 团队还可以扩展混合云基础架构并控制数十万个节点。

1.4 Red Hat Enterprise Linux 9 的安装

在正式安装之前，还需要对硬件进行兼容性检查、选择合适的安装介质等。兼容性检查可以通过 Red Hat 官方网站了解，通常较新的硬件和非常老旧的硬件会存在兼容性问题。

1.4.1 可选择的安装方式

Linux 操作系统有多种安装方式，常见的有以下 4 种。

1. 从光盘安装

这是比较简单方便的安装方法，Linux 发行版可以在对应的官方网站下载，下载完成后刻录成光盘，然后将计算机设置成光驱引导。把光盘放入光驱，重新引导系统，系统引导完成即进入图形化安装界面。Red Hat Enterprise Linux 安装界面如图 1.2 所示。

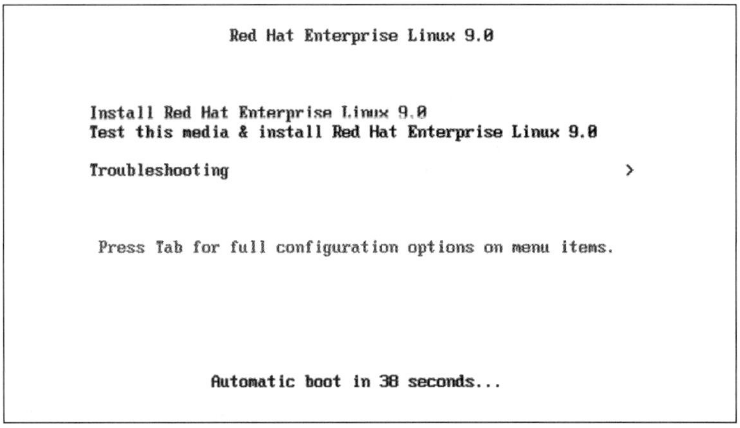

图 1.2　Red Hat Enterprise Linux 安装界面

2. 从硬盘安装

利用 Linux 发行版对应的官方网站下载的光盘映像文件，可以直接从硬盘进行安装。通过特定的 ISO 文件读取软件可以将光盘解压到指定的目录待用，重新引导即可进入 Linux 的安装界面。这时，安装程序就会提示用户选择是用光盘安装还是从硬盘安装，选择从硬盘安装后，系统会提示输入安装文件所在的目录。

3. 在虚拟机上安装

在虚拟机上安装其实也分为光盘安装和 U 盘安装，因为虚拟机也具备这些虚拟端口。与其他安装方式不同的是，必须先安装一个虚拟机。本章主要以虚拟机上的光盘安装为例介绍 Linux 的安装过程。

4. 其他安装方式

Linux 发行版还可以通过 U 盘或网络进行安装，安装方法类似，区别在于安装过程中系统的引导方式。

Linux 安装程序引导完毕后的效果如图 1.2 所示。如果对安装过程不是很熟悉，那么推荐通过虚拟机的方式安装，因为该方式要求简单，危险性较低。

1.4.2　创建虚拟机

本书将以在虚拟机中安装 Red Hat Enterprise Linux 9 为例来介绍如何安装 Linux 操作系统。本书采用的虚拟机软件为 VMware Workstation，VMware Workstation 有 Pro 和 Player 两个版本，Pro 需要付费，Player 可以免费提供给个人用户使用，但是功能会比 Pro 少一些。其实也可使用其他虚拟机软件，例如 VirtualBox 等。

VMware Workstation 可以创建多个虚拟机，每个虚拟机上都可以安装各种类型的操作系统。下面创建一个虚拟机，用来安装 Red Hat Enterprise Linux。

步骤 01　打开 VMware Workstation 15 Pro 软件的主页，如图 1.3 所示，单击主页中的【创建新的虚拟机】选项，也可在【文件】菜单中单击【新建虚拟机】命令，开始创建虚拟机。

图 1.3　VMware Workstation 15 Pro 软件的主界面

步骤 02　开始安装后，出现如图 1.4 所示的【新建虚拟机向导】界面，单击【典型】单选按钮进行快速创建。

步骤 03　单击【下一步】按钮，打开如图 1.5 所示的对话框，单击【稍后安装操作系统】单选按钮，表示稍后在此虚拟机上安装操作系统。

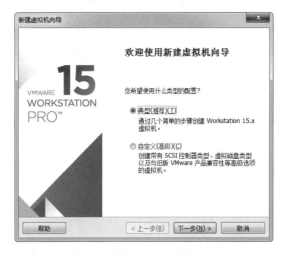

图 1.4　创建虚拟机的向导　　　　　　　　图 1.5　是否需要安装操作系统

步骤 04　单击【下一步】按钮，打开如图 1.6 所示的对话框，选择要在虚拟机上安装的操作系统类型，这里选择【Linux】，然后在版本列表框中选择【Red Hat Enterprise Linux 8 64 位】。注意这里要安装的是 Red Hat Enterprise Linux 9，但是 VMware Workstation 还没有更新支持到 Red Hat Enterprise Linux 9，因此暂时先选择 Red Hat Enterprise Linux 8 来安装。

步骤 05　单击【下一步】按钮，出现如图 1.7 所示的对话框，为虚拟机命名。如果虚拟机中有多个 Linux 操作系统，那么此处还要明确 Linux 版本号，这里设置为【Red Hat Enterprise Linux 8

64 位】。在下面的【位置】选项中还要为虚拟机选择保存的路径,可以单击【浏览】按钮来选择,此处按实际需要选择即可。

图 1.6　选择要安装的操作系统类型　　　　　图 1.7　为虚拟机命名

步骤06　单击【下一步】按钮,出现如图 1.8 所示的对话框,这里要给虚拟机分配硬盘空间,因为将来在 Linux 中安装的文件肯定会越来越多,所以建议设置为默认的 20GB。在拆分选项中,通常建议选择【将虚拟磁盘拆分成多个文件】。如果以后需要复制、移动或将此虚拟机的磁盘文件用作其他途径等,建议选择【将虚拟磁盘存储为单个文件】。

步骤07　单击【下一步】按钮,出现如图 1.9 所示的对话框,这里会显示虚拟机的名称、空间大小等属性。如果需要修改虚拟机的硬件,此时可以单击【自定义硬件】按钮,添加或移除相关硬件,此处可按实际需要进行修改。最后单击【完成】按钮,向导就会创建虚拟机。

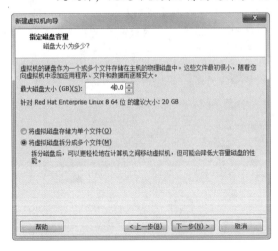

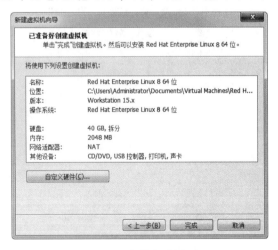

图 1.8　设置硬盘空间　　　　　　　　　　　图 1.9　安装完成界面

当虚拟机创建成功后,在 VMware Workstation 15 Pro 的主界面左侧会列出我们刚刚创建好的虚拟机,右侧会显示刚刚创建的虚拟机的详细信息,如图 1.10 所示。

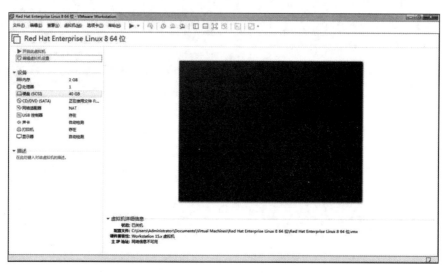

图 1.10　虚拟机列表

1.4.3　安装 Red Hat Enterprise Linux

Linux 的安装方法有很多种，本书主要以虚拟机上的光盘安装为例介绍 Linux 的安装过程及相关的参数设置，详细步骤如下。

步骤 01　打开上一小节创建的虚拟机，单击【虚拟机】|【设置】命令，如图 1.11 所示。

步骤 02　打开的【虚拟机设置】界面如图 1.12 所示。此步骤主要是让 VMware Workstation 将安装光盘的映像文件当作光驱使用。单击【CD/DVD（SATA）】选项，窗口右边显示光驱的连接方式，此处单击【使用 ISO 映像文件】单选按钮，然后单击【浏览】按钮，在弹出的文件选择窗口中选择 Red Hat Enterprise Linux 9.0 的 ISO 文件。通过此步的设置，VMware Workstation 15 就会将选择的 ISO 文件当作光驱。单击【确定】按钮完成设置。

图 1.11　VMware 设置选择步骤

图 1.12　VMware 光驱设置界面

步骤 03 通过以上步骤完成虚拟机的光驱设置，下一步启动虚拟机，如图 1.13 所示，单击菜单中的绿色箭头或虚拟机详细信息中的【开启此虚拟机】即可启动虚拟机。

图 1.13 VMware Workstation 启动界面

步骤 04 启动后耐心等待，安装程序引导完毕后即可进入 Linux 的安装界面。Linux 的安装和 Windows 的安装类似，如图 1.14 所示。安装界面的第一个选项【Install Rad Hat Enterprise Linux 9.0】表示立即开启安装进程，第二个选项【Test this media & install Red Hat Enterprise Linux 9.0】表示先测试安装介质是否有错误，然后开启安装进程。如果确认光盘没有问题就可使用第一个选项，否则建议使用第二个选项。

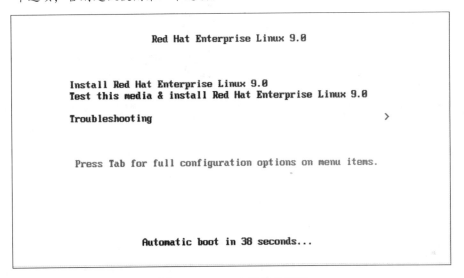

图 1.14 Linux 安装引导界面

注意：虚拟机与物理机之间的键盘鼠标切换使用 Ctrl+Alt 组合键。

步骤 05 此处选择第二项，使用键盘的上下方向键选中【Test this media & install Red Hat Enterprise Linux 9.0】，按 Enter 键，接下来等待安装程序的引导。引导完毕会提示是否开始安装进程，再次按 Enter 键，安装进程会载入介质检查工具并检查安装光盘，如图 1.15 所示。

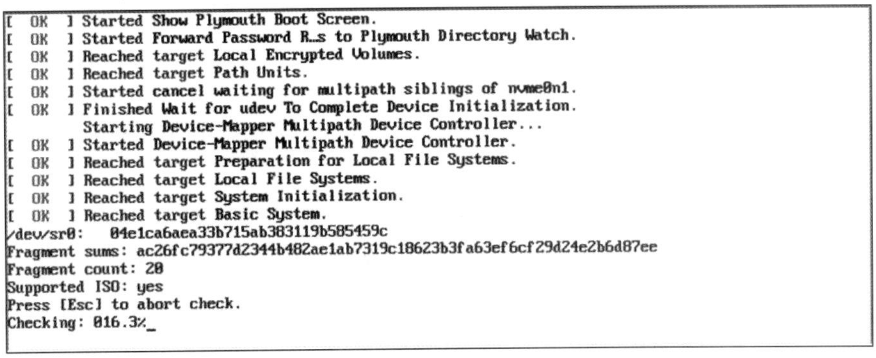

图 1.15 选择是否检测介质

步骤 06 待介质检查完毕或按 Esc 键中途取消检查介质后，引导程序会加载安装程序，等待数秒会显示图形安装界面。图形安装程序会询问安装过程中使用的语言，如图 1.16 所示。此时可选择中文，在左侧选择【中文】、右侧选择【简体中文（中国）】，然后单击【继续】按钮继续安装。

步骤 07 接下来安装程序会显示【安装信息摘要】界面，如图 1.17 所示。在【安装信息摘要】界面中，安装程序会要求用户确认安装的各个细节设置，设置完成后才能继续安装。细节设置分为本地化、安全策略（Security Profile）、软件和系统 4 个部分。

图 1.16　选择安装语言　　　　　　　　　　图 1.17　【安装信息摘要】界面

步骤 08 首先设置的是本地化部分，由于此前的安装语言选择中已包含地域信息，因此安装程序会将日期时间、键盘和语言选择为系统推荐的选项。一般情况下在本地化中保持默认即可，也可以单击相关设置进行修改。在语言支持中需要特别注意的是如果此计算机确定需要在中国大陆地区使用，就需要安装【简体中文（中国）】，即使之后系统将采用英文作为默认语言也应安装，否则会出现系统中的中文文件名、中文文本等都是乱码的现象，给操作带来不便。

步骤 09 安全策略用于定义系统默认的安全规则，默认情况下没有安全规则。学习 Linux 系统时，可以不必选择此项，保持默认即可。

步骤 10 接下来是软件设置，主要用来定制服务器角色。【安装源】是用来选择安装介质位置的选项，在使用硬盘、网络等安装方法时使用，使用光盘时无意义，保持默认即可。【软件选择】选项可以定义服务器角色及软件包。如果是生产环境就可以按实际情况选择，此处是为了全面学习 Linux，所以建议选择【带 GUI 的服务器】，如图 1.18 所示，选择完成后单击左上角的【完成】按钮即可返回【安装信息摘要】界面。返回后安装程序会计算所选服务器角色需要安装的软件之间的依赖关系，大约需要几秒钟时间，在此期间无法重新进入软件选择界面。

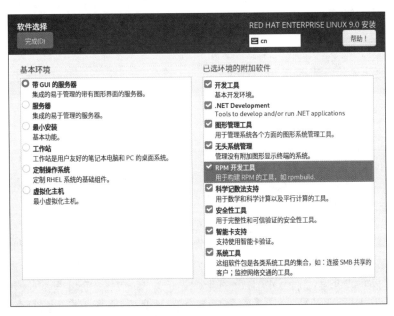

图1.18 【软件选择】界面

步骤11 接下来进行系统设置。首先需要选择安装位置，如图1.19所示。安装位置选择是安装过程中重要的一步。如果是全新的计算机，硬盘上没有任何操作系统或数据，可以在【存储配置】中单击【自动】单选按钮，安装程序会自动根据磁盘以及内存的大小分配磁盘空间和SWAP空间，并建立合适的分区；然后直接单击左上角的【完成】按钮即可。如果自动分区不能满足需求，也可选择手动分区，在【存储配置】中单击【自定义】单选按钮，然后单击左上角的【完成】按钮进入手动分区，如图1.20所示。

图1.19 选择安装位置

图1.20 手动分区界面

注意：此步自动将原先硬盘上的数据格式化为 Linux 的分区文件系统。Linux 分区和 Windows 分区不能共用，所以此步是一个危险操作，要再次确认计算机上没有任何其他操作系统或是没有任何需要保留的重要数据。

如果不知该如何手动分区，此时可选择【点击这里自动创建它们(C)】让安装程序提供一个方案，然后在此方案的基础上进行修改。如果仍希望手动尝试分区，则需要注意以下几点：

- 设备类型：默认已选择 LVM，这是一种可在线式扩展的分区技术，建议使用。关于 LVM 的具体情况可参考相关资源。
- 挂载点：指定该分区对应 Linux 文件系统的哪个目录，比如/usr/loca/或/data。Linux 允许将不同的物理磁盘上的分区映射到不同的目录，这样可以实现将不同的服务程序放在不同的物理磁盘上，当其中一个物理磁盘损坏时不会影响到其他物理磁盘上的数据。
- 文件系统类型：指定了该分区的文件系统类型，可选项有 EXT2、EXT3、EXT4、XFS、SWAP 等。Red Hat Enterprise Linux 9.0 默认使用的是 XFS（参见4.3节），用户可以根据自己的需求选择合适的文件系统类型，也可以保持默认设置。Linux 的数据分区创建完毕后，有必要创建一个 SWAP 分区，SWAP 的原理为用硬盘模拟的虚拟内存，当系统内存使用率比较高的时候，内核会自动使用 SWAP 分区来存取数据。
- 期望容量：分区的大小，以 MB、GB 为单位。Linux 数据分区的大小可以根据用户的实际情况进行填写，而 SWAP 的大小根据经验可以设置为物理内存的两倍，比如物理内存是 1GB，则 SWAP 分区大小可以设置为 2GB。安装程序可以识别简写，如 500MB、4GB 等。如果期望容量为空，那么安装程序默认使用所有空闲空间。

分区方案并不是一成不变的，需要根据具体情况而有所侧重。一个最简单的分区方案应该包括 3 个分区：引导分区、交换分区和根分区。引导分区主要用来存放引导文件、内核等，挂载点为/boot，分区大小建议为 500MB 以上，需要注意引导分区的设备类型只能是标准分区（普通分区）。交换分区的挂载点为 swap，通常建议大小设置为物理内存的 2 倍。如果生产环境中物理内存小于 4GB，则建议交换分区的大小设置为物理内存的 2 倍；如果物理内存为 4~16GB，则建议交换分区的大小等于物理内存的大小；如果物理内存大于 16GB，则建议交换分区的大小设置为物理内存的一半。根分区用于存放系统中的用户数据、配置文件等，建议剩余空间都分给根分区。在本例中，一个简单的分区示例如图 1.21 所示。

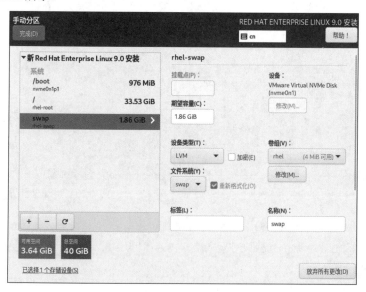

图 1.21　分区示例

完成分区之后，单击左上角的【完成】按钮，安装程序会弹出【更改摘要】界面显示所有更改内容。确认没有问题后单击【接受更改】按钮，完成安装位置选择操作。

步骤 12 接下来需要配置 KDUMP，界面如图 1.22 所示。KDUMP 开启后，将会使用一部分内存空间，当系统崩溃时 KDUMP 会捕获系统的关键信息，以便分析、查找出系统崩溃的原因。此功能主要是系统相关的程序员使用，对普通用户而言意义不大，建议关闭。

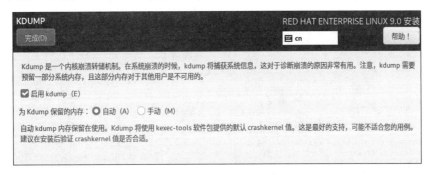

图 1.22 KDUMP 设置

步骤 13 接下来需要设置网络和主机名，界面如图 1.23 所示。

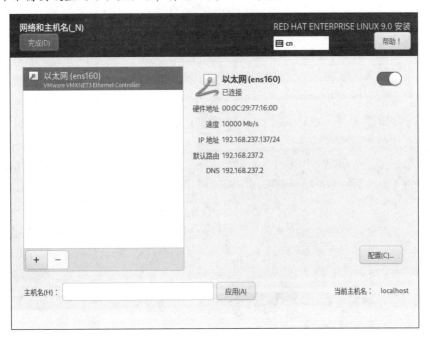

图 1.23 网络和主机名设置

【网络和主机名】界面的左侧是网络接口（即网卡）列表，右侧是网卡的详细信息，底部为主机名设置。安装程序默认不启用网卡，此时需要拖动网卡详细信息右边的开关，将其拖动到【开启】位置。设置网卡需要单击右下角的【配置】按钮，会弹出网卡配置界面，如图 1.24 所示。

图 1.24　网卡配置界面

在网卡配置界面中，单击【IPv4 设置】标签，然后在【方法】下拉列表中选择【手动设置 IP 地址】。设置 IP 地址需要在【地址】一栏下单击【Add】按钮，然后输入 IP 地址、子网掩码和网关，在【附加 DNS 服务器】文本框中输入 DNS 服务器地址，如有多个 DNS 服务器则使用逗号分隔，最后单击【保存】按钮即可完成网卡设置。需要注意的是，子网掩码使用的是长度的形式，也可以使用 IP 地址的形式表示，如 255.255.255.0（一个 255 转换成二进制为 8 个 1，故可用 24 来表示）等。IP 地址等信息按实际情况填写即可。

设置主机名的方法是在网络和主机名设置界面的底部直接输入主机名。完成网络和主机名设置后单击左上角的【完成】按钮，即可返回【安装摘要信息】界面。

步骤 14　接下来需要为 root 用户设置密码、创建用户才能完成最后的设置。root 用户通常也称为根用户，是系统中的默认管理用户，在系统中拥有"至高无上"的权限，因此必须为它设置一个密码。在【安装摘要信息】界面单击【用户设置】下的【root 密码】，弹出【ROOT 密码】设置界面，如图 1.25 所示。

图 1.25　【ROOT 密码】设置界面

在【ROOT 密码】设置界面中输入 root 用户的密码，然后单击左上角的【完成】按钮即可。由于 root 用户在系统中的权限很高，因此建议创建一个普通用户，当需要进行必要的管理操作时再使用 root 用户来完成操作。接下来单击用户设置下的【创建用户】按钮（见图 1.26），弹出【创建用户】界面，如图 1.27 所示，设置用户为管理员，当然这时候也可以不设置，在开机初始化或者后续管理中对用户进行管理。

图 1.26　创建用户

图 1.27　【创建用户】界面

在创建用户界面中输入用户的用户名和密码，单击左上角的【完成】按钮返回安装界面。至此安装过程中的设置操作就完成了。

步骤 15　设置完上述选项后，就可以单击【安装信息摘要】界面右下角的【开始安装】按钮开始安装，如图 1.28 所示。

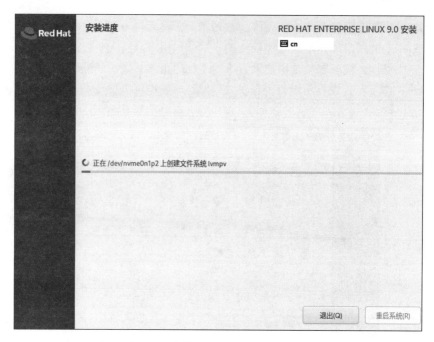

图 1.28　开始安装 Red Hat Enterprise Linux 9.0

开始安装后，安装程序会按之前的设置进行分区、创建文件系统等操作，接下来只需要等待操作系统安装完成即可，视配置情况安装过程可能需要 5~15 分钟。安装进程结束后将显示完成界面，如图 1.29 所示。

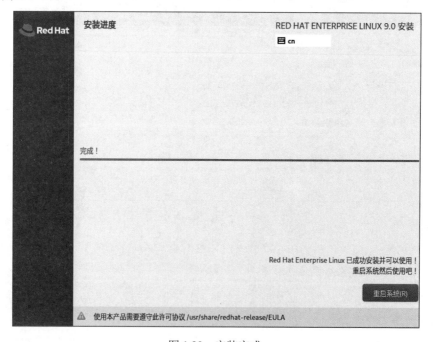

图 1.29　安装完成

接下来单击【重启系统】按钮重新启动系统，安装过程就完成了。

系统第一次重新引导的过程可能比较慢，引导后需要接受协议、设置联网用户等，如果未安装图形界面，就会在字符界面中提示。这里的操作比较简单，此处省略这些步骤。完成这些设置后，系统就会显示图形界面的登录界面；未安装图形界面，则会显示字符界面的登录提示。

1.5 Linux 的启动

Linux 系统的登录方式有多种，本节主要介绍 Linux 的常见登录方式，如本地登录和远程登录。远程登录设置起来比较麻烦，可使用一些远程登录软件，如 PuTTY。

1.5.1 本地登录

在 Linux 系统执行本地登录分为两种情况：第一种情况是图形界面登录，第二种情况是字符界面登录（字符界面有时也称命令提示符）。

1. 图形界面登录

在安装系统时如果装有图形界面，那么 Linux 系统引导完毕后会进入图形登录界面，如图 1.30 所示。

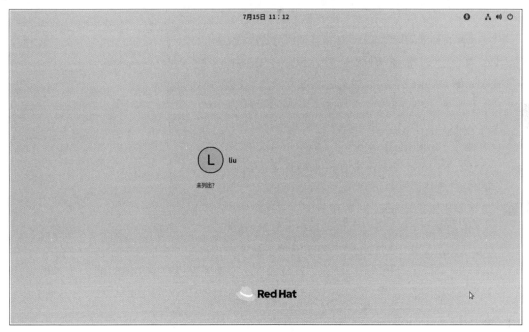

图 1.30　图形登录界面

单击列出的用户，然后输入用户的密码，按 Enter 键即可登录。

2. 字符界面登录

如果系统没有安装图形界面，则会进入字符登录界面在字符界面登录时，直接输入用户名后按

Enter 键，然后输入密码（输入密码时屏幕上无任何显示），再次按 Enter 键即可登录。

如果系统已经进入图形界面，想在字符界面登录的话，则需要切换到字符界面或修改运行级别。如果想修改运行级别，可以在桌面上右击鼠标，在快捷菜单中选择【在终端中打开】命令，然后输入命令"init 3"（若使用的是非 root 用户，则会要求输入 root 用户密码）。如果是在虚拟机上进行这个操作，则无法改变回原来的启动级别，此时关掉虚拟机再重新打开即可。在字符界面下，重启命令为"reboot"，关机命令为"poweroff"。

1.5.2 远程登录

除在本机登录 Linux 之外，还可以利用 Linux 提供的 sshd 服务进行系统的远程登录。对于初学者而言，远程登录有一定的难度，对本小节内容可以仅做了解。

注意：传统的网络服务程序，如 ftp、POP 和 telnet，在本质上都是不安全的，因为它们在网络上用明文传送口令和数据。芬兰程序员 Tatu Ylonen 开发了一种网络协议和服务软件，称为 SSH（Secure SHell 的缩写）。通过使用 SSH，可以把所有传输的数据进行加密，这样"中间人"这种攻击方式就不可能实现了，而且也能够防止 DNS 和 IP 欺骗。Linux 提供了这种 SSH 服务，名为 sshd。

远程登录（以 Windows 10 为例）的操作步骤如下。

图 1.31 网络连接属性设置

步骤 01 在控制面板中单击【查看网络连接和任务】图标，进入【网络和共享中心】，然后单击界面左侧的【更改适配器设置】选项，将弹出网络连接界面。

步骤 02 在网络连接界面中右击【VMware Network Adapter VMnet 8】选项，在弹出的菜单中选择【属性】命令，在属性窗口中双击【Internet 协议版本 4 (TCP/IPv4)】选项，打开相关属性的设置对话框，如图 1.31 所示。其中，IP 地址"192.168.163.1"表示当前网卡的设置，Linux 中的 IP 地址需要和此 IP 地址在同一网段。

步骤 03 通过本地登录 Linux，设置 IP 地址，可通过示例 1-1 中的命令完成。"ifconfig ens33 192.168.163.102 netmask 255.255.255.0"表示利用系统命令 ifconfig 将系统中网络接口 ens33 的 IP 地址设置为 192.168.163.102、子网掩码设置为 255.255.255.0。

【示例 1-1】

```
[root@localhost ~]# ifconfig ens33 192.168.163.102 netmask 255.255.255.0
[root@localhost ~]# ifconfig ens33
ens33: flags=4163<UP,BROADCAST,RUNNING,MULTICAST>  mtu 1500
        inet 192.168.163.102  netmask 255.255.255.0  broadcast 192.168.163.255
        inet6 fe80::e61a:2bea:b2e2:5755  prefixlen 64  scopeid 0x20<link>
        ether 00:0c:29:bc:89:66  txqueuelen 1000  (Ethernet)
        RX packets 94  bytes 13031 (12.7 KiB)
```

```
            RX errors 0  dropped 0  overruns 0  frame 0
     TX packets 106  bytes 12841 (12.5 KiB)
     TX errors 0  dropped 0  overruns 0  carrier 0  collisions 0
```

步骤 04 查看当前系统服务，确认 sshd 服务是否启动及启动的端口，如示例 1-2 所示。

【示例 1-2】

```
#查看sshd服务是否启动
[root@localhost ~]# ps -ef | grep sshd
root       1082      1  0 10:56 ?        00:00:00 /usr/sbin/sshd
root       3092   3018  0 11:05 pts/1    00:00:00 grep --color=auto sshd
#查看sshd服务启动的端口，结果表示sshd服务启动的端口是22
[root@localhost ~]# netstat -plnt | grep sshd
tcp        0      0 0.0.0.0:22       0.0.0.0:*        LISTEN      1082/sshd
tcp6       0      0 :::22            :::*             LISTEN      1082/sshd
```

步骤 05 设置 PuTTY 的相关配置。

PuTTY 是一个免费的小工具，可以通过这个小工具进行 Telnet、SSH、Serial 等连接，其界面如图 1.32 所示。

主要参数说明如下：

- Host Name（主机名）：上一步设置的 IP 地址，此处填写 192.168.163.102。
- Connection type(连接类型)：此处选择 SSH。
- Port（端口）：采用默认端口 22。

步骤 06 单击【Open】按钮，会提示是否接受主机密钥用于加密通信（见图 1.33），单击【是】按钮接受并保存。在弹出的窗口中输入用户名和密码，弹出的窗口与字符界面相同。输

图 1.32 PuTTY 设置界面

入密码后按 Enter 键，如果用户名和密码正确就可以正常进入 Linux，如图 1.34 所示。

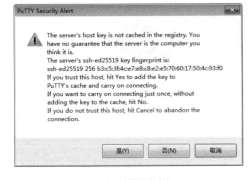

图 1.33 接受密钥

图 1.34 使用 PuTTY 远程登录

1.5.3 打开 Linux 的终端命令行

在图形界面中学习和使用 Linux 时，有时会需要执行一些终端命令，这时可以使用图形终端的

方式来运行命令。打开图形界面的终端有两种方法：第一种方法是直接在桌面上右击，在弹出的快捷菜单中选择【打开终端】命令；第二种方法是在桌面的左上角依次选择【活动】|【显示应用程序】|【工具】|【终端】命令。图形终端界面如图 1.35 所示。

图 1.35　图形终端界面

在图形终端执行命令与字符模式相同，直接输入命令按 Enter 键即可。

1.6　Linux 启动后的设置

Linux 系统安装完成后，首次启动还需要进行一些设置。本节将讨论这些设置及 Linux 密码恢复的方法。

1.6.1　首次启动的设置

在安装完 Red Hat Enterprise Linux 9.0 并重启系统后，系统会提示用户进行初始设置，如图 1.36 所示，在初始设置中依据提示做一些基础设置，包括隐私、云账号、本地用户等。

图 1.36　初始设置

在初始设置中会提示进行用户设置，中途会涉及登录用户的用户名和密码，如图 1.37 和图 1.38 所示。

图 1.37 设置用户名

图 1.38 设置密码

当完成全部设置后,就可以进入桌面了,如图 1.39 所示。

图 1.39 初始设置完成

1.6.2 账号登录

要完美地使用 Linux 功能就需要接受 Red Hat 的许可证,进入设置界面单击【Subscription】将弹出许可证界面,在弹出的界面中输入 Red Hat 网络的账号和密码即可,如图 1.40 和图 1.41 所示。

图 1.40　设置中的 Subscription　　　图 1.41　输入账号和密码

也可以通过命令行的方式进行注册，如示例 1-3 所示。

【示例 1-3】

```
[root@localhost ~]# subscription-manager register --username <username> --password <password> --auto-attach
Registering to: subscription.rhsm.redhat.com:443/subscription
The system has been registered with ID: 37to907c-ece6-49ea-9174-20b87ajk9ee7
The registered system name is: client1.idm.example.com
Installed Product Current Status:
Product Name: Red Hat Enterprise Linux for x86_64
Status:       Subscribed
```

正确登录后可以使用 yum 命令测试是否完整登录成功，如示例 1-4 所示。

【示例 1-4】

```
[root@localhost ~]# yum update
正在更新 Subscription Management 软件仓库。
上次元数据过期检查：8:48:02 前，执行于 2022 年 10 月 01 日 星期六 07 时 10 分 26 秒。
依赖关系解决。
无须任何处理。
完毕！
```

新增 EPEL（Extra Packages for Enterprise Linux）库，EPEL 是基于 Fedora 的一个项目，为"红帽系"的操作系统提供额外的软件包，适用于 RHEL、CentOS 和 Scientific Linux。为系统安装 EPEL，如示例 1-5 所示。

【示例 1-5】

```
[root@localhost ~]# subscription-manager repos --enable codeready-builder-for- rhel-9-$(arch)-rpms
为这个系统启用了软件仓库 'codeready-builder-for-rhel-9-x86_64-rpms'.
[root@localhost ~]# dnf install https://dl.fedoraproject.org/pub/epel/epel-release-latest-9.noarch.rpm -y
正在更新 Subscription Management 软件仓库。
```

```
Red Hat CodeReady Linux Builder for RHEL 9 x86_  738 kB/s | 2.9 MB     00:03
epel-release-latest-9.noarch.rpm                  8.6 kB/s |  18 kB    00:02
依赖关系解决。
================================================================================
 软件包              架构        版本          仓库              大小
================================================================================
安装:
 epel-release        noarch      9-4.el9       @commandline      18 k

事务概要
================================================================================
安装  1 软件包

总计: 18 k
安装大小: 25 k
下载软件包:
运行事务检查
事务检查成功。
运行事务测试
事务测试成功。
运行事务
  准备中  :                                                             1/1
  安装    : epel-release-9-4.el9.noarch                                  1/1
  运行脚本: epel-release-9-4.el9.noarch                                  1/1
Many EPEL packages require the CodeReady Builder (CRB) repository.
It is recommended that you run /usr/bin/crb enable to enable the CRB repository.

  验证    : epel-release-9-4.el9.noarch                                  1/1
已更新安装的产品。

已安装:
  epel-release-9-4.el9.noarch

完毕！
[root@localhost ~] # yum repolist
正在更新 Subscription Management 软件仓库。
仓库 id                                                             仓库名称
codeready-builder-for-rhel-9-x86_64-rpms
Red Hat CodeReady Linux Builder for RHEL 9 x86_64 (RPMs)
    epel
Extra Packages for Enterprise Linux 9 - x86_64
    rhel-9-for-x86_64-appstream-rpms
Red Hat Enterprise Linux 9 for x86_64 - AppStream (RPMs)
    rhel-9-for-x86_64-baseos-rpms
Red Hat Enterprise Linux 9 for x86_64 - BaseOS (RPMs)
```

1.6.3 重置 root 密码

如果使用应答脚本自动安装，进入系统后可能还需要重置 root 用户的密码。以 root 用户登录系统并执行命令 "passwd"，即可重置 root 用户的密码，如示例 1-6 所示。

【示例 1-6】

```
[root@localhost ~]# passwd
```

```
Changing password for user root.
New password:
Retype new password:
passwd: all authentication tokens updated successfully.
```

执行"passwd"命令后输入两次新密码，即可修改成功。需要注意的是，在 Linux 系统中输入密码时系统不会有任何提示，输入密码后按 Enter 键即可。

有时还会忘记 root 用户的密码，此时可以重启系统，进入引导界面，如图 1.42 所示。

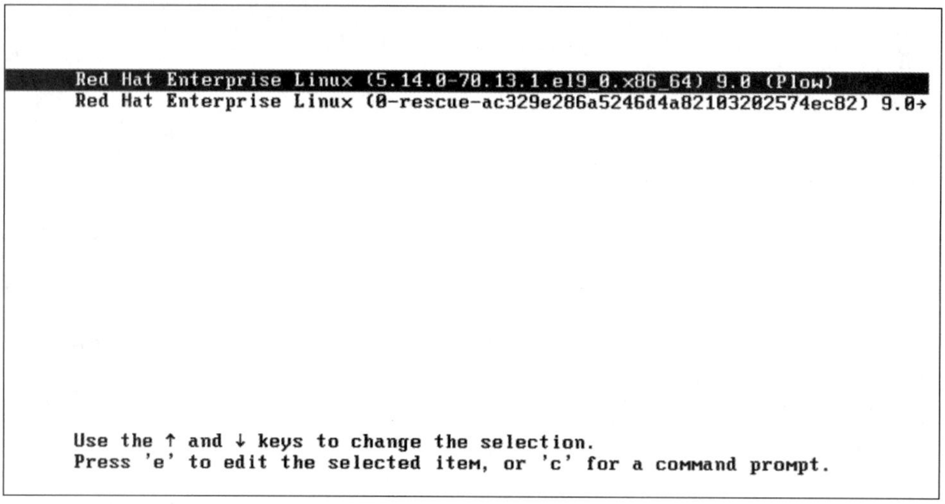

图 1.42　引导界面

在引导界面按 E 键之后就可以编辑引导选项，接下来在引导选项中加入参数 rw init=/bin/bash，如图 1.43 所示。

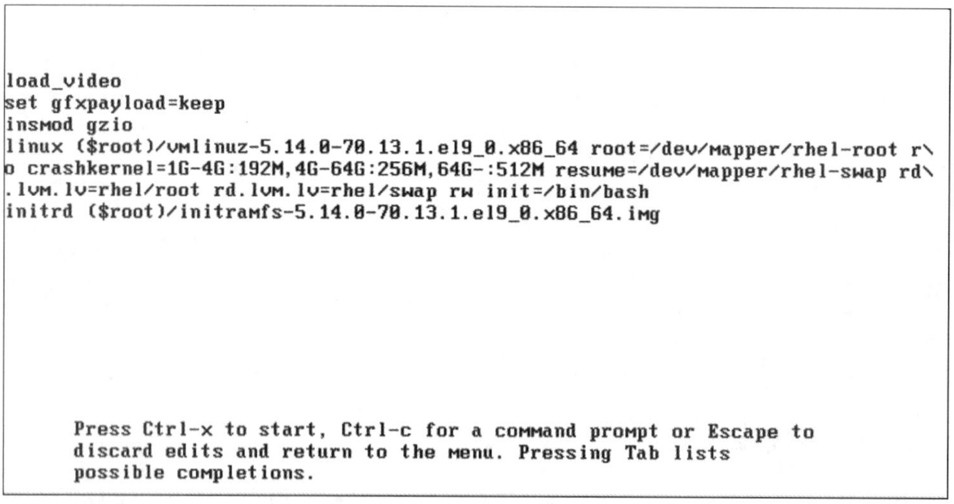

图 1.43　编辑引导选项

编辑完引导选项后，按 Ctrl+X 组合键引导系统进入紧急模式。在紧急模式下，修改 root 密码，如示例 1-7 所示。

【示例 1-7】

```
Bash-5.1# passwd root
Changing password for user root.
New password:
Retype new password:
passwd: all authentication tokens updated successfully.
#退出环境并重新启动系统
Bash-5.1# reset
```

重新启动系统后，就可以使用新的密码登录了。

1.7 小　　结

Linux 是一款免费、开源的操作系统软件，是自由软件和开源软件的典型代表，很多大型公司或个人开发者都选择使用 Linux。Linux 在服务器领域也具有广泛的应用。本章主要介绍了 Linux 的特点、Linux 的基础知识、Linux 的安装过程及登录系统等内容，其中还探讨了 Linux 的初始配置。

1.8 习　　题

一、填空题

UNIX 与 Linux 最大的不同在于 UNIX 是_____、Linux 是_____。

二、选择题

1. Linux 内核版本有哪两种？（　　）
   A. 稳定版和开发版
   B. 桌面版和服务器版
   C. Ubuntu 和 Red Hat

2. 以下关于 Linux 的描述哪个是错误的？（　　）
   A. Linux 可以运行在多种平台之上
   B. Linux 的代码是开源的
   C. Linux 没有桌面，只有命令行

第 2 章

Linux 的启动与进程管理

Linux 系统是如何启动的？如果出现故障，应该在什么模式下修复？Linux 在启动的同时会启动哪些服务？Linux 运行级别是如何影响系统动作的？本章就来回答这一系列的问题。

本章主要涉及的知识点有：

- Linux 的启动过程
- Linux 运行级别
- 服务单元控制
- 系统引导程序 GRUB

2.1 启动管理

Linux 启动过程是如何引导的？系统服务是如何设置的？要深入了解 Linux，首先必须能回答这两个问题。本节主要介绍 Linux 启动的相关知识。

2.1.1 Linux 系统的启动过程

Red Hat Enterprise Linux 9 采用了 systemd 进程，启动过程被大大缩短了。具体的启动步骤如下：

步骤 01 开机自检。
步骤 02 从硬盘的 MBR 中读取引导程序 GRUB。
步骤 03 引导程序根据配置文件显示引导菜单。
步骤 04 如果选择进入 Linux 系统，那么此时引导程序就会加载 Linux 内核文件。
步骤 05 当内核全部载入内存后，GRUB 的任务完成。此时全部控制权限交给 Linux，CPU 开始执行 Linux 内核代码，如初始化任务调度、分配内存、加载驱动等。简而言之，此步骤将建立一个内核运行环境。

步骤 06 内核代码执行完后，开始执行 Linux 系统的第一个进程——systemd，进程号为 1。

步骤 07 systemd 进程启动后将读取/etc/systemd/system/default.target（这个文件的作用是设置系统的运行级别），systemd 会根据此文件设置系统的运行级别并启动相应的服务。

步骤 08 服务启动完成后，将引导 login 弹出登录界面。

当系统首次被引导时，处理器会执行一个位于已知位置处的代码，一般保存在基本输入/输出系统 BIOS 中。当找到一个引导设备之后，第一阶段的引导加载程序就被装入 RAM 并执行。这个引导加载程序小于 512 字节（一个扇区），它是加载第二阶段的引导加载程序。

当第二阶段的引导加载程序被装入 RAM 并执行时，通常会显示一个引导屏幕，并将 Linux 和一个可选的初始 RAM 磁盘（临时根文件系统）加载到内存中。在加载映像时，第二阶段的引导加载程序就会将控制权交给内核映像，然后内核就可以进行解压和初始化。在这个阶段中，第二个阶段的引导加载程序会检测系统硬件、枚举系统链接的硬件设备、挂载根设备，然后加载必要的内核模块。完成这些操作之后启动进程（systemd），并执行高级系统初始化工作。通过以上过程，系统完成引导，等待用户登录。

2.1.2　Linux 运行级别

Linux 系统不同的运行级别可以启动不同的服务。Linux 系统共有 7 个运行级别，传统上分别用数字 0~6 来表示，但在 systemd 中通常是以英文加目标来表示。各个运行级别的定义如表 2.1 所示。

表2.1　Linux运行级别说明

参数	目标	说明
0	poweroff.target	停机，一般不推荐设置此级别
1	rescue.target	单用户模式
2	multi-user.target	多用户，但是没有网络文件系统
3	multi-user.target	完全多用户模式，服务器一般运行在此级别
4	multi-user.target	一般不用，在一些特殊情况下使用
5	graphical.target	X11，对应图形界面接口，一般发行版默认的运行级别
6	reboot.target	重新启动，一般不推荐设置此级别

需要特别说明的是，虽然许多 Linux 系统对运行级别 2、3、4 的定义不同，但是在 Red Hat Enterprise Linux 9 中都统一设置成了多用户模式，这一点可以从表 2.1 中的第 2 列"目标"名称都相同上看出来。另外，表 2.1 中的"目标"名称还有一些别名，比如还可以使用 runlevel0.target、runlevel1.target 等来表示。

标准的 Linux 运行级别为 3 或 5：如果是 3，那么系统工作在多用户状态；如果是 5，则运行着 X Window 系统。

要查看当前用户所处的运行级别，可以使用 runlevel 命令，如示例 2-1 所示。

【示例 2-1】

```
[root@localhost ~]# runlevel
N 3
[root@localhost ~]# init 5
```

```
[root@localhost ~]# runlevel
3 5
[root@localhost ~]# init 5
#系统重启，谨慎使用
[root@localhost ~]# init 6
```

其中，N 代表上次所处的运行级别，3 代表当前系统正运行在级别 3 上。由于系统开机就进入运行级别 3，因此上一次的运行级别没有，用 N 表示。要切换到其他运行级别，可使用 init 命令。例如，现在运行在级别 3 上，即多用户文本登录界面；若要进入图形登录界面，则需进入级别 5，可以执行命令"init 5"；若要重新启动系统，则可执行命令"init 6"。

2.1.3 服务单元控制

Red Hat Enterprise Linux 9 使用 systemd 替换了 System V（简称 Sys V），其中最大的改变是控制服务的方式产生了变化。本小节将介绍如何在 systemd 中控制服务。

在控制服务之前需要注意的是，在 systemd 中通常将服务称为"单元"。systemd 中包含服务、挂载点、系统设备等，这些都称为单元。查看系统中的单元，如示例 2-2 所示。

【示例 2-2】

```
[root@localhost ~]# systemctl
  UNIT                         LOAD     ACTIVE   SUB      DESCRIPTION
  #部分结果省略
  accounts-daemon.service      loaded   active   running  Accounts Service
  atd.service                  loaded   active   running  Deferred execution
scheduler
  auditd.service               loaded   active   running  Security Auditing
Service
  avahi-daemon.service         loaded   active   running  Avahi mDNS/DNS-SD Stack
  chronyd.service              loaded   active   running  NTP client/server
  crond.service                loaded   active   running  Command Scheduler
  cups.service                 loaded   active   running  CUPS Scheduler
  dbus-broker.service          loaded   active   running  D-Bus System Message Bus
  fwupd.service                loaded   active   running  Firmware update daemon
#部分结果省略
#等效的命令如下
[root@localhost ~]# systemctl list-units
#查看运行失败的单元
[root@localhost ~]# systemctl -failed
  UNIT LOAD ACTIVE SUB DESCRIPTION
0 loaded units listed.
#查看系统中安装的服务
[root@localhost ~]# systemctl list-unit-files
UNIT FILE                                    STATE      VENDOR PRESET
proc-sys-fs-binfmt_misc.automount            static     -
-.mount                                      generated
boot.mount                                   generated
dev-hugepages.mount                          static
dev-mqueue.mount                             static
proc-fs-nfsd.mount                           static
proc-sys-fs-binfmt_misc.mount                disabled   disabled
run-vmblock\x2dfuse.mount                    enabled    disabled
```

```
sys-fs-fuse-connections.mount            static       -
sys-kernel-config.mount                  static       -
sys-kernel-debug.mount                   static       -
sys-kernel-tracing.mount                 static       -
tmp.mount                                disabled     disabled
var-lib-machines.mount                   static       -
var-lib-nfs-rpc_pipefs.mount             static       -
cups.path                                enabled      enabled
insights-client-results.path             disabled     disabled
ostree-finalize-staged.path              disabled     disabled
systemd-ask-password-console.path        static       -
systemd-ask-password-plymouth.path       static       -
systemd-ask-password-wall.path           static       -
session-2.scope                          transient    -
session-4.scope                          transient    -
accounts-daemon.service                  enabled      enabled
#部分结果省略
```

对服务单元的控制通常有激活单元（相当于启动服务）、停止单元、重启单元及重新读取配置等，这些控制操作如示例 2-3 所示。

【示例 2-3】

```
#以 httpd 服务为例
#查看单元运行状态
[root@localhost ~]# systemctl status httpd
● httpd.service - The Apache HTTP Server
     Loaded: loaded (/usr/lib/systemd/system/httpd.service; disabled; vendor preset: disabled)
     Active: inactive (dead)
       Docs: man:httpd.service(8)
#以下三条命令的效果等效
#启动服务单元
[root@localhost ~]# systemctl start httpd
[root@localhost ~]# systemctl start httpd.service
[root@localhost ~]# service httpd start
Redirecting to /bin/systemctl start httpd.service
#停止服务单元
#以下三条命令的效果等效
[root@localhost ~]# systemctl stop httpd.service
[root@localhost ~]# systemctl stop httpd
[root@localhost ~]# service httpd stop
Redirecting to /bin/systemctl stop httpd.service
#重启服务单元的等效命令
[root@localhost ~]# service httpd restart
Redirecting to /bin/systemctl restart httpd.service
[root@localhost ~]# systemctl restart httpd
[root@localhost ~]# systemctl restart httpd.service
#查看单元运行状态
#Active:active（running）表明当前服务处于激活状态
[root@localhost ~]# systemctl status httpd.service
● httpd.service - The Apache HTTP Server
     Loaded: loaded (/usr/lib/systemd/system/httpd.service; disabled; vendor preset: disabled)
     Active: active (running) since Tue 2022-08-02 08:35:24 CST; 3s ago
```

```
          Docs: man:httpd.service(8)
      Main PID: 7105 (httpd)
        Status: "Started, listening on: port 443, port 80"
         Tasks: 214 (limit: 10798)
        Memory: 40.9M
           CPU: 161ms
        CGroup: /system.slice/httpd.service
                ├─7105 /usr/sbin/httpd -DFOREGROUND
                ├─7106 /usr/sbin/httpd -DFOREGROUND
                ├─7107 /usr/sbin/httpd -DFOREGROUND
                ├─7109 /usr/sbin/httpd -DFOREGROUND
                ├─7110 /usr/sbin/httpd -DFOREGROUND
                └─7112 /usr/sbin/httpd -DFOREGROUND

8月 02 08:35:24 localhost.localdomain systemd[1]: Starting The Apache HTTP Server...
8月 02 08:35:24 localhost.localdomain httpd[7105]: AH00558: httpd: Could not reliably determine the server's fully qualified domain name, using localhost.localdomain. Set the 'ServerName' directiv>
8月 02 08:35:24 localhost.localdomain systemd[1]: Started The Apache HTTP Server.
8月 02 08:35:24 localhost.localdomain httpd[7105]: Server configured, listening on: port 443, port 80
#等效命令如下
[root@localhost ~]# service httpd status
[root@localhost ~]# systemctl status httpd
#重新读取配置
[root@localhost ~]# systemctl reload httpd
[root@localhost ~]# systemctl reload httpd.service
```

在生产环境中，通常需要让服务在系统启动时也跟随系统一起启动，以便系统启动后能提供服务。设置系统服务自动激活，如示例 2-4 所示。

【示例 2-4】

```
#查询服务是否为自动启动
[root@localhost ~]# systemctl is-enabled httpd
Disabled
#将服务设置为自动启动
[root@localhost ~]# systemctl enable httpd
Created symlink from /etc/systemd/system/multi-user.target.wants/httpd.service to /usr/lib/systemd/system/httpd.service.
#再次查询是否为自动启动
[root@localhost ~]# systemctl is-enabled httpd
Enabled
#取消服务自动启动
[root@localhost ~]# systemctl disable httpd
Removed symlink /etc/systemd/system/multi-user.target.wants/httpd.service.
[root@localhost ~]# systemctl is-enabled httpd
disabled
```

除了以上这些变化外，关机等操作也由 systemd 来执行，可以使用示例 2-5 中的命令实现关机、重启等操作。

【示例 2-5】

```
#关机操作
[root@localhost ~]# systemctl poweroff
#重启
[root@localhost ~]# systemctl reboot
#待机
[root@localhost ~]# systemctl suspend
```

与 System V 中的服务相似，systemd 中的服务也由文件控制，不同的是 systemd 中使用的是单元配置文件而不是脚本。此处我们以 httpd 服务的单元配置文件为例简要说明其结构，内容如示例 2-6 所示。

【示例 2-6】

```
[root@localhost ~]# cat /usr/lib/systemd/system/httpd.service
#"[]"中的内容为配置文件的不同小节
#Unit 小节中主要是单元的描述及依赖
[Unit]
Description=The Apache HTTP Server
#下面这行表示依赖的目标
After=network.target remote-fs.target nss-lookup.target
Documentation=man:httpd(8)
Documentation=man:apachectl(8)

#Service 小节是单元的最主要内容
#其中主要定义了服务的类型，启动、停止使用的命令，杀死服务使用的信号等
[Service]
Type=notify
EnvironmentFile=/etc/sysconfig/httpd
ExecStart=/usr/sbin/httpd $OPTIONS -DFOREGROUND
ExecReload=/usr/sbin/httpd $OPTIONS -k graceful
ExecStop=/bin/kill -WINCH ${MAINPID}
KillSignal=SIGCONT
#将该单元启动的进程加入列表单元的临时文件命名空间中
PrivateTmp=true

#安装单元，目前未使用
[Install]
WantedBy=multi-user.target
```

以上是单元配置文件的示例，通常单元的配置文件会存放在/usr/lib/systemd/system/（主要存放软件包安装的单元）和/etc/systemd/system/（主要存放由系统管理员安装的与系统密切相关的单元）目录中。如果需要添加单元配置文件，只需要将配置文件存放到相应的目录中，然后执行命令"systemctl daemon-reload"即可。关于单元的更多详细信息，可执行命令"man 5 systemd.service"和"man systemd"以参考联机帮助手册。

2.2 系统引导程序 GRUB

GRUB（GRand Unified Bootloader）的全称应为 GNU GRUB，是一个来自 GNU 计划的多操作

系统引导程序。它可以让用户在安装的多个操作系统之间选择要启动的操作系统，同时还可以向操作系统内核传递参数。Red Hat Enterprise Linux 9 默认使用 GRUB 2 作为系统引导程序，本节将介绍 GRUB 2 及其应用。

2.2.1　GRUB 2 的简介

默认情况下，Red Hat Enterprise Linux 9 使用 GRUB 2 作为引导程序，而 GRUB 2 引导系统使用的分区位于/boot 中，称为引导分区。查看引导分区的内容，如示例 2-7 所示。

【示例 2-7】

```
[root@localhost ~]# ls /boot
config-5.14.0-70.13.1.el9_0.x86_64
efi
extlinux
grub2
initramfs-0-rescue-ac329e286a5246d4a82103202574ec82.img
initramfs-5.14.0-70.13.1.el9_0.x86_64.img
initramfs-5.14.0-70.13.1.el9_0.x86_64kdump.img
loader
symvers-5.14.0-70.13.1.el9_0.x86_64.gz
System.map 5.14.0-70.13.1.el9_0.x86_64
vmlinuz-0-rescue-ac329e286a5246d4a82103202574ec82
vmlinuz-5.14.0-70.13.1.el9_0.x86_64
[root@localhost ~]# ls /boot/grub2/
device.map  fonts  grub.cfg  grubenv  i386-pc  locale  themes
#查看 GRUB 2 的配置文件
[root@localhost ~]# cat /boot/grub2/grub.cfg
#
# 该段内容不要自己修改，需要通过 grub2-mkconfig 自动生成

### BEGIN /etc/grub.d/00_header ###
set pager=1

if [ -s $prefix/grubenv ]; then
  load_env
fi
if [ "${next_entry}" ] ; then
   set default="${next_entry}"
   set next_entry=
   save_env next_entry
   set boot_once=true
else
   set default="${saved_entry}"
...
```

从示例 2-7 的命令输出中可以看到，/boot 中保存的文件主要是 Linux 内核、内存映像文件等，GRUB 2 就是通过这些文件建立最初的内核运行环境的。GRUB 2 安装于/boot/grub2 目录中，/boot/grub2/grub.cfg 就是 GRUB 2 引导系统时采用的配置文件，其作用与之前版本中的 grub.conf 文件是一致的。在之前的版本中修改 grub.conf 就可以配置引导选项，但现在不建议修改 grub.cfg。

2.2.2 GRUB 2 的启动菜单界面

Linux 系统每次启动时都会显示启动菜单界面，以便让用户选择要启动的操作系统。GRUB 启动菜单界面如图 2.1 所示。

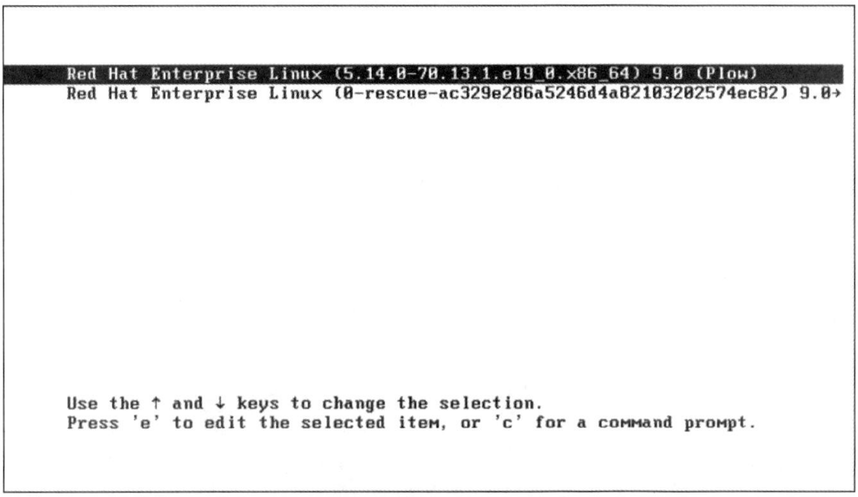

图 2.1 GRUB 启动菜单界面

在 GRUB 启动菜单界面中，可以使用上、下方向键选择需要启动的选项，按 Enter 键即可启动对应的选项。默认情况下，Red Hat Enterprise Linux 9 提供了两个启动选项：第一个为正常启动系统的选项，第二个为启动系统的救援模式。通常只有在系统出现问题时才需要启动救援模式进行修复。

除此之外，还可以在启动菜单界面选择一个启动选项，按 E 键编辑该启动选项。编辑启动选项通常是为了向内核传递参数，例如进入紧急模式时，需要向内核传递参数 rd.break，内核接收到此参数后会自动进入紧急模式。

在 GRUB 启动菜单界面中还可以按 C 键进入 GRUB 的命令行界面，在命令行界面中使用一些命令自定义启动系统等。

2.2.3 GRUB 2 的命令行界面

GRUB 内置了一个命令行界面，在某些情况下当 GRUB 引导系统失败时（例如 grub.cfg 文件不正确时），GRUB 会自动进入命令行界面。GRUB 命令行界面如图 2.2 所示。

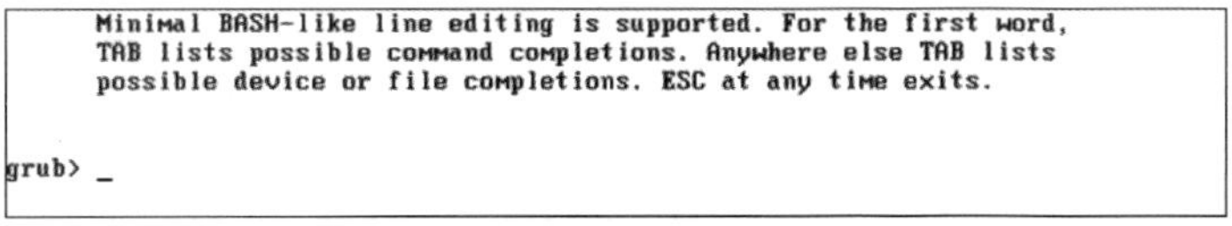

图 2.2 GRUB 命令行界面

GRUB 命令行界面以 "grub>" 为提示符，同 Linux 系统一样，用户直接输入命令后按 Enter 键即可执行。同时 GRUB 命令行界面也提供了命令历史和命令补全功能，用户可以像在 Linux 系统中那样快捷地输入和执行命令。

2.2.4　GRUB 2 的一些常用命令

GRUB 提供了一些常用命令，主要是为了让用户在无法进入系统时恢复对操作系统的引导。GRUB 常用的命令如表 2.2 所示。

表2.2　GRUB常用命令及作用

命令	作用
ls	列出设备或文件列表
set	设置环境变量
insmod	插入模块
reboot	重启计算机
file	检查文件类型
date	显示当前计算机的时间
module	载入指定的模块
initrd	载入内存映像盘
linux	引导操作系统内核
chainloader	加载另一个引导程序
boot	按设置引导操作系统

2.2.5　理解 GRUB 2 的配置文件

对于了解 grub.conf 的人来说，grub.cfg 有些难以理解主要是因为其中加入了一些环境变量。而现在在 GRUB 2 中不再需要修改 grub.cfg，现在需要修改的内容被统一移到/etc/grub.d 中，如示例 2-8 所示。

【示例 2-8】

```
[root@localhost ~]# ls /etc/grub.d/
00_header  01_users  20_linux_xen     30_os-prober  41_custom
00_tuned   10_linux  20_ppc_terminfo  40_custom     README
```

在示例 2-8 中，每一个文件代表 grub.cfg 引导条目中的一条内容，前面的数字代表优先级，数字越小，优先级越高，表示该条目在引导界面的选项列表中的位置越靠前。此处并不建议修改示例 2-8 中所列举的引导条目，40_custom 除外。每一个文件其实就是由 Shell 编写的脚本，用户可以自行添加条目，或直接修改 40_custom 添加条目。

此处以添加一个 Windows 引导条目为例，讲解如何在 /etc/grub.d/ 目录中添加一个 11_windows11 的条目，其过程如示例 2-9 所示。

【示例 2-9】

```
#添加一个为Windows 11 添加条目的文件
[root@localhost ~]# cat -n /etc/grub.d/11_windows11
    1  #!/bin/sh
    2  #以下是为Windows 11 添加条目的语句
    3  cat << EOF
    4  menuentry 'Windows 11'{
    5  set root=(hd0,1)
```

```
      6    chainloader +1
      7 }
      8 EOF
#为条目文件添加可执行权限
[root@localhost ~]# chmod +x /etc/grub.d/11_windows11
#重新生成 grub.cfg
[root@localhost ~]# grub2-mkconfig -o /boot/grub2/grub.cfg
Generating grub configuration file ...
Adding boot menu entry for UEFI Firmware Settings ...
done
```

完成以上步骤之后，就可以重新启动计算机进行验证了。

注意：如果要直接修改 grub.cfg，就向其中写入引导语句。然而当操作系统内核更新后，操作系统会自动重新生成新的 grub.cfg，向其中写入的引导语句将直接失效。正因如此，不建议直接修改 grub.cfg 文件。

2.3 应用实例——手动引导 Linux

有时一些不经意的操作会损坏 Linux 的引导，例如在多操作系统计算机上重装 Windows、使用魔术分区调整分区大小等都可能会导致 Linux 启动失败（能进入 GRUB 但无法引导 Linux）。这时最好的选择是手动引导 Linux，待进入 Linux 系统后再使用 grub2-install 命令重新安装引导程序。手动引导 Linux 需要先进入 GRUB 命令行界面，查看磁盘内容，示例如图 2.3 所示。

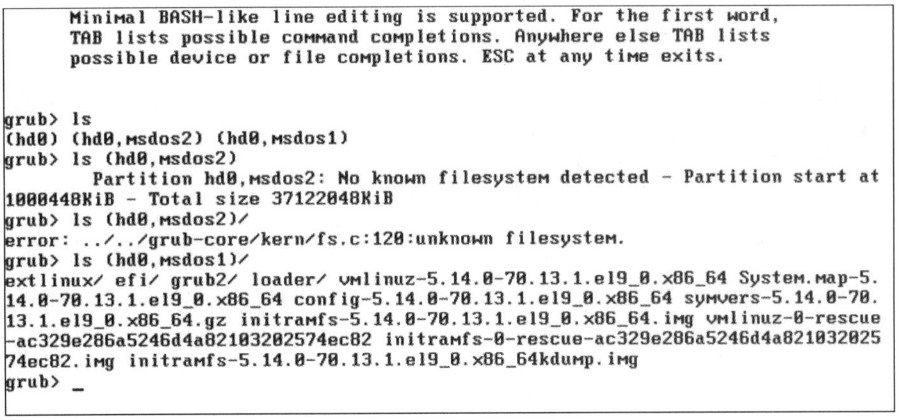

```
Minimal BASH-like line editing is supported. For the first word,
TAB lists possible command completions. Anywhere else TAB lists
possible device or file completions. ESC at any time exits.

grub> ls
(hd0) (hd0,msdos2) (hd0,msdos1)
grub> ls (hd0,msdos2)
        Partition hd0,msdos2: No known filesystem detected - Partition start at
1000448KiB - Total size 37122048KiB
grub> ls (hd0,msdos2)/
error: ../../grub-core/kern/fs.c:120:unknown filesystem.
grub> ls (hd0,msdos1)/
extlinux/ efi/ grub2/ loader/ vmlinuz-5.14.0-70.13.1.el9_0.x86_64 System.map-5.
14.0-70.13.1.el9_0.x86_64 config-5.14.0-70.13.1.el9_0.x86_64 symvers-5.14.0-70.
13.1.el9_0.x86_64.gz initramfs-5.14.0-70.13.1.el9_0.x86_64.img vmlinuz-0-rescue
-ac329e286a5246d4a82103202574ec82 initramfs-0-rescue-ac329e286a5246d4a821032025
74ec82.img initramfs-5.14.0-70.13.1.el9_0.x86_64kdump.img
grub> _
```

图 2.3 利用命令引导 Linux

在命令行界面中先利用 ls 命令查看有哪些分区，再使用 ls 命令去查看分区内容，找到 Linux 系统的引导分区"(hd0,msdos1)"。确定引导分区后就可以利用 set 命令将引导分区设置为根目录，目的是建立 Linux 内核运行环境，其过程如示例 2-10 所示。

【示例 2-10】

```
#grub 手动引导命令如下
grub>linux /vmlinuz-5.14.0-70.13.1.el9_0.x86_64 root=/dev/mapper/rhel-root
grub>initrd /initramfs-5.14.0-70.13.1.el9_0.x86_64.img
```

```
grub>boot
```

  linux 和 initrd 命令的作用分别是为引导程序指定 Linux 的内核和内存映像文件（文件名已在之前的 ls 命令中列出），由于当前的根目录已经被设置成"(hd0,msdos1)"，因此只需要在根目录"/"后面直接加上文件名即可。需要特别说明的是内核文件和内存映像文件中有 rescue 文件，它主要用于救援模式，应尽量不使用。使用 linux 命令指定内核时，还需要使用 root 参数指定真正的根目录，以便内核能读取到根目录中的配置文件（位于/etc/目录中），从而完成系统设置引导系统。

  当所有参数都设置正确后，就可以使用 boot 命令直接引导 Linux 操作系统了。

2.4 小　　结

  与 Windows 不同，Linux 是一个开放的系统，系统的每个细节对用户而言都是可见的。引导程序用来正确地引导系统，因此用户有必要对它有一定的了解。对于管理员而言，管理引导程序更是必备的技能之一，这也是本章的意义。

2.5 习　　题

一、填空题

1. Red Hat Enterprise Linux 使用的引导程序是_____。
2. 在 Systemd 中服务的控制是通过_____来进行的。

二、选择题

在 Systemd 中操作服务的命令可以是（　　）。

  A. chkconfig

  B. sysconfig-service

  C. systemctl

  D. server

第 3 章

Linux 的日常运维

虽然生产环境中的 Linux 大部分都是服务器，但是许多时候仍然需要对它们进行一些较为常规的维护工作。本章将介绍 Linux 日常运维中的软件包管理、用户管理和计划任务管理。

本章主要涉及的知识点有：

- RPM 包管理器的使用
- 使用 YUM 工具管理软件包
- 用户和组管理
- 编辑器的使用
- 计划任务管理

3.1 软件包管理

完善的软件包管理机制对于操作系统来说是非常重要的，没有软件包管理器，用户使用操作系统将会变得非常困难，也不利于操作系统的推广。用户要使用 Linux，需要了解 Linux 的包管理机制。随着 Linux 的发展，目前形成了两种包管理机制：DNF/RPM（Red Hat Package Manager）和 DPKG（Debian Package）。DNF 和 RPM 本质上是同一类包管理软件，DNF 是 RPM 的更新版本。DNF、RPM 和 DPKG 都是源代码经过编译之后，通过包管理机制将编译后的软件进行打包，避免了每次都编译软件的烦琐过程。

3.1.1 RPM 软件包管理

RPM 类似于 Windows 里面的"添加/删除程序"，最早由 Red Hat 公司研制，现已成为一个开源工具，并更名为 RPM Package Manager。RPM 软件包以 rpm 为扩展名，同时 RPM 也是一种软件包管理器，可以让用户方便地进行软件的安装、更新和卸载。操作 RPM 软件包对应的命令为 rpm。

RPM 包通常包含二进制包和源代码包。二进制包可以直接通过 rpm 命令安装在系统中，源代码包则可以通过 rpm 命令提取对应软件的源代码,以便进行学习或二次开发。

注意: 在 Red Hat Enterprise Linux 9 里面可以使用 dnf 命令替换 rpm 命令来管理 RPM 包。

1. 安装软件包

RPM 提供了非常丰富的功能,是通过一定机制把二进制文件或其他文件打包在一起的单个文件。使用 RPM 进行安装通常是一个把二进制程序或其他文件复制到系统指定路径的过程。下面演示如何使用 RPM 安装软件。

使用 SecureCRT 时常见的操作是使用 rz 或 sz 命令进行文件的上传或下载,对应的软件包为 lrzsz-0.12.20-55.el9.x86_64.rpm,一般随附于 Linux 的发行版(软件版本可能有所不同)。示例 3-1 演示了如何通过 RPM 安装此软件。

【示例 3-1】

```
#可以自动识别光盘,或者使用手动挂载方式
#以下是手动挂载方式
#建立目录
[root@localhost /]# mkdir -p /cdrom
#挂载光驱
[root@localhost /]# mount -t iso9660 /dev/cdrom  /cdrom
mount: /dev/sr0 is write-protected, mounting read-only
#找到要安装的软件
[root@localhost /]# cd cdrom/BaseOS/Packages/
[root@localhost Packages]# ls -l lrzsz-0.12.20-55.el9.x86_64.rpm
-r--r--r--. 1 liu liu 88569 11月 20  2021 lrzsz-0.12.20-55.el9.x86_64.rpm
#安装前执行此命令发现并不存在
[root@localhost Packages]# rz --version
bash: rz: command not found...
Install package 'lrzsz' to provide command 'rz'? [N/y] #这里提示自动安装,可以暂时跳过,选择 N
#进行软件包的安装
[root@localhost Packages]# rpm -ivh lrzsz-0.12.20-55.el9.x86_64.rpm
Verifying...                          ################################# [100%]
准备中...                              ################################# [100%]
正在升级/安装...
   1:lrzsz-0.12.20-55.el9             ################################# [100%]
[root@localhost Packages]# rz --version
rz (lrzsz) 0.12.20
```

首先挂载光驱,找到指定的软件,通过 rpm 命令将软件安装到系统中。上述示例中的参数说明如表 3.1 所示。

表3.1　通过rpm命令安装软件的参数说明

参　　数	说　　明
-i	安装软件时显示软件包的相关信息
-v	安装软件时显示命令的执行过程
-h	安装软件时输出 hash 记号"#"

软件已经安装完毕,查看软件的安装位置和安装文件列表如示例 3-2 所示。

【示例 3-2】

```
#查看软件包文件列表及文件安装路径
[root@localhost Packages]# rpm -qpl lrzsz-0.12.20-55.el9.x86_64.rpm
warning: lrzsz-0.12.20-55.el9.x86_64.rpm: Header V3 RSA/SHA256 Signature, key ID fd431d51: NOKEY
/usr/bin/rb
/usr/bin/rx
/usr/bin/rz
/usr/bin/sb
/usr/bin/sx
/usr/bin/sz
/usr/share/locale/de/LC_MESSAGES/lrzsz.mo
/usr/share/man/man1/rz.1.gz
/usr/share/man/man1/sz.1.gz
[root@localhost Packages]# which rz
/usr/bin/rz
#查看安装的文件
[root@localhost Packages]# ls -l /usr/bin/rz
-rwxr-xr-x. 3 root root 74016  8月 10  2021 /usr/bin/rz
#有时会遇到软件包有依赖关系的情况
[root@localhost Packages]# cd AppStream/Packages/
[root@localhost Packages]# rpm -ivh glibc-devel-2.34-28.el9_0.x86_64.rpm
错误：依赖检测失败：
        glibc-headers = 2.34-28.el9_0 被 glibc-devel-2.34-28.el9_0.x86_64 需要
        kernel-headers >= 3.2 被 glibc-devel-2.34-28.el9_0.x86_64 需要
        libxcrypt-devel(x86-64) >= 4.0.0 被 glibc-devel-2.34-28.el9_0.x86_64 需要
#这时需要将所有依赖包一起装上
[root@localhost Packages]# rpm -ivh glibc-devel-2.34-28.el9_0.x86_64.rpm glibc-headers-2.34-28.el9_0.x86_64.rpm kernel-headers-5.14.0-70.13.1.el9_0.x86_64.rpm libxcrypt-devel-4.4.18-3.el9.x86_64.rpm
Verifying...              ################################# [100%]
准备中...                 ################################# [100%]
正在升级/安装...
   1:kernel-headers-5.14.0-70.13.1.el9################################# [ 25%]
   2:glibc-headers-2.34-28.el9_0       ################################# [ 50%]
   3:libxcrypt-devel-4.4.18-3.el9      ################################# [ 75%]
   4:glibc-devel-2.34-28.el9_0         ################################# [100%]
#这里讲解的依赖问题，可以通过提示信息看到，但是对于管理员来说还是相对复杂，下一节会讲解使用集成管理工具 YUM 来自动化解决依赖问题
```

上述示例演示了如何通过 rpm 命令查看软件的安装位置，参数说明如表 3.2 所示。

表3.2　通过rpm命令查看软件的参数说明

参数	说明
-q	使用询问模式，当遇到任何问题时，rpm 命令会先询问用户
-p	查询软件包的文件
-l	显示软件包中的文件列表

如果软件包已经安装，但由于某些原因想重新安装，则可采用强制安装的方式，使用指定参数实现这个功能，方法如示例 3-3 所示。

【示例 3-3】

```
[root@localhost Packages]# rpm -ivh ftp-0.17-89.el9.x86_64.rpm
Verifying...                        ################################# [100%]
准备中...                            ################################# [100%]
正在升级/安装...
   1:ftp-0.17-89.el9                 ################################# [100%]
#force 参数表示强制安装
[root@localhost Packages]# rpm -ivh --force ftp-0.17-89.el9.x86_64.rpm
Verifying...                        ################################# [100%]
准备中...                            ################################# [100%]
正在升级/安装...
   1:ftp-0.17-89.el9                 ################################# [100%]
#nodeps 表示忽略依赖关系
[root@localhost Packages]# rpm -ivh --force --nodeps ftp-0.17-89.el9.x86_64.rpm Verifying...
################################# [100%]
准备中...                            ################################# [100%]
正在升级/安装...
   1:ftp-0.17-89.el9                 ################################# [100%]
```

上述示例演示了如何强制更新已经安装的软件，如果安装软件时遇到互相依赖的软件包导致不能安装，那么可以使用 nodeps 参数先禁止检查软件包依赖以便完成软件的安装。

2. 升级软件包

软件安装以后随着新功能的增加或 BUG 的修复，软件会持续更新。更新软件的方法如示例 3-4 所示。

【示例 3-4】

```
#更新已经安装的软件
[root@localhost Packages]#rpm -Uvh lrzsz-0.12.20-55.el9.x86_64.rpm
```

通过 rpm 命令更新软件时常用的参数说明如表 3.3 所示。

表3.3　通过rpm命令更新软件的常用参数说明

参　　数	说　　明
-U	升级指定的软件

更新软件时如果遇到已有的配置文件，为保证新版本的运行，RPM 包管理器会重命名该软件对应的配置文件，然后安装新的配置文件，新、旧文件的保存会使得用户有更多选择。

3. 查看已安装的软件包

系统安装完会默认安装一系列的软件。RPM 包管理器提供了相应的命令查看已安装的安装包，如示例 3-5 所示。

【示例 3-5】
```
#查看系统中安装的所有包
[root@localhost Packages]# rpm -qa
libertas-sd8787-firmware-20220209-126.el9_0.noarch
netronome-firmware-20220209-126.el9_0.noarch
dejavu-serif-fonts-2.37-18.el9.noarch
google-noto-emoji-color-fonts-20200916-4.el9.noarch
jomolhari-fonts-0.003-34.el9.noarch
julietaula-montserrat-fonts-7.210-6.el9.noarch
khmer-os-system-fonts-5.0-36.el9.noarch
lohit-assamese-fonts-2.91.5-13.el9.noarch
lohit-bengali-fonts-2.91.5-13.el9.noarch
lohit-devanagari-fonts-2.95.4-14.el9.noarch
lohit-gujarati-fonts-2.92.4-13.el9.noarch
lohit-kannada-fonts-2.5.4-12.el9.noarch
lohit-odia-fonts-2.91.2-13.el9.noarch
lohit-tamil-fonts-2.91.3-13.el9.noarch
lohit-telugu-fonts-2.5.5-12.el9.noarch
paktype-naskh-basic-fonts-5.0-6.el9.noarch
pt-sans-fonts-20141121-23.el9.noarch
sil-abyssinica-fonts-1.200-23.el9.noarch
sil-nuosu-fonts-2.200-4.el9.noarch
sil-padauk-fonts-3.003-9.el9.noarch
smc-meera-fonts-7.0.3-5.el9.noarch
stix-fonts-2.0.2-11.el9.noarch
virtio-win-1.9.25-2.el9_0.noarch
gutenprint-doc-5.3.4-4.el9.x86_64
gnome-user-docs-40.0-3.el9.noarch
words-3.0-39.el9.noarch
rootfiles-8.1-31.el9.noarch
NetworkManager-config-server-1.36.0-4.el9_0.noarch
gpg-pubkey-fd431d51-4ae0493b
gpg-pubkey-5a6340b3-6229229e
grub2-common-2.06-27.el9_0.7.noarch
grub2-tools-minimal-2.06-27.el9_0.7.x86_64
grub2-pc-modules-2.06-27.el9_0.7.noarch
grub2-tools-2.06-27.el9_0.7.x86_64
grub2-pc-2.06-27.el9_0.7.x86_64
grub2-tools-extra-2.06-27.el9_0.7.x86_64
grub2-tools-efi-2.06-27.el9_0.7.x86_64
lrzsz-0.12.20-55.el9.x86_64
ftp-0.17-89.el9.x86_64
#部分结果省略
#查找指定的安装包
[root@localhost Packages]# rpm -aq | grep rz
lrzsz-0.12.20-55.el9.x86_64
```

通过使用 rpm 命令指定特定的参数可以查看系统中安装的软件包。查看已安装的软件包的参数说明如表 3.4 所示。

表3.4 查看已安装的软件包的参数说明

参　数	说　　明
-a	显示安装的所有软件列表

4. 卸载软件包

RPM 包管理器提供了对应的参数进行软件的卸载，软件卸载方法如示例 3-6 所示。如果卸载的软件被别的软件依赖，则不能卸载，需要将对应的软件卸载后才能卸载当前软件。

【示例 3-6】

```
#查找指定的安装包
[root@localhost Packages]# rpm -aq | grep rz
lrzsz-0.12.20-55.el9.x86_64
#卸载软件包
[root@localhost Packages]# rpm -e lrzsz
#卸载后命令不存在
[root@localhost Packages]# rz --version
-bash: /usr/bin/rz: No such file or directory
#无结果说明对应的软件包被成功卸载
[root@localhost Packages]# rpm -qa  |grep rz
#如软件之间存在依赖，则不能卸载，此时需要先卸载依赖的软件
[root@localhost ~]# rpm -e glibc-devel
错误：依赖检测失败：
        glibc-devel >= 2.2.90-12 被 (已安装) gcc-11.2.1-9.4.el9.x86_64 需要
        glibc-devel(x86-64) >= 2.27 被 (已安装)
libxcrypt-devel-4.4.18-3.el9.x86_64 需要
```

上述示例演示了如何查找并卸载 lrzsz 软件和 glibc-devel 软件。不幸的是卸载 glibc-devel 软件时因存在相应的软件依赖而卸载失败，此时需要先卸载依赖的软件包。卸载软件包的参数说明如表 3.5 所示。

表3.5 卸载软件包的参数说明

参　　数	说　　明
-e	从系统中移除指定的软件包

3.1.2　YUM 软件包管理

RPM 包管理器可以让用户不必经过编译就使用软件，但也存在不方便。当遇到软件包依赖问题时，RPM 包管理器会中断当前安装，提示用户有依赖的软件包。很明显这种方法使用起来非常不方便，特别是一些依赖性非常复杂的软件包。

为解决软件包依赖性问题，Red Hat 公司又开发了一个新工具 YUM（全称为 Yellow dog Updater, Modified）。YUM 工具的工作依赖于一个源，源中包含了许多软件包和软件包的相关索引数据，通常位于网络主机中。当用户使用 YUM 工具安装软件包时，YUM 将通过索引数据搜索软件包的依赖关系，再从源中下载软件包并安装。

当用户将系统注册到 Red Hat 网络后，系统会自动配置源，因此无网络连接的计算机将无法使用 Red Hat 提供的源。为方便能从本地使用 YUM 工具安装软件包，用户可以使用安装光盘自建一个本地源。这种方法虽然能解决复杂的软件包依赖问题，但是无法通过 Red Hat 网络获取最新的软件包，以及获取最新的 Bug 修正。

本节将采用光盘自建源的方式演示 YUM 工具的使用方法，同时强烈建议将系统注册到 Red Hat 网络，以解决系统安全性问题。

1. 利用安装光盘建立源

利用安装光盘建立源首先需要将光盘挂载到目录，然后直接建立一个新的源即可，如示例 3-7 所示。

【示例 3-7】

```
#建立挂载目录将光盘挂载到/cdrom
[root@localhost ~]# mkdir -p /cdrom
[root@localhost ~]# mount /dev/cdrom /cdrom
mount: /dev/sr0 is write-protected, mounting read-only
#备份原来的源配置文件
[root@localhost ~]# cd /etc/yum.repos.d/
[root@localhost yum.repos.d]# mv redhat.repo redhat.repo.bak
#建立新的源配置文件，命名为 dvd.repo
[root@localhost yum.repos.d]# cat -v dvd.repo
#源配置文件的内容
[DVD-Local]
name=DVD Local
baseurl=file:///cdrom/
enable=1
gpgcheck=1
gpgkey=file:///cdrom/RPM-GPG-KEY-redhat-release
#清除 YUM 的所有缓存文件
[root@localhost yum.repos.d]# yum clean all
Loaded plugins: langpacks, product-id, search-disabled-repos, subscription-
              : manager
This system is not registered to Red Hat Subscription Management. You can use
subscription-manager to register.
Cleaning repos: DVD-Local
Cleaning up everything
#建立新的缓存文件
[root@localhost yum.repos.d]# yum makecache
Loaded plugins: langpacks, product-id, search-disabled-repos, subscription-
              : manager
This system is not registered to Red Hat Subscription Management. You can use
subscription-manager to register.
DVD-Local                                         | 4.1 kB    00:00
(1/4): DVD-Local/group_gz                         | 136 kB    00:00
(2/4): DVD-Local/primary_db                       | 3.9 MB    00:00
(3/4): DVD-Local/filelists_db                     | 3.3 MB    00:00
(4/4): DVD-Local/other_db                         | 1.5 MB    00:00
Metadata Cache Created
```

在 dvd.repo 文件中，方括号（[]）中的是源的名称，该名称在所有源中必须是独一无二的，name 字段表示源的描述信息。enable 和 gpgcheck 分别表示是否启用源及是否对软件包执行 gpg 检查，该检查可以验证软件包是否经过 Red Hat 的签名，未签名的软件包可能会危害系统的稳定。baseurl 和 gpgkey 分别表示源的路径和签名使用的密钥文件位置。

2. 安装软件包

注册到 Red Hat 网络或建立源后，就可以使用 yum 命令安装软件包了，如示例 3-8 所示。

【示例 3-8】

```
#使用 YUM 工具安装 httpd
[root@localhost ~]# yum install httpd
正在更新 Subscription Management 软件仓库。
上次元数据过期检查: 0:46:09 前, 执行于 2022 年 08 月 03 日 星期三 00 时 04 分 30 秒。
依赖关系解决。
================================================================================
 软件包                    架构        版本              仓库                                  大小
================================================================================
安装:
 httpd                    x86_64      2.4.51-7.el9_0    rhel-9-for-x86_64-appstream-rpms     1.5 M
安装依赖关系:
 apr                      x86_64      1.7.0-11.el9      rhel-9-for-x86_64-appstream-rpms     127 k
 apr-util                 x86_64      1.6.1-20.el9      rhel-9-for-x86_64-appstream-rpms      98 k
 apr-util-bdb             x86_64      1.6.1-20.el9      rhel-9-for-x86_64-appstream-rpms      15 k
 httpd-filesystem         noarch      2.4.51-7.el9_0    rhel-9-for-x86_64-appstream-rpms      17 k
 httpd-tools              x86_64      2.4.51-7.el9_0    rhel-9-for-x86_64-appstream-rpms      88 k
 redhat-logos-httpd
                          noarch      90.4-1.el9        rhel-9-for-x86_64-appstream-rpms      18 k
安装弱的依赖:
 apr-util-openssl         x86_64      1.6.1-20.el9      rhel-9-for-x86_64-appstream-rpms      17 k
 mod_http2                x86_64      1.15.19-2.el9     rhel-9-for-x86_64-appstream-rpms     153 k
 mod_lua                  x86_64      2.4.51-7.el9_0    rhel-9 for x86_64-appstream-rpms      63 k
#YUM 将提示用户是否下载安装
事务概要
================================================================================
安装   10 软件包

总下载: 2.1 M
安装大小: 5.9 M
确定吗? [y/N]: y   #选择安装
#执行软件包下载、事务检查及安装验证
下载软件包:
(1/10): apr-util-openssl-1.6.1-20.el9.x86_64.rp     25 kB/s |  17 kB     00:00
(2/10): apr-util-1.6.1-20.el9.x86_64.rpm           135 kB/s |  98 kB     00:00
(3/10): mod_lua-2.4.51-7.el9_0.x86_64.rpm           84 kB/s |  63 kB     00:00
(4/10): redhat-logos-httpd-90.4-1.el9.noarch.rp     73 kB/s |  18 kB     00:00
(5/10): apr-1.7.0-11.el9.x86_64.rpm                334 kB/s | 127 kB     00:00
(6/10): apr-util-bdb-1.6.1-20.el9.x86_64.rpm        52 kB/s |  15 kB     00:00
(7/10): httpd-filesystem-2.4.51-7.el9_0.noarch.     39 kB/s |  17 kB     00:00
(8/10): mod_http2-1.15.19-2.el9.x86_64.rpm         439 kB/s | 153 kB     00:00
(9/10): httpd-tools-2.4.51-7.el9_0.x86_64.rpm      287 kB/s |  88 kB     00:00
(10/10): httpd-2.4.51-7.el9_0.x86_64.rpm           1.1 MB/s | 1.5 MB     00:01
--------------------------------------------------------------------------------
总计                                               1.0 MB/s | 2.1 MB     00:02
运行事务检查
事务检查成功。
运行事务测试
事务测试成功。
运行事务
  准备中  :                                                                   1/1
  安装    : apr-1.7.0-11.el9.x86_64                                          1/10
  安装    : apr-util-bdb-1.6.1-20.el9.x86_64                                 2/10
  安装    : apr-util-1.6.1-20.el9.x86_64                                     3/10
```

```
  安装       : apr-util-openssl-1.6.1-20.el9.x86_64          4/10
  安装       : httpd-tools-2.4.51-7.el9_0.x86_64             5/10
  运行脚本: httpd-filesystem-2.4.51-7.el9_0.noarch           6/10
  安装       : httpd-filesystem-2.4.51-7.el9_0.noarch        6/10
  安装       : redhat-logos-httpd-90.4-1.el9.noarch          7/10
  安装       : mod_lua-2.4.51-7.el9_0.x86_64                 8/10
  安装       : mod_http2-1.15.19-2.el9.x86_64                9/10
  安装       : httpd-2.4.51-7.el9_0.x86_64                  10/10
  运行脚本: httpd-2.4.51-7.el9_0.x86_64                     10/10
  验证       : apr-util-openssl-1.6.1-20.el9.x86_64          1/10
  验证       : apr-util-1.6.1-20.el9.x86_64                  2/10
  验证       : mod_lua-2.4.51-7.el9_0.x86_64                 3/10
  验证       : apr-1.7.0-11.el9.x86_64                       4/10
  验证       : httpd-2.4.51-7.el9_0.x86_64                   5/10
  验证       : redhat-logos-httpd-90.4-1.el9.noarch          6/10
  验证       : apr-util-bdb-1.6.1-20.el9.x86_64              7/10
  验证       : httpd-filesystem-2.4.51-7.el9_0.noarch        8/10
  验证       : mod_http2-1.15.19-2.el9.x86_64                9/10
  验证       : httpd-tools-2.4.51-7.el9_0.x86_64            10/10
已更新安装的产品。

已安装：
  apr-1.7.0-11.el9.x86_64              apr-util-1.6.1-20.el9.x86_64
  apr-util-bdb-1.6.1-20.el9.x86_64     apr-util-openssl-1.6.1-20.el9.x86_64
  httpd-2.4.51-7.el9_0.x86_64
httpd-filesystem-2.4.51-7.el9_0.noarch
  httpd-tools-2.4.51-7.el9_0.x86_64    mod_http2-1.15.19-2.el9.x86_64
  mod_lua-2.4.51-7.el9_0.x86_64        redhat-logos-httpd-90.4-1.el9.noarch

完毕！
```

3. 卸载软件包

同安装软件包时一样，使用 yum 命令卸载软件包只需将命令参数 install 换成 remove 即可，如示例 3-9 所示。

【示例 3-9】

```
#卸载软件包
[root@localhost ~]# yum remove httpd
正在更新 Subscription Management 软件仓库。
依赖关系解决。
================================================================================
 软件包                架构        版本              仓库                              大小
================================================================================
移除：
 httpd                x86_64      2.4.51-7.el9_0    @rhel-9-for-x86_64-appstream-rpms  4.7 M
清除未被使用的依赖关系：
 apr                  x86_64      1.7.0-11.el9      @rhel-9-for-x86_64-appstream-rpms  289 k
 apr-util             x86_64      1.6.1-20.el9      @rhel-9-for-x86_64-appstream-rpms  213 k
 apr-util-bdb         x86_64      1.6.1-20.el9      @rhel-9-for-x86_64-appstream-rpms   16 k
 apr-util-openssl     x86_64      1.6.1-20.el9      @rhel-9-for-x86_64-appstream-rpms   24 k
 httpd-filesystem     noarch      2.4.51-7.el9_0    @rhel-9-for-x86_64-appstream-rpms  400
 httpd-tools          x86_64      2.4.51-7.el9_0    @rhel-9-for-x86_64-appstream-rpms  202 k
```

```
    mod_http2              x86_64  1.15.19-2.el9      @rhel-9-for-x86_64-appstream-rpms  385 k
    mod_lua                x86_64  2.4.51-7.el9_0     @rhel-9-for-x86_64-appstream-rpms  143 k
    redhat-logos-httpd
                           noarch  90.4-1.el9         @rhel-9-for-x86_64-appstream-rpms   12 k

事务概要
================================================================================
移除  10 软件包
#询问是否删除
将会释放空间：5.9 M
确定吗？[y/N]：y
运行事务检查
事务检查成功。
运行事务测试
事务测试成功。
运行事务
  准备中    :                                                                 1/1
  运行脚本: httpd-2.4.51-7.el9_0.x86_64                                       1/10
  删除      : httpd-2.4.51-7.el9_0.x86_64                                     1/10
  运行脚本: httpd-2.4.51-7.el9_0.x86_64                                       1/10
  删除      : httpd-filesystem-2.4.51-7.el9_0.noarch                          2/10
  删除      : redhat-logos-httpd-90.4-1.el9.noarch                            3/10
  删除      : httpd-tools-2.4.51-7.el9_0.x86_64                               4/10
  删除      : apr-util 1.6.1-20.el9.x86_64                                    5/10
  删除      : apr-util-bdb-1.6.1-20.el9.x86_64                                6/10
  删除      : apr-1.7.0-11.el9.x86_64                                         7/10
  删除      : apr-util-openssl-1.6.1-20.el9.x86_64                            8/10
  删除      : mod_http2-1.15.19-2.el9.x86_64                                  9/10
  删除      : mod_lua-2.4.51-7.el9_0.x86_64                                  10/10
  运行脚本: mod_lua-2.4.51-7.el9_0.x86_64                                    10/10
  验证      : apr-1.7.0-11.el9.x86_64                                         1/10
  验证      : apr-util-1.6.1-20.el9.x86_64                                    2/10
  验证      : apr-util-bdb-1.6.1-20.el9.x86_64                                3/10
  验证      : apr-util-openssl-1.6.1-20.el9.x86_64                            4/10
  验证      : httpd-2.4.51-7.el9_0.x86_64                                     5/10
  验证      : httpd-filesystem-2.4.51-7.el9_0.noarch                          6/10
  验证      : httpd-tools-2.4.51-7.el9_0.x86_64                               7/10
  验证      : mod_http2-1.15.19-2.el9.x86_64                                  8/10
  验证      : mod_lua-2.4.51-7.el9_0.x86_64                                   9/10
  验证      : redhat-logos-httpd-90.4-1.el9.noarch                           10/10
已更新安装的产品。

已移除：
  apr-1.7.0-11.el9.x86_64                        apr-util-1.6.1-20.el9.x86_64
  apr-util-bdb-1.6.1-20.el9.x86_64               apr-util-openssl-1.6.1-20.el9.x86_64
  httpd-2.4.51-7.el9_0.x86_64
httpd-filesystem-2.4.51-7.el9_0.noarch
  httpd-tools-2.4.51-7.el9_0.x86_64              mod_http2-1.15.19-2.el9.x86_64
  mod_lua-2.4.51-7.el9_0.x86_64                  redhat-logos-httpd-90.4-1.el9.noarch

完毕！
```

除了以上使用 install、remove 选项分别安装、卸载软件包外，yum 命令还可以使用 grouplist、groupinstall 和 groupremove 参数分别列出、安装及卸载软件组。关于软件组的更多细节，读者可阅读相关文档，此处不做过多介绍。

3.1.3　DNF 软件包管理

DNF 是新一代的 RPM 软件包管理器。最近，它取代了 YUM，正式成为 Red Hat Enterprise Linux 的包管理器。DNF 包管理器克服了 YUM 包管理器的一些瓶颈，提升了用户体验、内存占用、依赖分析、运行速度等多方面的内容。DNF 使用 RPM、libsolv 和 hawkey 库进行包管理操作。

1. 查看建立的源

使用命令查看 DNF 的相关源的配置，前提是已经在 Red Hat Enterprise Linux 进行注册，如示例 3-10 所示。

【示例 3-10】

```
[root@localhost]# dnf config-manager --dump
正在更新 Subscription Management 软件仓库。
================================================================================
main
================================================================================
[main]
allow_vendor_change = 1
assumeno = 0
assumeyes = 0
autocheck_running_kernel = 1
bandwidth = 0
best = 1
bugtracker_url =
https://bugzilla.redhat.com/enter_bug.cgi?product=Fedora&component=dnf
cachedir = /var/cache/dnf
cacheonly = 0
check_config_file_age = 1
clean_requirements_on_remove = 1
color = auto
color_list_available_downgrade = magenta
color_list_available_install = bold,cyan
color_list_available_reinstall = bold,underline,green
color_list_available_upgrade = bold,blue
color_list_installed_extra = bold,red
color_list_installed_newer = bold,yellow
color_list_installed_older = yellow
color_list_installed_reinstall = cyan
color_search_match = bold,magenta
color_update_installed = red
color_update_local = green
color_update_remote = bold,green
config_file_path = /etc/dnf/dnf.conf
```

2. 列出软件仓库信息

通过 dnf 命令列出软件仓库信息，如示例 3-11 所示。

【示例 3-11】

```
#使用 DNF 工具,列出系统中所有启用的库
[root@localhost ~]# # dnf repolist
正在更新 Subscription Management 软件仓库。
仓库 id                                                          仓库名称
rhel-9-for-x86_64-appstream-rpms
Red Hat Enterprise Linux 9 for x86_64 - AppStream (RPMs)
rhel-9-for-x86_64-baseos-rpms
Red Hat Enterprise Linux 9 for x86_64 - BaseOS (RPMs)
```

3. 显示软件包信息

通过 dnf 命令显示软件包信息,如示例 3-12 所示。

【示例 3-12】

```
#使用 DNF 工具查找 term 相关软件
[root@localhost ~]# dnf info minicom.x86_64
正在更新 Subscription Management 软件仓库。
上次元数据过期检查: 0:00:44 前,执行于 2022 年 10 月 01 日 星期六 07 时 04 分 05 秒。
可安装的软件包
名称          : minicom
版本          : 2.7.1
发布          : 17.el9
架构          : x86_64
大小          : 294 k
源            : minicom-2.7.1-17.el9.src.rpm
仓库          : rhel-9-for-x86_64-baseos-rpms
概况          : A text-based modem control and terminal emulation program
URL           : https://salsa.debian.org/minicom-team/minicom
协议          : GPLv2+ and LGPLv2+ and Public Domain
描述          : Minicom is a simple text-based modem control and terminal emulation
              : program somewhat similar to MSDOS Telix. Minicom includes a dialing
              : directory, full ANSI and VT100 emulation, an (external) scripting
              : language, and other features.
```

4. 安装软件包

安装软件包时使用 dnf 命令参数 install 即可,如示例 3-13 所示。

【示例 3-13】

```
#安装软件包
[root@localhost ~]# dnf install minicom.x86_64
正在更新 Subscription Management 软件仓库。
上次元数据过期检查: 0:02:50 前,执行于 2022 年 10 月 01 日 星期六 07 时 04 分 05 秒。
依赖关系解决。
================================================================================
 软件包        架构      版本           仓库                                 大小
================================================================================
安装:
 minicom       x86_64    2.7.1-17.el9   rhel-9-for-x86_64-baseos-rpms       294 k

事务概要
================================================================================
```

安装   1 软件包

```
总下载：294 k
安装大小：909 k
确定吗？[y/N]: y
下载软件包：
minicom-2.7.1-17.el9.x86_64.rpm              162 kB/s |  294 kB   00:01
--------------------------------------------------------------------------------
总计                                         161 kB/s |  294 kB   00:01
运行事务检查
事务检查成功。
运行事务测试
事务测试成功。
运行事务
  准备中  :                                                         1/1
  安装    : minicom-2.7.1-17.el9.x86_64                              1/1
  运行脚本: minicom-2.7.1-17.el9.x86_64                              1/1
  验证    : minicom-2.7.1-17.el9.x86_64                              1/1
已更新安装的产品。

已安装:
  minicom-2.7.1-17.el9.x86_64

完毕!
```

5. 卸载软件包

同安装软件包时一样，使用 dnf 命令卸载软件包只需将命令参数 install 换成 remove 即可，如示例 3-14 所示。

【示例 3-14】

```
#卸载软件包
[root@localhost ~]# dnf remove minicom.x86_64
正在更新 Subscription Management 软件仓库。
依赖关系解决。
================================================================================
 软件包        架构         版本              仓库                          大小
================================================================================
移除：
 minicom       x86_64       2.7.1-17.el9      @rhel-9-for-x86_64-baseos-rpms 909 k

事务概要
================================================================================
移除  1 软件包

将会释放空间：909 k
确定吗？[y/N]: y
运行事务检查
事务检查成功。
运行事务测试
事务测试成功。
运行事务
  准备中  :                                                         1/1
  删除    : minicom-2.7.1-17.el9.x86_64                              1/1
```

```
  运行脚本: minicom-2.7.1-17.el9.x86_64                1/1
  验证      : minicom-2.7.1-17.el9.x86_64                1/1
已更新安装的产品。

已移除:
  minicom-2.7.1-17.el9.x86_64

完毕!
```

3.1.4 使用图形化工具管理软件包

除了使用 RPM 和 YUM 工具管理软件包外，Red Hat Enterprise Linux 9 还提供了一个图形界面供用户管理软件包。需要注意的是图形界面管理软件仍然依赖于 YUM 的软件源，若系统中没有可用的软件源，则在图形界面中将无法安装软件。

在桌面的左上角依次选择【活动】|【软件】选项以打开软件管理界面，如图 3.1 所示。

在图形化软件包管理界面左上角的搜索框中输入需要安装的软件包名称，按 Enter 键后管理器就会自动搜索软件包并将结果显示在右侧的界面中。此时选择需要的软件包，单击右下角的【安装软件包】按钮即可安装软件包。

图 3.1　图形化软件包管理界面

3.2　用　户　管　理

用户管理是 Linux 的优良特性之一，通过本节读者可以了解 Linux 中的用户类型和用户的登录过程。

3.2.1　Linux 的用户类型

Linux 的用户类型分为 3 类：超级用户、系统用户和普通用户。举一个简单的例子，机房管理员可以出入机房的任意一个地方，而普通用户就没有这个权限。

（1）超级用户：用户名为 root 或 USER ID（UID）为 0 的账号，具有一切权限，可以操作系统中的所有资源。root 可以进行基础的文件操作及特殊的系统管理，还可进行网络管理，可以修改系统中的任何文件。日常工作中应避免使用此类账号，错误的操作可能带来不可估量的损失，只有必要时才用 root 登录系统。

（2）系统用户：正常运行系统时使用的账户。每个进程运行在系统里都有一个相应的属主，比如某个进程以何种身份运行，这些身份就是系统里对应的用户账号。注意，系统账号是不能用来登录的，比如 bin、daemon、mail 等。

（3）普通用户：普通使用者能使用 Linux 的大部分资源，一些特定的权限受到控制。用户只对自己的目录有写权限，读写权限受一定的限制，从而有效保证了 Linux 的系统安全，大部分用户属于此类。

注意：出于安全考虑，用户的密码至少有 8 个字符，并且包含字母、数字和其他特殊符号。如果忘记密码，很容易解决，root 用户可以更改任何用户的密码。

3.2.2 用户管理机制

Linux 中的用户管理涉及用户账号文件/etc/passwd、用户密码文件/etc/shadow、用户组文件/etc/group。本小节将简要介绍这些文件的作用及格式。

1. 用户账号文件/etc/passwd

该文件为纯文本文件，可以使用 cat、head 等命令查看。该文件记录了每个用户的必要信息，文件中的每一行对应一个用户的信息，每行的字段之间使用 ":" 分隔，共 7 个字段：

```
用户名称:用户密码:USER ID:GROUP ID:相关注释:主目录:使用的 Shell
```

根据以下示例进行分析：

```
root:x:0:0:root:/root:/bin/bash
```

（1）用户名称：在 Linux 系统中用唯一的字符串区分不同的用户，用户名可以由字母、数字和下划线组成，注意 Linux 系统对字母大小写是敏感的，比如 USERNAME1 和 username1 分别属于不同的用户。

（2）用户密码：在用户校验时验证用户的合法性。超级用户 root 可以更改系统中所有用户的密码，普通用户登录后可以使用 passwd 命令来更改自己的密码。在/etc/passwd 文件中该字段一般为 x，这是因为出于安全考虑该字段加密后的密码数据已经移至/etc/shadow 中。注意/etc/shadow 文件是不能被普通用户读取的，只有超级用户 root 才有权限读取。

（3）用户标识号（USER ID，UID）：是一个数值，用于唯一标识 Linux 系统中的用户来区别不同的用户。在 Linux 系统中最多可以使用 65535 个用户名，用户名和 UID 都可以用于标识用户。相同 UID 的用户可以认为是同一用户，同时它们也具有相同的权限，当然对于用户而言用户名更容易记忆和使用。

（4）组标识号（GROUP ID，GID）：当前用户所属的默认用户组标识。当添加用户时，系统默认会建立一个和用户名一样的用户组，多个用户可以属于相同的用户组。用户的组标识号存放在/etc/passwd 文件中。用户可以同时属于多个组，每个组也可以有多个用户，除了在/etc/passwd 文件中指定其归属的基本组之外，在/etc/group 文件中也指明一个组所包含的用户。

（5）相关注释：用于存放用户的一些其他信息，比如用户含义说明、用户地址等信息。

（6）主目录：该字段定义了用户的主目录，登录后 Shell 将把该目录作为用户的工作目录。登录系统后可以使用 pwd 命令查看。超级用户 root 的工作目录为/root。每个用户都有自己的主目录，一般默认在/home 下建立与用户名一致的目录，同时建立用户时可以指定其他目录作为用户的主目录。

（7）使用的 Shell：Shell 是当用户登录系统时运行的程序名称，通常是/bin/bash。 同时系统中可能存在其他的 Shell，比如 tsh。用户可以自己指定 Shell，也可以随时更改，比较流行的是/bin/bash。

2. 用户密码文件/etc/shadow

该文件为文本文件，但这个文件只有超级用户才能读取，普通用户没有权限读取。任何用户对/etc/passwd 文件都有读的权限，虽然密码经过加密，但是可能还是有人会获取加密后的密码。通过把加密后的密码移动到 shadow 文件中并限制只有超级用户 root 才能够读取，有效保证了 Linux 用户密码的安全性。

和/etc/passwd 文件类似，shadow 文件由 9 个字段组成：

用户名:密码:上次修改密码的时间:两次修改密码间隔的最少天数:两次修改密码间隔的最多天数:提前多少天警告用户密码将过期:在密码过期多少天后禁用此用户:用户过期时间:保留字段

根据以下示例进行分析：

```
root:$1$qb1cQvv/$ku20Uld75KAOx.4WK6d/t/:15649:0:99999::::
```

（1）用户名：也称为登录名，/etc/shadow 中的用户名和/etc/passwd 中的相同，每一行是一一对应的，这样就把 passwd 和 shadow 中的用户记录联系在了一起。

（2）密码：该字段是经过加密的，如果有些用户在这段的开头是"!"，就表示这个用户已经被禁止使用，不能登录系统。

（3）上次修改密码的时间：该列表示从 1970 年 1 月 1 日起到最近一次修改密码的时间间隔，以天数为单位。

（4）两次修改密码间隔的最少天数：该字段如果为 0，就表示此功能被禁用；如果是不为 0 的整数，就表示用户必须经过多少天才能修改其密码。

（5）两次修改密码间隔的最多天数：主要作用是管理用户密码的有效期，增强系统的安全性，该示例中为 99999，表示密码基本不需要修改。

（6）提前多少天警告用户密码将过期：在快超出有效期时，当用户登录系统后，系统程序会提醒用户密码将要作废，以便及时更改。

（7）在密码过期多少天后禁用此用户：此字段表示用户密码作废多少天后系统会禁用此用户。

（8）用户过期时间：此字段指定了用户作废的天数，从 1970 年 1 月 1 日开始算起的天数，如果这个字段的值为空，就表示该账号永久可用，注意与第 7 个字段的区别。

（9）保留字段：目前为空，将来可能会用。

3. 用户组文件/etc/group

该文件用于保存用户组的所有信息，通过它可以更好地对系统中的用户进行管理。它对用户分组来说是一种有效的手段，用户组和用户之间属于多对多的关系，一个用户可以属于多个组，一个组也可以包含多个用户。用户登录时默认的组存放在/etc/passwd 中。

此文件的格式也类似于/etc/passwd 文件，字段如下：

用户组名:用户组密码:用户组标识号:组内用户列表

根据以下示例进行分析：

```
root:x:0:
```

（1）用户组名：可以由字母、数字和下划线组成，用户组名是唯一的，和用户名一样，不可重复。

（2）用户组密码：该字段存放的是用户组加密后的密码字段。这个字段一般很少使用，Linux 系统的用户组都没有密码，即这个字段一般为空。

（3）用户组标识号：GROUP ID，简称 GID，和用户标识号 UID 类似，也是一个整数，用于唯一标识一个用户组。

（4）组内用户列表：属于这个组的所有用户的列表，不同用户之间用逗号分隔，不能有空格。这个用户组可能是用户的主组，也可能是附加组。

3.2.3 用命令行管理用户账号

要管理用户账号，需要有相应的接口，Linux 提供了一系列命令来管理系统中的用户账号，常用的命令有 useradd、userdel、usermod、passwd 等。本节主要介绍用户的添加、删除、修改和用户组的添加、删除。

1．添加用户

添加用户的命令是 useradd，语法如下：

```
useradd [-mMnr][-c <备注>][-d <登录目录>][-e <有效期限>][-f <缓冲天数>][-g <群组>][-G <群组>][-s <shell>][-u <uid>][用户账号] 或 useradd -D [-b][-e <有效期限>][-f <缓冲天数>][-g <群组>][-G <群组>][-s <shell>]
```

该命令支持丰富的参数，常用参数的说明如表 3.6 所示。

表3.6 useradd常用参数说明

参数	说明
-d	指定用户登录时的起始目录，如不指定，将使用系统默认值，一般为/home
-g	指定用户所属的群组，可以跟多个组
-G	指定用户所属的附加群组，可以定义用户属于多个群组，每个群组使用","分隔，不允许有空格
-m	自动建立用户的主目录，若目录不存在则自动建立
-M	不要自动建立用户的主目录
-s	指定用户登录后所使用的 Shell，比如/bin/bash
-u	指定用户 ID，UID 一般不可重复，但使用-o 参数时多个用户可以使用相同的 UID，手动建立用户时系统默认使用 1000 以上的数字作为用户标识

示例 3-15 演示了如何添加用户。

【示例 3-15】

```
#添加用户user1
```

```
[root@localhost ~]# useradd user1
#添加user1用户后/etc/passwd文件中的变化
[root@localhost ~]# cat /etc/passwd|grep user1
user1:x:1001:1001::/home/user1:/bin/bash
#添加user1用户后/etc/shadow文件中的变化
[root@localhost ~]# cat /etc/shadow|grep user1
user1:!!:19208:0:99999:7:::
#添加user1用户后/etc/group文件中的变化
[root@localhost ~]# cat /etc/group|grep user1
user1:x:1001:
```

当执行完 useradd user1 命令以后，对应的/etc/passwd、/etc/shadow、/etc/group 文件会增加相应的记录，表示此用户已经成功添加。

添加完用户后，新添加的用户是没有可读写目录的，需要指定用户的主目录，以便进行文件操作，主目录可以在建立用户时指定，如示例 3-16 所示。

【示例 3-16】

```
#添加用户user2并指定主目录为/data/user2
[root@localhost ~]# useradd -d /data/user2 user2
#添加用户后目录没有自动建立，需要配合其他参数使用
[root@localhost ~]# ls /data/user2
/bin/ls: /data/user2: No such file or directory
#通过使用-m参数，自动创建用户的主目录
[root@localhost ~]# useradd -d /data/user3 user3 -m
[root@localhost ~]# ls /data/user3
public_html  Documents  bin
```

2. 更改用户

对已有的用户信息进行修改时，可以使用 usermod 命令，除了可以修改用户的主目录外，还可以修改其他信息。语法如下：

```
usermod [-LU][-c <备注>][-d <登录目录>][-e <有效期限>][-f <缓冲天数>][-g <群组>][-G <群组>][-l <账号名称>][-s ][-u ][用户账号]
```

常用参数说明如表 3.7 所示。

表3.7　usermod常用参数说明

参　　数	说　　明
-d	修改用户登录时的主目录，使用此参数对应的用户目录是不会自动建立的，需要手动建立
-e	修改账号的有效期限
-f	修改在密码过期后多少天关闭该账号
-g	修改用户所属的群组
-G	修改用户所属的附加群组
-l	修改用户账号名称
-L	锁定用户密码，使密码无效
-s	修改用户登录后所使用的 Shell
-u	修改用户 ID
-U	解除密码锁定

usermod 的使用方法如示例 3-17 和示例 3-18 所示。

【示例 3-17】

```
#添加用户user2
[root@localhost ~]# useradd user2
#这时用户user2的主目录为/home/user2
[root@localhost ~]# cat /etc/passwd|grep user2
user2:x:1002:1002::/home/user2:/bin/bash
#修改用户的主目录为/data/user2
[root@localhost ~]# usermod -d /data/user2 user2
[root@localhost ~]# cat /etc/passwd|grep user2
user2:x:1002:1002::/data/user2:/bin/bash
```

【示例 3-18】

```
#将用户user2修改为用户user3
[root@localhost ~]# usermod -l user3 user2
#用户user2已经不存在,user3接管了user2的所有权限
[root@localhost ~]# cat /etc/passwd|grep user
user3:x:1002:1002::/data/user2:/bin/bash
#1002所代表的用户id是user3的,1002代表的组id也是user3的,但是1002的组名依然还是user2
[root@localhost ~]# cat /etc/shadow|grep user
user3:!:19208:0:99999:7:::
[root@localhost ~]# cat /etc/group|grep user
user2:x:1002:
users:x:100:
#这个1002代表user2的组
```

此命令执行后原来的 user2 已经不存在了，user2 拥有的主目录/data/user2 等资源将会变更为 user3 所有。如果有用 user2 启动的进程，当使用 ps –ef 查看时，就会发现该进程已经属于用户 user3 了。

3. 删除用户

如果不需要用户了，可以使用 userdel 来删除。userdel 命令的语法如下：

```
userdel [-r][用户账号]
```

此命令常用参数说明如表 3.8 所示。

表3.8 userdel常用参数说明

参数	说 明
-r	删除用户主目录以及目录中的所有文件，并且删除用户的其他信息，比如设置的 crontab 任务等

userdel 的使用方法如示例 3-19 所示。

【示例 3-19】

```
#添加用户user4并自动创建主目录
[root@localhost ~]# useradd -d /data/user4 user4 -m
[root@localhost ~]# ls /data/user4
```

```
public_html  Documents  bin
#删除user4目录，此时用户的主目录是不被删除的
[root@localhost ~]# userdel user4
no crontab for user4
[root@localhost ~]# ls /data/user4
public_html Documents bin
[root@localhost ~]# useradd -d /data/user5 user5 -m
#连带删除用户的主目录
[root@localhost ~]# userdel -r user5
no crontab for user5
#用户的主目录已经被删除
[root@localhost ~]# ls /data/user5
/bin/ls: /data/user5: No such file or directory
```

4. 更改或设置用户密码

出于系统安全考虑，当添加用户后，需要设置其对应的密码。修改 Linux 用户的密码可以使用 passwd 命令。超级用户 root 可以修改任何用户的密码，普通用户只能修改自己的密码。

为避免密码被破解，选取密码时应遵守如下规则：

- 密码应该至少有 8 位字符。
- 密码应该包含大小写字母、数组和其他字符组。

如果直接输入 passwd 命令，那么修改的是当前用户的密码。想更改其他用户密码时，输入 passwd username 即可。示例 3-20 演示了如何修改用户密码。

【示例 3-20】

```
#root用户修改user6的密码
[root@localhost ~]# passwd user6
Changing password for user7.
New Password:
Reenter New Password:
Password changed.
[root@localhost ~]# su - user6
#普通用户修改user6的密码
[root@localhost ~]# passwd user6
Changing password for user7.
Old Password:
New Password:
Reenter New Password:
Password changed.
```

按提示输入相关信息，如果没有错误，则会提示密码被成功修改。

3.2.4 用命令行管理用户组

Linux 提供了一系列的命令来管理用户组。用户组就是具有相同特征的用户集合。每个用户都属于一个用户组，系统能对一个用户组中的所有用户进行集中管理。可以把具有相同属性的用户定义到同一用户组，并赋予该用户组一定的操作权限，这样用户组下的用户对该文件或目录就都具备了相同的权限。通过对/etc/group 文件的更新实现对用户组的添加、修改和删除。

/etc/passwd 中定义的用户组为基本组，用户所属的组有基本组和附加组。如果一个用户属于多个组，则该用户所拥有的权限是它所在组的权限之和。

1. 添加用户组

通过 groupadd 命令可实现用户组的添加，语法如下：

groupadd [-gopr][用户账号]

常用参数说明如表 3.9 所示。

表3.9 groupadd常用参数说明

参数	说明
-g	强制把某个 ID 分配给已经存在的用户组，该 ID 必须是非负并且唯一的值
-o	允许多个不同的用户组使用相同的用户组 ID
-p	用户组密码
-r	创建一个系统组

示例 3-21 演示了如何添加用户组。

【示例 3-21】

```
#添加用户组 group1
[root@localhost ~]# groupadd  group1
[root@localhost ~]# cat /etc/group|grep group
group1:!:1003:
```

2. 删除用户组

需要从系统中删除用户组时，可使用 groupdel 命令来完成。如果该用户组中仍包括某些用户，则必须先删除这些用户后才能删除用户组。示例 3-22 演示了如何删除用户组，当该用户组中有用户存在时，该用户组是不能被删除的，当属于该用户组的用户被删除后，该用户组就可以被成功删除。

【示例 3-22】

```
#添加用户组
[root@localhost ~]# groupadd group2
[root@localhost ~]# cat /etc/group|grep group
group2:!:1004:
#添加用户 user7 并设置组为 group2
[root@localhost ~]# useradd -g group2 user7
[root@localhost ~]# cat /etc/passwd|grep user7
user7:x:1003:1000::/home/user7:/bin/bash
#当有属于该组的用户时，组是不允许被删除的
[root@localhost ~]# groupdel group2
groupdel: GID `1000' is primary group of 'user7'.
groupdel: Cannot remove user's primary group.
#删除用户 user7
[root@localhost ~]# userdel -r user7
no crontab for user7
[root@localhost ~]# cat /etc/passwd|grep user7
#组被成功删除
```

```
[root@localhost ~]# groupdel group2
[root@localhost ~]# cat /etc/group|grep group
```

3. 修改用户组

通过 groupmod 命令可以更改用户组的 ID 或名称，语法如下：

groupmod [-gon][用户账号]

常用参数说明如表 3.10 所示。

表3.10　groupmod常用参数说明

参　　数	说　　明
-g	设置欲使用的用户组 ID
-o	允许多个不同的用户组使用相同的用户组 ID
-n	设置欲使用的用户组名称

示例 3-23 演示了如何修改用户组。

【示例 3-23】

```
[root@localhost ~]# groupadd group3
[root@localhost ~]# cat /etc/group|grep group3
group3:!:1000:
#修改用户组 ID
[root@localhost ~]# groupmod -g 1001 group3
[root@localhost ~]# cat /etc/group|grep group3
group3:!:1001:
#修改用户组名称
[root@localhost ~]# groupmod -n group4 group3
[root@localhost ~]# cat /etc/group|grep group
group4:!:1001:
```

4. 查看用户所在的用户组

用户所属的用户组可以通过/etc/passwd 或 id 命令来查看，查看方法如例 3-24 所示。

【示例 3-24】

```
#使用 id 命令查看当前用户的信息
[root@localhost ~]# id user10
uid=512(user10) gid=512(user10) ?=512(user10)
#通过查看相关文件获取用户相关信息
[root@localhost ~]# grep user10 /etc/passwd
user10:x:512:512::/data/user10:/bin/bash
#查找 512 对应的用户组名称
[root@localhost ~]# grep 512 /etc/group
user10:x:512:
```

3.2.5　使用图形化工具管理用户

在 Linux 系统中除了使用命令管理用户之外，还可以使用图形化工具来管理用户。在桌面左上角依次单击【活动】|【显示应用程序】|【设置】命令，将弹出【设置】窗口。在【设置】窗口的系统分类下单击【用户】选项，即可弹出图形化用户管理工具，如图 3.2 所示。

图 3.2　图形化用户管理工具

如果要添加用户，可以在【用户】界面中单击【添加用户】按钮，在弹出的添加窗口中输入用户名和密码即可。删除用户时，只需要在【用户】界面中选中要删除的用户，再单击【移除用户】按钮即可。

3.3　编辑器的使用

在日常的服务器的维护中，需要经常性地修改一些配置文件，有时会在图形界面下，有时会在终端上，学会使用编辑器对于学习 Linux 维护至关重要。

3.3.1　Gedit

在桌面左上角依次单击【活动】|【显示应用程序】|【文本编辑器】命令，将弹出 Gedit 工具，如图 3.3 所示。Gedit 包含正常文本编辑器的所有功能。

图 3.3　Gedit 工具

3.3.2 vim

在做服务器维护工作时，没有 GUI 界面，需在终端上修改配置文件，这一类非图形化的文本编辑器尤其重要，常用的编辑器有 vim、nano、emacs。本节介绍 vim 的使用。

vim 的配置文件如下：

- 全局配置文件：/etc/vimrc、/etc/virc。
- 用户配置文件：~/.vimrc、~/.virc。

文件默认不存在可以自己手动创建，查看全局 vim 配置如示例 3-25 所示。

【示例 3-25】

```
#查看vim全局配置
[root@localhost ~]# cat /etc/vimrc
" When started as "evim", evim.vim will already have done these settings.
if v:progname =~? "evim"
  finish
endif

" Use Vim settings, rather than Vi settings (much better!).
" This must be first, because it changes other options as a side effect.
" Avoid side effects when it was already reset.
if &compatible
  set nocompatible
endif

" When the +eval feature is missing, the set command above will be skipped.
" Use a trick to reset compatible only when the +eval feature is missing.
silent! while 0
  set nocompatible
silent! endwhile

" Allow backspacing over everything in insert mode.
set backspace=indent,eol,start

"set ai                 " always set autoindenting on
"set backup             " keep a backup file
set viminfo='20,\"50    " read/write a .viminfo file, don't store more
                        " than 50 lines of registers
…
```

vim 的模式如下：

- 命令模式：键盘操作通常被解析为编辑命令（编辑模式）。
- 输入模式：i 是在当前光标前插入，a 是在当前光标后插入。
- 末行模式：vim 内置的命令行接口，执行 vim 内置命令。

模式切换操作如下：

- 输入模式切换到命令模式：按 ESC 键。
- 命令模式切换到末行模式：输入":"。

- 末行模式切换到命令模式：按两次 ESC 键。
- 命令模式切换到输入模式：按 I、A 等按键。
- 末行模式与输入模式不能直接切换。

末行模式常用命令如下：

```
:q      退出 vim
:q!     强制退出，不保存并退出
:w      保存当前文件
:wq     保存并退出
:x      保存并退出
```

以上是 vim 的基本操作，vim 的命令和快捷键众多，读者需要在日后学习中不断积累使用技巧。

3.4 计划任务管理

在 Windows 系统中提供了计划任务，功能就是安排自动运行的任务。Linux 提供了对应的命令完成任务管理。

3.4.1 单次任务 at

at 可以设置在一个指定的时间执行一个指定任务，只能执行一次。使用前要确认系统开启了 atd 服务。如果指定的时间已经过去则会放在第二天执行。at 命令的使用方法如示例 3-26 所示。

【示例 3-26】

```
#明天17:20，输出时间到指定文件内
[root@localhost ~]# at 17:20 tomorrow
at> date >/root/2022.log
at> <EOT>
#结束的时候输入 Ctrl+D 才显示 EOT
```

不过，并不是所有用户都可以执行 at 计划任务。利用/etc/at.allow 与/etc/at.deny 两个文件来进行 at 的使用限制。系统首先查找/etc/at.allow 文件，写在这个文件中的用户才能使用 at 命令，没有在这个文件中的用户则不能使用 at 命令。如果/etc/at.allow 不存在，就寻找/etc/at.deny 文件，写在/etc/at.deny 中的用户则不能使用 at 命令，而没有写在/etc/at.deny 文件中的用户则可以使用 at 命令。

3.4.2 周期任务 crond

crond 在 Linux 下用来周期性地执行某种任务或等待处理某些事件，如进程监控、日志处理等，和 Windows 下的计划任务类似。Linux 下的任务调度分为两类：系统任务调度和用户任务调度。

（1）系统任务调度：系统周期性所要执行的工作，比如写缓存数据到硬盘、日志清理等。在/etc 目录下有一个 crontab 文件，这个就是系统任务调度的配置文件。

/etc/crontab 文件如示例 3-27 所示。

【示例 3-27】

```
[root@localhost ~]# cat /etc/crontab
```

```
 1  SHELL=/bin/bash
 2  PATH=/sbin:/bin:/usr/sbin:/usr/bin
 3  MAILTO=root
 4  # For details see man 4 crontabs
 5  # Example of job definition:
 6  # .---------------- minute (0 - 59)
 7  # |  .------------- hour (0 - 23)
 8  # |  |  .---------- day of month (1 - 31)
 9  # |  |  |  .------- month (1 - 12) OR jan,feb,mar,apr ...
10  # |  |  |  |  .---- day of week (0 - 6) (Sunday=0 or 7) OR sun,mon,tue,wed,thu,
                                            fri, sat
11  # |  |  |  |  |
12  # *  *  *  *  * user-name command to be executed
```

第 1~3 行用来配置 crond 任务运行的环境变量：第 1 行的 SHELL 变量指定系统要使用哪个 Shell，这里是 bash；第 2 行的 PATH 变量指定系统执行命令的路径；第 3 行的 MAILTO 变量指定 crond 的任务执行信息将通过电子邮件发送给 root 用户，如果 MAILTO 变量的值为空，则表示不发送任务执行信息给用户。后面的行表示使用的时间格式。

（2）用户任务调度：用户定期要执行的工作，比如用户数据备份、定时邮件提醒等。用户可以使用 crontab 文件来定制自己的计划任务。所有用户自定义的 crontab 文件都被保存在 /var/spool/cron 目录中。其文件名与用户名一致。

在用户所建立的 crontab 文件中，每一行都代表一项任务，每行的每个字段代表一项设置，共分为 6 个字段：

```
minute hour day month week command
```

前 5 个字段是时间设定段，即时间格式，第 6 个字段是要执行的命令段，具体说明如表 3.11 所示。

表3.11 crontab任务设置对应参数说明

参　　数	说　　明
minute	表示分钟，可以是 0~59 的任何整数
hour	表示小时，可以是 0~23 的任何整数
day	表示日期，可以是 1~31 的任何整数
month	表示月份，可以是 1~12 的任何整数
week	表示星期几，可以是 0~7 的任何整数，这里的 0 或 7 代表星期日
command	要执行的命令，可以是系统命令，也可以是自己编写的脚本文件

crond 命令是 Linux 用来定期执行程序的命令。当安装完操作系统之后，会默认启动此任务调度命令。crond 命令每分钟会定期检查是否有要执行的任务，如果有，则自动执行该任务。crond 的最小调度单位为分钟。crontab 命令常用参数如表 3.12 所示。

表3.12 crontab命令常用参数说明

参　　数	说　　明
-e	执行文字编辑器来编辑任务列表，内定的文字编辑器是 VI
-r	删除目前的任务列表
-l	列出目前的任务列表

crontab 命令的一些使用方法如示例 3-28 所示。

【示例 3-28】

```
#每月每天每小时的第 0 分钟执行一次/bin/ls:
0 7 * * * /bin/ls
#在 12 月内，每天的早上从 6 点到 12 点，每隔 20 分钟执行一次/usr/bin/backup:
0 6-12/3 * 12 * /usr/bin/backup
#每两个小时重启一次 apache
0 */2 * * * /sbin/service httpd restart
```

3.5 小　　结

本章介绍了在 Red Hat Enterprise Linux 9 中安装软件包的两种方法——RPM 软件包管理器和 YUM 工具。软件包管理是每个管理员都要需要熟悉的操作，因此读者应该掌握这些内容。除此之外，本章还介绍了用户管理、任务调度等内容，它们都是 Linux 系统最基础的技能。每个管理员都应该对这些内容有一定的了解，并熟悉其操作方法。

3.6 习　　题

一、填空题

1. Linux 系统中的用户可以分为＿＿＿＿＿＿和＿＿＿＿＿＿。
2. 任务调度使用的命令分别是＿＿＿＿＿＿和＿＿＿＿＿＿。

二、选择题

关于 crond 时间格式描述正确的是（　　）。
　　A. 秒　分钟　小时　日期　月份　　　　　B. 分钟　小时　日期　月份　星期
　　C. 星期　月份　日期　小时　分钟　　　　D. 月份　日期　小时　分钟　秒

第 4 章

Linux 服务管理

Red Hat Enterprise Linux 9 使用先进的 systemd 来进行 Linux 服务管理。systemd 在性能等诸多方面都有着不俗的表现，但对用户和管理员来说，systemd 带来的是操作方法、管理方式的改变。本章主要介绍 systemd 的相关知识。并通过示例演示如何使用系统日志定位系统问题。

注意：本章介绍的日志系统与日志文件系统的概念有所区别，如需了解 Linux 日志文件系统，可查阅相关资料。

本章主要涉及的知识点有：

- systemd 的特点
- unit 文件
- System V 和 systemd 的命令对比
- systemctl 命令

4.1 systemd 的特点

systemd 有节省系统资源、能更快地启动系统等特点。本节将简单介绍 systemd 的特点。

4.1.1 systemd 提供了按需启动能力

在 System V 系统中，系统服务被赋予了不同的优先级。系统启动时，System V 的主进程 init 会按优先级依次启动服务，即优先级高的服务先启动，启动完成后再启动优先级较低的服务。System V 的启动过程类似于串行队列处理系统，排在队伍前面的服务先启动，前面的启动完成后再启动后面的。这样做的好处是能解决服务之间的依赖性问题，例如需要使用网络的服务必须等待网络启动后才能启动。坏处是服务总是在排队等待处理，效率太低。

System V 的另一个问题是启动系统时会将可能用到的所有服务都启动。有些服务可能从未使用过，例如打印服务 CUPS、蓝牙服务 Bluetooth 等，这些服务虽未被使用过，但却一直运行在系统中消耗着系统资源。

为了解决这些问题，systemd 采取了两项技术：其一是并行启动技术，所有服务都尽可能地并行启动，使用缓冲池的方式解决服务的依赖性，同时还尽可能地启动更少的进程，进一步提高启动速度；其二是使用按需启动技术，只有服务在被请求时才会启动，当请求结束时，服务会被关闭，以此方式来节约系统资源。

4.1.2　systemd 采用 Linux 的 Cgroup 特性跟踪和管理进程的生命周期

System V 的 init 进程不仅要启动服务，还要能跟踪和管理服务进程的生命周期，这项工作非常有难度。服务进程通常在后台运行，有时还会多次派生，其难度在于要准确获得派生进程的 PID 才能完整关闭服务。

一个广为流传的例子是，一个 CGI 程序派生了两次，从而脱离了与 httpd 服务进程的父子关系，当 httpd 服务进程结束后，CGI 的派生程序可能仍在运行。正确的情况应该是当父进程 httpd 结束后，所有由 httpd 派生出来的进程也都结束。

Cgroup 是 Linux 内核的特性，主要用来实现系统资源配额管理。当进程创建子进程时，子进程会自动继承父进程的 Cgroup。因此无论进程如何派生子进程，它们的 Cgroup 都是一样的。systemd 正是利用了 Linux 内核的 Ggroup 特性来跟踪进程，当服务停止后，systemd 只需要遍历查询指定的 Cgroup，就可以找到所有子进程，然后一一结束即可。

4.1.3　启动挂载点和自动挂载管理

在 Red Hat Enterprise Linux 旧版本中，挂载信息保存在文件/etc/fstab 中。系统启动时会根据文件的内容自动挂载文件系统，并且当系统启动完成后会确保文件中记录的挂载一直生效。这些挂载点对系统而言至关重要，例如保存有用户家目录的/home、系统根目录/、引导分区/boot 等。这些挂载点原来都是由 System V 维护的，现在由 systemd 接管这项工作。systemd 支持/etc/fstab 文件，用户仍然可以通过此文件管理挂载点。

在系统中还存在一种特殊的挂载关系：没有访问挂载点时，挂载点处于未挂载状态，而当用户访问挂载点时，自动对挂载点进行挂载。这种挂载关系称为自动挂载。最好的例子是光驱，当用户访问光驱时才会挂载，而当光驱空闲时不进行挂载，这样做的好处是可以节约系统资源。在之前的版本中，自动挂载是由 autofs 服务实现的，现在 systemd 内建了自动挂载功能，无须再使用 autofs 服务了。

4.1.4　实现事务性依赖关系管理

systemd 中的事务性主要是为了保证服务之间没有循环依赖的情况出现。服务中有时会存在一些循环依赖的情况，即几个服务之间互相存在依赖关系如图 4.1 所示。产生这种情况的原因可能是管理员配置错误等，这种情况较难处理。

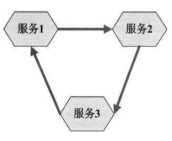

图 4.1　循环依赖

当几个服务存在循环依赖时,系统将无法启动任何一个服务。为了解决这个问题,systemd 将服务间的依赖分为两类:第一类是强依赖,强依赖是必须满足的依赖条件;第二类是弱依赖,systemd 认为弱依赖的程度要更弱一些,有时可以不必强制满足条件。

当 systemd 遇到循环依赖的情况时,会尝试去掉弱依赖看能否打破循环依赖,如果仍然不能解决问题,那么 systemd 将会报错。

4.1.5 日志服务

systemd 还重新设计了系统的日志服务 journald,主要针对的是正在使用的 syslog 的一些缺点。syslog 的缺点主要存在两方面:其一是日志不安全,进程在产生日志消息时,消息的内容均由进程自主产生,任何进程都可以互相冒充,因为 syslog 并不会验证消息的来源是否属实;其二是日志消息没有严格的格式,这使得自动化处理日志变得困难、低效。

journald 进行了重新设计,不再使用文本格式存放日志,而是使用二进制文件存放日志;同时还有可移植性高、资源消耗少、结构简单、可扩展、安全性高等优点。

4.1.6 unit 的应用

系统在启动过程中需要启动许多服务,这些服务在 System V 中都以单个可执行文件的方式存在。在 systemd 中取消了服务脚本的概念,取而代之的是 unit(称为单元),systemd 将启动过程抽象为一个一个的 unit。通常系统中会安装许多单元,查看单元如示例 4-1 所示。

【示例 4-1】

```
#查看系统的 unit 应用
[root@localhost ~]# systemctl list-units
  UNIT                                        LOAD   ACTIVE SUB     DESCRIPTION
  ……
  sys-devices-platform-serial8250-tty-ttyS1.device loaded active plugged /sys/
  sys-devices-platform-serial8250-tty-ttyS2.device loaded active plugged /sys/
  sys-devices-platform-serial8250-tty-ttyS3.device loaded active plugged /sys/
  sys-devices-pnp0-00:05-tty-ttyS0.device loaded active plugged /sys/devices/p
  sys-devices-virtual-block-dm\x2d0.device loaded active plugged /sys/devices/
  sys-devices-virtual-block-dm\x2d1.device loaded active plugged /sys/devices/
  sys-devices-virtual-net-virbr0.device loaded active plugged /sys/devices/vir
  sys-devices-virtual-net-virbr0\x2dnic.device loaded active plugged /sys/devi
  sys-module-configfs.device loaded active plugged   /sys/module/configfs
  sys-module-fuse.device     loaded active plugged   /sys/module/fuse
  sys-subsystem-net-devices-ens33.device loaded active plugged    82545EM Gigabit
  sys-subsystem-net-devices-ens38.device loaded active plugged    82545EM Gigabit
```

```
    sys-subsystem-net-devices-virbr0.device loaded active plugged  
/sys/subsystem
    sys-subsystem-net-devices-virbr0\x2dnic.device loaded active plugged  
/sys/su
    -.mount                         loaded active mounted    /
...
```

在示例 4-1 所列出的单元中，每个单元都有一个用于标识类型的后缀，例如 device、mount 等。常见的后缀类型及作用如下：

- device：此类单元封装了一个设备，例如网卡、终端等。
- mount：挂载点，systemd 将会自动对此类挂载点进行监控和管理。通常此类挂载点都是 systemd 通过检测/etc/fstab 文件后自动配置的。
- automount：自动挂载点，通常每一个单元对应一个配置单元，当挂载点被访问时，systemd 自动执行挂载行为。
- swap：管理交换分区的挂载。
- service：此类单元用于封装一个后台服务进程，如 httpd、mysqld 等。
- socket：此类配置单元用来封装一个系统和服务的套接字（Socket），当连接到来时，systemd 会启动与此套接字对应的服务。
- target：对其他单元的逻辑分组，便于对单元进行统一的控制。例如，每一个运行级别都是一个 target 分组单元，包含了进入该级别需要运行的单元。
- timer：定时器配置单元，用来定时执行任务，可用来替代 crond 和 at 计划任务。

4.2 systemd 的使用

作为系统的维护人员，有时可能会编写一些小脚本，以便自动执行某些任务或帮助管理员管理系统，这些小脚本通常是以服务的方式运行的。现在如果要将脚本添加为服务，那么就必须能理解 systemd 单元是如何动作的。本节将简单介绍单元相关的知识。

4.2.1 unit 文件的编写

用户所编写的 unit 文件通常为服务类型，文件名后缀为 service，此类 unit 文件通常保存在/etc/systemd/system 和/usr/lib/systemd/system 两个目录中。/etc/systemd/system 供系统管理员使用，/usr/lib/systemd/system 通常是安装程序使用。示例 4-2 显示的是查看 sshd 服务的 unit 文件，以了解 unit 文件结构。

【示例 4-2】

```
[root@localhost ~]# cat /usr/lib/systemd/system/sshd.service
[Unit]
Description=OpenSSH server daemon
Documentation=man:sshd(8) man:sshd_config(5)
After=network.target sshd-keygen.target
Wants=sshd-keygen.target
```

```
[Service]
Type=notify
EnvironmentFile=-/etc/sysconfig/sshd
ExecStart=/usr/sbin/sshd -D $OPTIONS
ExecReload=/bin/kill -HUP $MAINPID
KillMode=process
Restart=on-failure
RestartSec=42s

[Install]
WantedBy=multi-user.target
```

从文件内容可以看到 unit 文件分为 Unit、Service 和 Install 三部分，分别用于定义通用信息、服务信息和安装信息。

Unit 部分常见的配置项及其含义如下：

- Description: 对本单元的描述信息。
- Documentation: 与本单元相关的文档描述。
- After 和 Before：定义启动顺序，Before=xx.service 表示本服务在 xx.service 之前启动，After=xx.service 表示本服务在 xx.service 之后启动。
- Wants: 本单元启动了，此配置项中的单元也会被启动。若 Wants 指定的单元启动失败，则对本单元没有影响。
- Requires: 本单元启动了，它需要的单元也会随之启动。由于 systemd 是并行启动的，因此有可能本单元先启动完成，需要的单元后启动完成，从而导致本单元启动不成功。基于此不建议使用此配置项。
- Requisite: 强势的 Requires，若需要的单元启动不成功，则本单元将直接启动不成功。
- RequiresOverridable: 与 Requires 相同，若是手动启动本单元，那么即使 RequiresOverridable 单元启动不成功，也不会报错。
- Conflicts: 一个单元的启动会导致与之相冲突的单元停止。

Service 部分常见的配置项及其含义如下：

- Type: service 的各类。最常见的有 3 类：其一是 simple，表示最简单的服务类型，启动的是主进程，主进程一旦结束，所有进程都将结束；第二是 forking，这是最标准的守护进程，启动后主进程调用 fork()函数，设置完成后父进程退出，留下守护子进程；第三种是 oneshot，启动完成后就没有进程了。
- ExecStart: 服务启动时使用的命令，若类型不是 oneshot，则只能使用一个命令及若干参数。若使用多个命令则可用分号隔开，多行则用 "\" 隔开。
- ExecStartPre，ExecStartPost: 使用 ExecStart 前后使用的命令。
- ExecStop: 定义停止服务时使用的命令。
- Restart: 定义服务在哪种情况下重启，如启动失败、启动超时、进程被终止等。

Install 部分常见的配置项及其含义如下：

- WantedBy: 什么情况下服务被启用。例如，WantedBy=multi-user.target 表示多用户

环境下启用服务。
- Alias：别名。

4.2.2 创建自己的 systemd 服务

了解了 unit 文件中各部分的含义后就可以添加自己的 unit 文件了。编写一个简单的 unit 文件，如示例 4-3 所示。

【示例 4-3】
```
#创建自己的systemd服务
[root@localhost ~]# cat my-demo.service
[Unit]
Description=My-demo Service

[Service]
Type=oneshot
ExecStart=/bin/bash /root/date.sh

[Install]
WantedBy=multi-user.target
[root@localhost ~]# cat date.sh
#!/bin/bash

date >>/root/date
```

systemd 服务创建完成后，将 my-demo.service 复制到目录/usr/lib/systemd/system/中，一个可用的 unit 文件就制作完成了。接下来可以使用命令 systemctl enable my-demo.service 启用服务，重启系统查看/root/date 文件的内容就可以验证了。

4.2.3 System V 和 systemd 的命令对比列表

从 System V 变成 systemd 有许多变化，对用户而言最大的改变莫过于 Linux 系统中的许多命令发生了改变。表 4.1 以 httpd 服务为例列出了 System V 命令与 systemd 命令之间的对应关系。

表4.1 System V和systemd命令对照

System V 命令	systemd 命令	命 令 功 能
chkconfig httpd on	systemctl enable httpd.service	启用服务
chkconfig httpd off	systemctl disable httpd.service	禁用服务
chkconfig --list	systemctl list-unit-files --type service	列出所有服务
chkconfig --list httpd	systemctl is-enabled atd.service	列出单个服务
service httpd stop	systemctl stop httpd.service	停止服务
service httpd start	systemctl start httpd.service	启动服务
service httpd restart	systemctl restart httpd.service	重新启动服务
service httpd reload	systemctl reload httpd.service	重新载入配置文件
service httpd status	systemctl status httpd.service	查看服务当前状态

4.3 systemctl 命令实例

在 systemd 中，将服务管理、系统默认运行级别设置命令统一为 systemctl，该命令常见的用法如示例 4-4 所示。

【示例 4-4】

```
#将系统的默认运行级别设置为完全多用户模式
[root@localhost ~]# systemctl set-default multi-user.target
Removed symlink /etc/systemd/system/default.target.
Created symlink from /etc/systemd/system/default.target to /usr/lib/systemd/system/multi-user.target.
#将系统的默认运行级别设置为图形模式
[root@localhost ~]# systemctl set-default graphical.target
Removed symlink /etc/systemd/system/default.target.
Created symlink from /etc/systemd/system/default.target to /usr/lib/systemd/system/graphical.target.
#以 httpd 服务为例，开启和禁用服务
[root@localhost ~]# systemctl enable httpd.service
Created symlink from /etc/systemd/system/multi-user.target.wants/httpd.service to /usr/lib/systemd/system/httpd.service.
[root@localhost ~]# systemctl disable httpd.service
Removed symlink /etc/systemd/system/multi-user.target.wants/httpd.service.
#启动 httpd 服务
[root@localhost ~]# systemctl start httpd.service
#重新启动 httpd 服务
[root@localhost ~]# systemctl restart httpd.service
#停止 httpd 服务
[root@localhost ~]# systemctl stop httpd.service
#查看 httpd 当前状态
[root@localhost ~]# systemctl status httpd.service
* httpd.service - The Apache HTTP Server
   Loaded: loaded (/usr/lib/systemd/system/httpd.service; disabled; vendor prese    t: disabled)
# active (running)表示当前服务正在运行
   Active: active (running) since Sun 2022-07-09 21:14:08 CST; 2s ago
     Docs: man:httpd(8)
           man:apachectl(8)
 Main PID: 4707 (httpd)
   Status: "Processing requests..."
   CGroup: /system.slice/httpd.service
           |-4707 /usr/sbin/httpd -DFOREGROUND
           |-4708 /usr/sbin/httpd -DFOREGROUND
           |-4709 /usr/sbin/httpd -DFOREGROUND
           |-4710 /usr/sbin/httpd -DFOREGROUND
           |-4711 /usr/sbin/httpd -DFOREGROUND
           `-4712 /usr/sbin/httpd -DFOREGROUND

Apr 09 21:14:08 localhost.localdomain systemd[1]: Starting The Apache HTTP Se...
Apr 09 21:14:08 localhost.localdomain httpd[4707]: AH00558: httpd: Could not ...
Apr 09 21:14:08 localhost.localdomain systemd[1]: Started The Apache HTTP Ser...
Hint: Some lines were ellipsized, use -l to show in full.
```

4.4 小　　结

本章全面介绍了 System V 与 systemd 的区别。对于许多习惯使用 System V 的读者而言，使用 systemd 可能还存在一些困难，但从目前来看，systemd 存在许多较为先进的优势，可能在很长一段时间内无法被替代，因此读者应该重视本章介绍的 systemd 命令的使用方法、服务管理方法等内容。

4.5 习　　题

一、填空题

在 systemd 中没有了服务脚本的概念，取而代之的是_____。

二、选择题

关于 systemd 描述错误的是（　　）。
 A. 采用并行启动技术，系统启动速度更快
 B. 支持/etc/fstab 自动挂载文件
 C. 对有依赖性的服务采用缓冲技术，造成服务的循环依赖
 D. 可以按需启动，更节省资源

第 5 章

Linux 日志系统

Linux 中的日志系统如同一个负责的保安，时刻都在记录着系统中的一切活动，如服务启动或停止、用户登录等事件。这些事件会分类放置在不同的文件中，以便系统出现问题时管理员能随时查阅并解决问题。因此，日志系统是 Linux 系统中必不可少的环节。本章将简单介绍日志系统及其工作原理等内容。

本章主要涉及的知识点有：

- Linux 日志系统简介
- 日志记录服务 rsyslog
- 日志产生和筛选机制
- 日志轮转
- systemd 日志

5.1　rsyslog 日志服务和日志轮转

日志系统负责记录系统运行过程中内核产生的各种信息，并分别将它们存放到不同的日志文件中，以便系统管理员进行故障排除、异常跟踪等。Red Hat Enterprise Linux 9 中使用 rsyslog 作为日志服务程序。本节主要介绍 rsyslog 的相关知识。

5.1.1　rsyslog 日志系统简介

Linux 是一个多用户多任务的系统，每时每刻都在发生变化，需要完备的日志系统记录系统运行的状态。如果系统管理员要了解每个用户的登录情况，就需要查看登录日志；如果开发人员要了解系统中安装的 Web 服务或数据库服务的运行状态，就需要查看 Web 应用的日志或数据库的日志。各种情况下日志系统是不可缺少的，正如大厦管理员需要了解访问人员的信息一样，Linux 提供了完善的日志系统以便完成日常的审计和业务统计需求。

Linux 内核由很多子系统组成，包含网络、文件访问、内存管理等，子系统需要给用户传送一些消息，这些消息内容包括消息的来源及重要性等，所有这些子系统都要把消息传送到一个可以维护的公共消息区，于是产生了 syslog。

syslog 是一个综合的日志记录系统，主要功能是管理日志和分类存放系统日志。syslog 使程序开发者从繁杂的日志文件代码中解脱出来，能更好地控制日志的记录过程。在 syslog 出现之前，每个程序都使用自己的日志记录策略，管理员对保存什么信息或信息存放在哪里没有控制权。

在实际的日常管理中，每天的日志量都非常大，在进行排查或跟踪时，使用 grep 查看日志文件是一件痛苦的事情，于是，syslog 的替代产品 rsyslog 出现了。Red Hat 和 Fedora 都使用 rsyslog 替换了 syslog。

5.1.2 rsyslog 配置文件及语法

rsyslog 默认配置文件为/etc/rsyslog.conf，该文件定义了系统中需要监听的事件和对应的日志文件的保存位置。首先看示例 5-1。

【示例 5-1】

```
#查看rsyslog默认配置文件/etc/rsyslog.conf
[root@localhost ~]#cat /etc/rsyslog.conf
*.info;mail.none;authpriv.none;cron.none        /var/log/messages
authpriv.*                                      /var/log/secure
mail.*                                         -/var/log/maillog
cron.*                                          /var/log/cron
*.emerg                                         :omusrmsg:*
uucp,news.crit                                  /var/log/spooler
local7.*                                        /var/log/boot.log
```

每一行由两部分组成：第一部分是一个或多个"设备"，设备后面跟一些空格字符；第二部分是一个"操作动作"。

1. 设备

设备本身分为两个字段，之间用一个小数点（.）分隔。其中，前一个字段表示一项服务，后一个字段是一个优先级。通过设备将不同类型的消息发送到不同的地方。在同一个 rsyslog 配置行上允许出现一个以上的设备，但必须用英文分号（;）把它们分隔开。表 5.1 列出了绝大多数 Linux 操作系统都可以识别的设备。

表5.1　Linux操作系统可以识别的设备

设　　备	说　　明
auth	由 pam_pwdb 报告的认证活动
authpriv	包括特权信息，如用户名在内的认证活动
cron	与 cron 和 at 有关的计划任务信息
daemon	与 inetd 守护进程有关的后台进程信息
kern	内核信息，首先通过 klogd 传递
lpr	与打印服务有关的信息

(续表)

设 备	说 明
mail	与电子邮件有关的信息
mark	syslog 内部功能，用于生成时间戳
news	来自新闻服务器的信息
syslog	由 syslog 生成的信息
user	由用户程序生成的信息
uucp	由 uucp 生成的信息
local0-local7	由自定义程序使用

其中，local0-local7 由自定义程序使用，应用程序可以通过它做一些个性配置。

2. 优先级

优先级是选择条件的第 2 个字段，代表消息的紧急程度。不同的服务类型有不同的优先级，将优先级按严重程度由高到低排列后如表 5.2 所示。

表5.2 Linux 日志系统紧急程度层级说明

优 先 级	说 明
emerg	该系统不可用，等同于 panic
alert	需要立即被修改的条件
crit	阻止某些工具或子系统功能实现的错误条件
err	阻止工具或某些子系统部分功能实现的错误条件，等同于 error
warning	预警信息，等同于 warn
notice	具有重要性的普通条件
info	提供信息的消息
debug	不包含函数条件或问题的其他信息
none	没有重要级别，通常用于调试
*	所有级别，除了 none

优先级大的涵盖优先级小的。例如优先级是 warning，则实际上将 warning、err、crit、alert 和 emerg 都包含在内。

3. 优先级限定符

rsyslog 可以使用 3 种限定符对优先级进行修饰：星号（*）、等号（=）和叹号（!）。

- 星号（*）：表示对应服务生成的所有日志消息都发送到操作动作指定的地点。
- 等号（=）：表示只把对应服务生成的本优先级的日志消息都发送到操作动作指定的地点。
- 叹号（!）：表示把对应服务生成的所有日志消息都发送到操作动作指定的地点，但本优先级的消息不包括在内，类似于编程语言中的"非"运算符的用法。

4. 操作动作

日志信息可以分别记录到多个文件里，还可以发送到命名管道、其他程序，甚至远程主机。

常见的操作动作可以有以下几种：

- File：指定日志文件的绝对路径。
- terminal 或 print：发送到串行或并行设备标志符，例如/dev/ttyS2。
- @host：远程的日志服务器。
- Username：发送信息到本机的指定用户终端中，前提是该用户已经登录到系统中。
- named pipe：发送到预先使用 mkfifo 命令来创建的 FIFO 文件的绝对路径中。

注意：每条消息均会经过所有规则，并不是唯一匹配的。

示例 5-2 列举了一些配置的例子。

【示例 5-2】

```
#把除info级别外的邮件都写入mail文件中
mail.*;mail.!=info /var/adm/mail
mail.=info /dev/tty12
#仅把邮件的通知性消息发送到tty12终端设备
*.alert root,joey
#如果root和joey用户已经登录系统，则把所有紧急信息通知给他们
*.* @192.1683.3.100
#把所有信息都发送到192.168.3.100主机
```

5.2 使用日志轮转

所有的日志文件都会随着时间和访问次数的增加而迅速增长，因此必须对日志文件进行定期清理，以免造成磁盘空间的浪费。由于查看小文件的速度比大文件快很多，因此使用日志轮转，节省了系统管理员查看日志所用的时间。日志轮转可以使用系统提供的 logrotate 功能。

5.2.1 logrotate 命令及配置文件参数说明

该程序可自动完成日志的压缩、备份、删除等工作，并可以设置为定时任务，如每日、每周或每月处理。命令格式如下：

```
logrotate [选项] <configfile>
```

logrotate 命令参数说明如表 5.3 所示。

表5.3 logrotate命令参数说明

参数	说明
-d	详细显示指令执行过程，便于调试或了解程序执行的情况
-f	强行启动记录文件维护操作
-s	使用指定的状态文件
-v	在执行日志滚动时显示详细信息
-?	显示帮助信息

logrotate 的主配置文件为/etc/logrotate.conf 和/etc/logrotate.d 目录下的文件。查看 logrotate 主配

置文件如示例 5-3 所示。

【示例 5-3】

```
#查看logrotate的主配置文件
[root@localhost ~]# cat -n /etc/logrotate.conf
    #可以使用命令man logrotate查看更多帮助信息
    #每周轮转
    weekly
    # 保存过去4周的文件
    rotate 4
    # 轮转后创建新的空日志文件
    create
    #轮转的文件以日期结尾，如messages-20140810
    dateext
    #如果需要压缩轮转后的日志，可以去掉此行的注释
    #compress
    #其他配置可以放到此文件夹中
    include /etc/logrotate.d
    #一些系统日志的轮转规则
/var/log/wtmp {
    monthly
    create 0664 root utmp
        minsize 1M
    rotate 1
}

/var/log/btmp {
    missingok
    monthly
    create 0600 root utmp
    rotate 1
}
```

logrotate 配置文件参数说明如表 5.4 所示。

表5.4　logrotate配置文件参数说明

参　　数	说　　明
compress	通过 gzip 压缩轮转以后的日志，与之对应的是 nocompress 参数
copytruncate	备份当前日志并截断，与之对应的参数为 nocopytruncate
nocopytruncate	备份日志文件但是不截断
create	轮转文件，使用指定的文件模式创建新的日志文件
nocreate	不建立新的日志文件
delaycompress	和 compress 一起使用时，轮转的日志文件到下一次轮转时才压缩
nodelaycompress	覆盖 delaycompress 选项，轮转同时压缩
errors address	转储时的错误信息发送到指定的 Email 地址
ifempty	即使是空文件也轮转，这是 logrotate 的默认选项
notifempty	如果是空文件的话，不轮转
mail address	把轮转的日志文件发送到指定的 Email 地址
nomail	轮转时不发送日志文件
olddir directory	轮转后的日志文件放入指定的目录，必须和当前日志文件在同一个文件系统中

(续表)

参　数	说　明
noolddir	轮转后的日志文件和当前日志文件放在同一个目录下
prerotate/endscript	在轮转以前需要执行的命令放入这对关键字，而且这对关键字必须单独成行
postrotate/endscript	在轮转以后需要执行的命令放入这对关键字，而且这对关键字必须单独成行
Daily	指定轮转周期为每天
Weekly	指定轮转周期为每周
Monthly	指定轮转周期为每月
rotate count	指定日志文件删除之前轮转的次数，0 表示没有备份，5 表示保留 5 个备份
tabootext [+] list	让 logrotate 不轮转指定扩展名的文件
Size	当日志文件到达指定的大小时才轮转

5.2.2　利用 logrotate 轮转 Nginx 日志

本小节主要使用 logrotate 轮转 Web 服务器 Nginx 的访问日志。Nginx 的访问日志文件位于 /data/logs 目录下，安装位置位于/usr/local/nginx。

1．配置文件设置/etc/logrotate.d/nginx

首先设置轮转参数，如下所示：

```
#设置 Nginx 的 log 参数
[root@localhost data]# cat -n /etc/logrotate.d/nginx
    /data/logs/access.log /data/logs/error.log {
    notifempty
    daily
    rotate 5
    postrotate
    /bin/kill -HUP `/bin/cat /usr/local/nginx/logs/nginx.pid`
    endscript
    }
```

参数说明如下：

- notifempty：如果文件为空，则不轮转。
- daily：日志文件每天轮转一次。
- rotate 5：轮转文件保存为 5 份。
- postrotate/endscript：日志轮转后执行的脚本。这里用来重启 Nginx，以便重新生成日志文件。

2．测试

设置完成后进行测试：

```
[root@localhost data]# /usr/sbin/logrotate -vf /etc/logrotate.conf
```

注意观察该命令的输出，若没有 error 日志，则正常生成轮转文件，配置完成。

3. 设置为每天执行

如需该功能每天自动轮转,那么可以将对应命令脚本加入 crontab。在/etc/cron.daily 目录下有 logrotate 执行的脚本,该脚本会通过 crond 调用,每天执行一次:

```
[root@localhost data]# cat -n  /etc/cron.daily/logrotate
     1  #!/bin/sh
     2
     3  /usr/sbin/logrotate /etc/logrotate.conf >/dev/null 2>&1
     4  EXITVALUE=$?
     5  if [ $EXITVALUE != 0 ]; then
     6      /usr/bin/logger -t logrotate "ALERT exited abnormally with 
                                         [$EXITVALUE]"
     7  fi
     8  exit 0
```

5.3　systemd 日志

与之前使用的 System V 不同,现在 systemd 接管了一部分日志,主要是服务管理所产生的日志和系统日志。systemd 的日志管理有一个配置文件/etc/systemd/journald.conf,但通常不用修改此配置文件中的内容。

查看 systemd 记录的日志使用的命令是 journalctl,该命令的使用方法非常多,最常见的用法如示例 5-4 所示。

【示例 5-4】

```
#查看所有日志
#journalctl 所展示的是一个交互式页面,可使用空格翻页,用 Q 键退出
[root@localhost ~]# journalctl
10月 01 06:54:05 localhost kernel: Linux version 5.14.0-70.26.1.el9_0.x86_64 
(mockbuild@x86-vm-09.build.eng.bos.redhat.com) (gcc (GCC) 11.2.1 20220127 (Red Hat 
11.2.1-9), GNU ld version 2.>
10月 01 06:54:05 localhost kernel: The list of certified hardware and cloud 
instances for Red Hat Enterprise Linux 9 can be viewed at the Red Hat Ecosystem 
Catalog, https://catalog.redhat.>
10月 01 06:54:05 localhost kernel: Command line: 
BOOT_IMAGE=(hd0,msdos1)/vmlinuz-5.14.0-70.26.1.el9_0.x86_64 
root=/dev/mapper/rhel-root ro crashkernel=1G-4G:192M,4G-64G:256M,64G-:512M resu>
10月 01 06:54:05 localhost kernel: Disabled fast string operations
10月 01 06:54:05 localhost kernel: x86/fpu: Supporting XSAVE feature 0x001: 
'x87 floating point registers'
10月 01 06:54:05 localhost kernel: x86/fpu: Supporting XSAVE feature 0x002: 
'SSE registers'
10月 01 06:54:05 localhost kernel: x86/fpu: Supporting XSAVE feature 0x004: 
'AVX registers'
10月 01 06:54:05 localhost kernel: x86/fpu: Supporting XSAVE feature 0x020: 
'AVX-512 opmask'
10月 01 06:54:05 localhost kernel: x86/fpu: Supporting XSAVE feature 0x040: 
'AVX-512 Hi256'
10月 01 06:54:05 localhost kernel: x86/fpu: Supporting XSAVE feature 0x080:
```

```
'AVX-512 ZMM_Hi256'
    10月 01 06:54:05 localhost kernel: x86/fpu: Supporting XSAVE feature 0x200:
'Protection Keys User registers'
    ...
#查看内核日志
[root@localhost ~]# journalctl -k
#查看系统本次启动的日志
[root@localhost ~]# journalctl -b
#查看指定时间的日志
[root@localhost ~]# journalctl --since yesterday
[root@localhost ~]# journalctl --since "2022-04-20" --until "1 hour ago"
[root@localhost ~]# journalctl --since "30 min ago"
#显示某个服务产生的日志
[root@localhost ~]# journalctl -u network.service
#滚动显示某个服务产生的日志
[root@localhost ~]# journalctl -u network.service -f
```

5.4 范例——利用日志定位问题

本节以一个进程消失为例来说明系统日志在问题定位时的作用，供读者参考。场景为在服务器上运行一个 MySQL 服务，但某天发现不知道由于什么原因进程没有了。下面介绍定位此问题的过程。

1. 查看系统登录日志

根据系统登录日志定位系统最近登录的用户，然后根据用户的历史记录查看是否有用户直接将 MySQL 进程杀死，如示例 5-5 所示。

【示例 5-5】

```
[root@localhost Packages]# lastlog
Username         Port     From             Latest
root             pts/1                     六 10月  1 15:21:11 +0800 2022
bin                                        **从未登录过**
daemon                                     **从未登录过**
adm                                        **从未登录过**
lp                                         **从未登录过**
sync                                       **从未登录过**
shutdown                                   **从未登录过**
```

2. 查看历史命令

此步主要根据历史登录记录查看各个用户执行过的历史命令，发现并无异常。

```
[userA@localhost ~]$ history |grep kill
```

3. 查看系统日志

通过查看系统日志/var/log/messages 发现以下记录：

```
#为了便于说明问题，对显示结果做了处理
[root@localhost Packages]#cat /var/log/messages
```

```
    Aug 2 00:00:20  kernel: [5787241.235457] Out of memory: Kill process 19018
(mysqld)
    Aug 2 00:00:20  kernel: [578241.678722] Killed process 19018 (mysqld)
```

至此，MySQL 被杀死的原因已经找到：在某个时间，由于内存耗尽触发操作系统的 OOM（Out Of Memory）机制。OOM 是 Linux 内核的一种自我保护机制，当系统内存不足时，Linux 内核会终止系统中占用内存最多的进程，同时记录终止的进程并打印终止进程信息。

5.5 小　　结

很多读者已经知道，Windows 系统有一些日志信息，可以通过这些信息来查询发生蓝屏或其他事故的原因。Linux 系统也同样提供了日志系统，之所以说是系统，是因为它包含的功能很大，基本上可以记录所有的操作数据和故障信息。本章最后用系统日志定位的一个范例演示了如何有效地利用系统日志定位问题，以帮助读者掌握相关知识。

5.6 习　　题

一、填空题

1. Linux 系统日志文件一般存放在_____下，且必须有_____权限才能查看。
2. _____负责记录系统运行过程中内核产生的各种信息，并分别存放到不同的日志文件中。

二、选择题

关于 logrotate 描述错误的是（　　）。

  A．可自动完成日志的压缩、备份、删除等工作

  B．主配置文件为/var/logrotate.conf 和/var/logrotate.d 目录下的文件

  C．可以设置为定时任务，如每日、每周或每月处理

  D．可以使用命令 man logrotate 查看更多帮助信息

第 6 章

Linux 文件系统管理

文件系统用于存储文件、目录、链接及文件相关信息，Linux 文件系统以 "/" 为最顶层，所有文件和目录（包括设备信息）都在此目录下。本章首先介绍 Linux 文件系统的相关知识点，如文件的权限、属性、与文件有关的一些命令，然后介绍磁盘管理的相关知识，如磁盘管理命令、文件系统管理命令等。

本章主要涉及的知识点有：

- Linux 系统分区
- Linux 文件属性及权限管理
- 设置文件属性和权限
- XFS 文件系统管理

6.1 认识 Linux 分区

在 Windows 系统中经常会碰到 C 盘盘符（C:）标识，而 Linux 系统中没有盘符的概念，可以认为 Linux 下所有文件和目录都存在于一个分区内。Linux 系统中每一个硬件设备（如硬盘、内存等）都映射系统的一个文件。IDE 接口设备在 Linux 系统中映射的文件以 hd 为前缀，SCSI、STAT、SAS 等设备映射的文件以 sd 为前缀，NVMe 接口设备在 Linux 系统中映射的文件以 nvme 为前缀。具体的文件命名规则是以英文字母排序的，如系统中第 1 个 IDE 设备为 hda，第 2 个 IDE 设备为 hdb。

了解了硬件设备在 Linux 中的表示形式后，再来了解一下分区信息。示例 6-1 用于查看系统中的分区信息。

【示例 6-1】

```
[root@localhost ~]# df -h
文件系统              容量    已用    可用    已用%    挂载点
```

```
devtmpfs                  940M       0    940M    0%    /dev
tmpfs                     971M       0    971M    0%    /dev/shm
tmpfs                     389M     17M    373M    5%    /run
/dev/mapper/rhel-root      34G    7.0G     27G   21%    /
/dev/nvme0n1p1            970M    268M    703M   28%    /boot
tmpfs                     195M    112K    194M    1%    /run/user/1000
/dev/sr0                  8.0G    8.0G       0  100%    /home/liu/cdrom
[root@localhost ~]# ls -l /dev/mapper/
总用量 0
crw-------. 1 root root 10, 236 8月  2 23:45 control
lrwxrwxrwx. 1 root root       7 8月  2 23:45 rhel-root -> ../dm-0
lrwxrwxrwx. 1 root root       7 8月  2 23:45 rhel-swap -> ../dm-1
```

系统中使用/dev/mapper/rhel-root 映射为 root 文件系统,本质上这个是逻辑卷,不是物理磁盘,逻辑卷依赖于设备映射程序（DM）内核驱动程序。符号链接/dev/rhel/root 指向/dev/dm-<number>块设备节点。number 的分配是连续的,从 0 开始每个逻辑卷在/dev/mapper 目录中有另外一个符号链接,名称为/dev/mapper/rhel-root。

日常中,在对新硬盘进行分区时,先对物理设备进行分区格式化,然后再进行逻辑卷管理。物理硬盘一般采用 EXT 文件格式,第 1 个分区为号码 1(如 sda1),第 2 个分区为号码 2(如 sda2),以此类推。分区分为主分区和逻辑分区,每一块硬盘设备最多只能由 4 个主分区构成,任何一个扩展分区都要占用一个主分区号码,主分区和扩展分区数量最多为 4 个。

在进行系统分区时,主分区一般设置为激活状态,用于在系统启动时引导系统。分区时每个分区的大小可以由用户自由指定。Linux 分区格式与 Windows 不同,Windows 常见的格式有 FAT32、FAT16、NTFS,而 Linux 常见的分区格式为 SWAP、EXT3、EXT4、XFS 等。具体如何分区可参考本章后面的内容。

6.2　Linux 中的文件管理

与 Windows 通过盘符管理各个分区不同,Linux 把所有文件和设备都当作文件来管理,这些文件都在根目录下,同时 Linux 中的文件名区分字母的大小写。本节主要介绍文件的属性和权限管理。

6.2.1　文件的类型

Linux 系统是一种典型的多用户系统,不同的用户处在不同的地位,拥有不同的权限。为了保护系统的安全性,对同一资源来说,不同的用户具有不同的权限,Linux 系统对不同的用户访问同一文件（包括目录文件）的权限做了不同的规定。示例 6-2 用于认识 Linux 系统中的文件类型。

【示例 6-2】

```
#查看系统文件类型
#使用 ls -l 命令时,每行表示一个文件,每行的第 1 个字符表示文件的类型
#普通文件
[root@localhost ~]# ls -l /etc/resolv.conf
-rw-r--r--. 1 root root 53 7月  2 08:32 /etc/resolv.conf
#目录文件
[root@localhost ~]# ls -l /
```

```
    dr-xr-xr-x.   6 root root   4096 6月  19 22:45 boot
#普通文件
    [root@localhost ~]# ls -l /etc/shadow
    ----------.   1 root root   1502 6月  19 22:38 /etc/shadow #块设备文件
    [root@localhost ~]# ls -l /dev/sr0
    brw-rw----+ 1 root cdrom 11, 0 7月   1 23:57 /dev/sr0 #链接文件
    [root@localhost ~]# ls -l /sys/class/rtc/
    lrwxrwxrwx.  1 root root        0 7月   1 23:57 rtc0
-> ../../devices/pnp0/00:01/rtc/rtc0 #字符设备文件
    [root@localhost ~]#ls -l /dev/tty0
    crw--w----.  1 root tty  4,      0 7月   1 23:57 /dev/tty0
#socket 文件
    [root@localhost ~]# ls /run/systemd/journal/dev-log -l
    srw-rw-rw-.  1 root root        0 7月   1 23:57 /run/systemd/journal/dev-log
```

在示例 6-2 的输出代码中：

- 第 1 列表示文件的类型，如表 6.1 所示。
- 第 2 列表示文件权限。例如，文件权限是"rw-r--r--"，表示文件所有者可读、可写，文件所归属的用户组可读，其他用户可读此文件。
- 第 3 列为硬链接个数。
- 第 4 列表示文件所有者，就是文件属于哪个用户。
- 第 5 列表示文件所属的组。
- 第 6 列表示文件大小，通过选项 h 可以显示为可读的格式，如 K/M/G 等。
- 第 7 列表示文件修改时间。
- 第 8 列表示文件名或目录名。

表6.1　Linux文件类型

参　数	说　　明
-	第 1 位标识是"-"表示普通文件，是 Linux 系统中最常见的文件，比如常见的脚本等文本文件和常用软件的配置文件，可执行的二进制文件也属于此类
d	第 1 位标识为"d"表示目录文件，和 Windows 中文件夹的概念类似
l	第 1 位标识为"l"表示符号链接文件，软链接相当于 Windows 中的快捷方式，而硬链接则可以认为是具有相同内容的不同文件
b/c	第 1 位标识是"b"或"c"，表示设备文件。第 1 位标识为"b"表示块设备文件，块设备文件的访问每次以块为单位，比如 512 字节或 1024 字节等，类似 Windows 中簇的概念。块设备可随机读取，如硬盘、光盘属于此类。第 1 位标识为"c"表示字符设备文件，字符设备文件每次访问以字节为单位，不可随机读取，如常用的键盘就属于此类
s	第 1 位标识为"s"表示套接字文件，程序间可通过套接字进行网络数据通信
p	第 1 位标识为"p"表示管道文件。管道是 Linux 系统中一种进程通信的机制，生产者写数据到管道中，消费者可以通过进程读取数据

6.2.2　文件的属性与权限

为了系统的安全性，Linux 为文件赋予了 3 种属性：可读、可写和可执行。在 Linux 系统中，每个文件都有唯一的属主，同时用户可以属于同一个组，通过权限位控制定义每个文件的属主，同组用户和其他用户对该文件具有不同的读、写和可执行权限。

- 读权限：对应标志位为"r"，表示具有读取文件或目录的权限，对应的使用者可以查看文件内容。
- 写权限：对应标志位为"w"，用户可以变更此文件，比如删除、移动等。写权限依赖于该文件父目录的权限设置。示例 6-3 说明了对于具有写权限的文件来说，即使其他用户的权限标志位为可写，也仍然不能操作此文件。

【示例 6-3】

```
[test2@localhost test1]$ ls -l /data/|grep test
drwxr-xr-x   2 root    root         4096         May  30  16:18   test
-rwxr-xr-x   1 root    root         190926848    Apr  18  11:42   test.file
-rwxr-xr-x   1 root    root         10240        Apr  18  17:00   test.tar
drwxr-xr-x   3 test1   users        4096         May  30  19:05   test1
drwxr-xr-x   3 test2   users        4096         May  30  18:55   test2
drwxr-xr-x   4 root    root         4096         Apr  18  17:01   testdir
[test2@localhost test1]$ ls -l
total 0
-rw-rw-rw- 1 test1 test1 0 May 30 19:05 s
#虽然文件具有写权限，但仍然不能删除
[test2@localhost test1]$ rm -f s
rm: cannot remove 's': Permission denied
```

- 可执行权限：对应标志位为"x"，一些可执行文件（比如 C 程序）必须有可执行权限才可以运行。对于目录而言，可执行权限表示其他用户可以进入此目录，如果目录没有可执行权限，则其他用户不能进入此目录。

注意：文件拥有执行权限才可以运行，比如二进制文件和脚本文件。目录文件要有执行权限才可以进入。

在 Linux 系统中文件权限标志位由 3 部分组成。例如，在"-rwxrw-r--"中，第 1 位"-"表示普通文件，然后"rwx"表示文件属主具有可读、可写、可执行的权限，"rw-"表示与属主属于同一组的用户具有读、写权限，"r--"表示其他用户对该文件只有读权限。"-rwxrwxrwx"为文件最大权限，对应编码为 777，表示任何用户都可以读、写和执行此文件。

6.2.3 改变文件所有权

一个文件属于特定的所有者，如果更改文件的属主或属组可以使用 chown 和 chgrp 命令。chown 命令可以将文件变更为新的属主或属组，只有 root 用户或拥有该文件的用户才可以更改文件的所有者。如果拥有文件但不是 root 用户，那么只可以将组更改为当前用户所在的组。chown 命令的常用参数说明如表 6.2 所示。

表6.2 chown命令的常用参数说明

参　数	说　　明
-f	禁止除用法消息之外的所有错误消息
-h	更改遇到的符号链接的所有权，而不是符号链接指向的文件或目录的所有权，如未指定则更改链接指向目录或文件的所有权

(续表)

参数	说　明
-H	如果指定了-R 选项，并且引用类型目录的文件的符号链接在命令行上指定，那么 chown 命令会更改由符号引用的目录的用户标识（和组标识，如果已指定）和在该目录下的文件层次结构中的所有文件
-L	如果指定了-R 选项，并且引用类型目录的文件的符号在命令行上指定或在遍历文件层次结构期间遇到，那么 chown 命令会更改由符号链接引用的目录的用户标识和在该目录之下的文件层次结构中的所有文件
-R	递归地更改指定文件夹的所有权，但不更改链接指向的目录

chown 经常使用的参数为"-R"参数，表示递归地更改目录文件的属主或属组。更改时可以使用用户名或用户名对应的 UID，操作方法如示例 6-4 所示。

【示例 6-4】

```
[root@localhost ~]# useradd  test
[root@localhost ~]# mkdir /data/test
[root@localhost ~]# ls -l /data|grep test
drwxr-xr-x. 2 root root  4096 Jun  4 20:39 test
[root@localhost ~]# chown -R test.users /data/test
[root@localhost ~]# ls -l /data|grep test
drwxr-xr-x. 2 test users  4096 Jun  4 20:39 test
[root@localhost ~]# su - test
[test@localhost ~]$ cd /data/test
[test@localhost test]$ touch file
[test@localhost test]$ ls -l
total 0
-rw-rw-r--. 1 test test 0 Jun  4 20:39 file
[test@localhost test]$ chown root.root file
chown: changing ownership of `file': Operation not permitted
[root@localhost ~]# useradd test2
[root@localhost ~]# grep test2 /etc/passwd
test2:x:502:502::/home/test2:/bin/bash
[root@localhost ~]# mkdir /data/test2
#按用户 ID 更改目录所有者
[root@localhost ~]# chown -R 502.users /data/test2
[root@localhost ~]# ls -l /data/|grep test2
drwxr-xr-x. 2 test2 users  4096 Jun  4 20:44 test2
#更改文件所有者
[root@localhost test]# chown test2.users file
[root@localhost test]# ls -l file
-rw-rw-r--. 1 test2 users 0 Jun  4 20:39 file
```

Linux 系统中 chgrp 命令用于改变指定文件或目录所属的用户组。使用方法与 chown 类似，此处不再赘述。chgrp 命令的操作方法如示例 6-5 所示。

【示例 6-5】

```
#更改文件所属的用户组
[root@localhost test]# ls -l file
-rw-rw-r--. 1 test test 0 Jun  4 20:39 file
[root@localhost test]# groupadd testgroup
[root@localhost test]# chgrp  testgroup file
```

```
[root@localhost test]# ls -l file
-rw-rw-r--. 1 test testgroup 0 Jun  4 20:39 file
```

6.2.4 改变文件权限

chmod 是用来改变文件或目录权限的命令，可以将指定文件的所有者改为指定的用户或组。其中，用户可以是用户名或用户 ID，组可以是组名或组 ID，文件是以空格分开的要改变权限的文件列表，支持通配符。只有文件的所有者或 root 用户可以执行，普通用户不能将自己的文件更改成其他的所有者。更改文件权限时，u 表示文件所有者，g 表示文件所属的组，o 表示其他用户，a 表示所有。通过它们可以详细控制文件的权限位。chmod 除了可以使用符号更改文件权限外，还可以利用数字来更改文件权限。"r"对应数字 4，"w"对应数字 2，"x"对应数字 1，如果是可读写则为 4+2=6。chmod 命令的常用参数说明如表 6.3 所示。

表6.3 chmod命令的常用参数说明

参数	说明
-c	显示更改部分的信息
-f	忽略错误信息
-h	修复符号链接
-R	处理指定目录及其子目录下的所有文件
-v	显示详细的处理信息
-reference	把指定的目录/文件作为参考，把操作的文件/目录设置成与参考文件/目录相同的所有者和群组
--from	只在当前用户/群组与指定的用户/群组相同时才进行改变
--help	显示帮助信息
-version	显示版本信息

chmod 命令的使用方法如示例 6-6 所示。

【示例 6-6】

```
#新建文件 test.sh
[test2@localhost ~]$ cat test.sh
#!/bin/sh
echo "Hello World"
#文件所有者没有可执行权限
[test2@localhost ~]$ ./test.sh
-bash: ./test.sh: Permission denied
[test2@localhost ~]$ ls -l test.sh
-rw-rw-r-- 1 test2 test2 29 May 30 19:39 test.sh
#给文件所有者加上可执行权限
[test2@localhost ~]$ chmod u+x test.sh
[test2@localhost ~]$ ./test.sh
#设置文件为其他用户不可以读
[test2@localhost ~]$ chmod o-r test.sh
[test2@localhost ~]$ logout
[root@localhost test1]# su - test1
[test1@localhost ~]$ cd /data/test2
[test1@localhost test2]$ cat test.sh
cat: test.sh: Permission denied
#采用数字设置文件权限
```

```
[test2@localhost ~]$ chmod 775 test.sh
[test2@localhost ~]$ ls -l test.sh
-rwxrwxr-x 1 test2 test2 29 May 30 19:39 test.sh
#将文件 file1.txt 设置为所有人都可读取
[test2@localhost ~]$ chmod ugo+r file1.txt
#将文件 file1.txt 设置为所有人都可读取
[test2@localhost ~]$ chmod a+r file1.txt
#将文件 file1.txt 与 file2.txt 设置为文件所有者与其所属同一群体者可写入，其他人不可写入
[test2@localhost ~]$ chmod ug+w,o-w file1.txt file2.txt
#将 ex1.py 设置为只有文件所有者可以执行
[test2@localhost ~]$ chmod u+x ex1.py
#将当前目录下的所有文件与子目录都设置为任何人都可读取
[test2@localhost ~]$chmod -R a+r *
#收回所有用户对 file1 的执行权限
[test2@localhost ~]$chmod a-x file1
```

6.3 XFS 文件系统管理

XFS 文件系统是硅谷图形公司（Silicon Graphics Inc.，SGI）开发的用于 IRIX（一个 UNIX 操作系统）的文件系统，后将 XFS 移植到 Linux 操作系统上。XFS 是高级日志文件系统，其特点是极具伸缩性，同时也很健壮。

2000 年 5 月 XFS 通过 GNU 通用公共许可证移植到 Linux 系统上，通过二十多年的不断修改已经成为一款非常成熟的文件系统。在多项性能测试上，XFS 都取得了不俗的成绩，高并发环境下甚至已经超过 EXT4。

6.3.1 XFS 文件系统的备份和恢复

XFS 文件系统提供了整个分区备份的工具 xfsdump 供用户使用。用户可以在不借助第三方软件的情况下对 XFS 文件系统上的数据进行备份，备份过程如示例 6-7 所示。

【示例 6-7】

```
#/sdc2 是/dev/sdc2 的挂载点，/dev/sdc2 是 XFS 格式的磁盘，新建磁盘和格式化磁盘在第 7 章讲解
#利用 xfsdump 备份挂载点/sdc2 对应的分区
[root@localhost ~]# xfsdump -f /backup/dump_sdc2 /sdc2
xfsdump: using file dump (drive_simple) strategy
xfsdump: version 3.1.10 (dump format 3.0) - type ^C for status and control

 ============================= dump label dialog ==============================
#输入 dump 会话标签
please enter label for this dump session (timeout in 300 sec)
 -> dump_sdc2
session label entered: "dump_sdc2"

--------------------------------- end dialog ---------------------------------
```

```
xfsdump: level 0 dump of localhost.localdomain:/sdc2
xfsdump: dump date: Sun Mar 12 20:14:40 2019
xfsdump: session id: 7315a7da-4bbe-4745-b3db-119371e22a40
xfsdump: session label: "dump_sdc2"
xfsdump: ino map phase 1: constructing initial dump list
xfsdump: ino map phase 2: skipping (no pruning necessary)
xfsdump: ino map phase 3: skipping (only one dump stream)
xfsdump: ino map construction complete
xfsdump: estimated dump size: 23680 bytes

============================= media label dialog ==============================
#输入媒体标签
please enter label for media in drive 0 (timeout in 300 sec)
 -> sdc2
media label entered: "sdc2"

--------------------------------- end dialog ----------------------------------

xfsdump: creating dump session media file 0 (media 0, file 0)
xfsdump: dumping ino map
xfsdump: dumping directories
xfsdump: dumping non-directory files
xfsdump: ending media file
xfsdump: media file size 27064 bytes
xfsdump: dump size (non-dir files) : 0 bytes
xfsdump: dump complete: 39 seconds elapsed
xfsdump: Dump Summary:
xfsdump:   stream 0 /backup/dump_sdc2 OK (success)
xfsdump: Dump Status: SUCCESS
#恢复过程
[root@localhost ~]# rm -rf /sdc/*
[root@localhost ~]# xfsrestore -f /backup/dump_sdc2 /sdc2
xfsrestore: using file dump (drive_simple) strategy
xfsrestore: version 3.1.10 (dump format 3.0) - type ^C for status and control
xfsrestore: searching media for dump
xfsrestore: examining media file 0
xfsrestore: dump description:
xfsrestore: hostname: localhost.localdomain
xfsrestore: mount point: /sdc2
xfsrestore: volume: /dev/sdc2
xfsrestore: session time: Sun Mar 12 20:14:40 2019
xfsrestore: level: 0
xfsrestore: session label: "dump_sdc2"
xfsrestore: media label: "sdc2"
xfsrestore: file system id: 711cbbbe-223b-4622-b13a-41e61acaa9db
#部分显示省略
...
xfsrestore: restore complete: 0 seconds elapsed
xfsrestore: Restore Summary:
xfsrestore:   stream 0 /backup/dump_sdc2 OK (success)
xfsrestore: Restore Status: SUCCESS
[root@localhost ~]# ls /sdc2
#结果省略
```

在示例 6-7 中展示了如何使用 xfsdump 备份整个分区，除此之外，xfsdump 还可以备份目录，此处不再介绍，读者可以阅读官方文档。

6.3.2 检查 XFS 文件系统

同 Linux 系统中的其他文件系统一样，为确保文件系统能正常使用，XFS 也提供了用于检查和修复文件系统的工具。Red Hat Enterprise Linux 9 中检查和修复文件系统的工具主要是 xfs_repair，其使用方法如示例 6-8 所示。

【示例 6-8】

```
#检查 XFS 文件系统
#如果检查过程中发现问题将会列出
[root@localhost ~]# xfs_repair -n /dev/sdc2
Phase 1 - find and verify superblock...
Phase 2 - using internal log
        - zero log...
        - scan filesystem freespace and inode maps...
        - found root inode chunk
Phase 3 - for each AG...
        - scan (but don't clear) agi unlinked lists...
        - process known inodes and perform inode discovery...
        - agno = 0
        - agno = 1
        - agno = 2
        - agno = 3
        - process newly discovered inodes...
Phase 4 - check for duplicate blocks...
        - setting up duplicate extent list...
        - check for inodes claiming duplicate blocks...
        - agno = 0
        - agno = 1
        - agno = 2
        - agno = 3
No modify flag set, skipping phase 5
Phase 6 - check inode connectivity...
        - traversing filesystem ...
        - traversal finished ...
        - moving disconnected inodes to lost+found ...
Phase 7 - verify link counts...
No modify flag set, skipping filesystem flush and exiting.
#自动检查并修复 XFS 文件系统
[root@localhost ~]# xfs_repair /dev/sdc2
Phase 1 - find and verify superblock...
Phase 2 - using internal log
        - zero log...
        - scan filesystem freespace and inode maps...
        - found root inode chunk
Phase 3 - for each AG...
        - scan and clear agi unlinked lists...
        - process known inodes and perform inode discovery...
        - agno = 0
        - agno = 1
```

```
        - agno = 2
        - agno = 3
        - process newly discovered inodes...
Phase 4 - check for duplicate blocks...
        - setting up duplicate extent list...
        - check for inodes claiming duplicate blocks...
        - agno = 0
        - agno = 1
        - agno = 2
        - agno = 3
Phase 5 - rebuild AG headers and trees...
        - reset superblock...
Phase 6 - check inode connectivity...
        - resetting contents of realtime bitmap and summary inodes
        - traversing filesystem ...
        - traversal finished ...
        - moving disconnected inodes to lost+found ...
Phase 7 - verify and correct link counts...
done
```

6.4 小　　结

文件系统管理是每个管理员必备的技能。本章介绍了 Linux 系统中的分区、文件属性、XFS 文件系统等内容。其中的文件系统是重点，也是每个管理员必备的技巧之一，读者应该重点掌握。

6.5 习　　题

一、填空题

1. 要查看当前系统中的分区列表，可以使用_____命令。
2. 要改变文件的权限，可以使用_____命令。
3. 要改变文件的属主，可以使用_____命令。

二、选择题

以下哪个命令可以用来挂载文件系统？（　　）

　　A. mount　　　　B. umount

　　C. fdisk　　　　D. mkfs

第 7 章

Linux 磁盘管理

无论使用哪种操作系统，目前主流的存储介质都还是磁盘。Linux 系统中自带了许多非常优秀的磁盘管理工具，都十分简单好用。利用这些简单的工具可以完成 Linux 磁盘管理任务。

除了磁盘管理工具外，Linux 还为用户提供了整套硬盘解决方案，如 LVM、RAID 等。利用这些解决方案可以构建低成本的企业应用环境。

本章主要涉及的知识点有：

- Linux 系统磁盘管理
- 交换空间管理
- 磁盘冗余阵列 RAID
- LVM 管理工具
- 图形化磁盘管理工具
- GParted 分区工具

7.1 磁盘管理常用命令

Linux 提供了丰富的磁盘管理命令，如查看硬盘使用率、硬盘分区、挂载分区等，本节主要介绍此方面的知识。

7.1.1 查看磁盘空间占用情况

df 命令用于查看磁盘空间的使用情况，还可以查看磁盘分区的类型和 inode 节点的使用情况等。df 命令的常用参数说明如表 7.1 所示。

表7.1 df命令的常用参数说明

参数	说明
-a	显示所有文件系统的磁盘使用情况，包括0块（block）的文件系统，如/proc文件系统
-k	以k字节为单位显示
-i	显示i节点信息，而不是磁盘块
-t	显示各指定类型的文件系统的磁盘空间使用情况
-x	列出不是某一指定类型文件系统的磁盘空间的使用情况（与t选项相反）
-h	以更直观的方式显示磁盘空间
-T	显示文件系统类型

df命令的常见用法如示例7-1所示。

【示例7-1】

```
#查看当前系统所有分区的使用情况
[root@localhost ~]# df -ah
Filesystem              Size    Used    Avail   Use%    Mounted on
rootfs                  -       -       -       -       /
sysfs                   0       0       0       -       /sys
proc                    0       0       0       -       /proc
devtmpfs                473M    0       473M    0%      /dev
securityfs              0       0       0       -       /sys/kernel/security
tmpfs                   489M    84K     489M    1%      /dev/shm
devpts                  0       0       0       -       /dev/pts
tmpfs                   489M    7.2M    482M    2%      /run
tmpfs                   489M    0       489M    0%      /sys/fs/cgroup
cgroup                  0       0       0       -       /sys/fs/cgroup/systemd
pstore                  0       0       0       -       /sys/fs/pstore
cgroup                  0       0       0       -       /sys/fs/cgroup/devices
cgroup                  0       0       0       -       /sys/fs/cgroup/memory
cgroup                  0       0       0       -/sys/fs/cgroup/net_cls,net_prio
cgroup                  0       0       0       -       /sys/fs/cgroup/cpu,cpuacct
cgroup                  0       0       0       -       /sys/fs/cgroup/hugetlb
cgroup                  0       0       0       -       /sys/fs/cgroup/blkio
cgroup                  0       0       0       -       /sys/fs/cgroup/perf_event
cgroup                  0       0       0       -       /sys/fs/cgroup/cpuset
cgroup                  0       0       0       -       /sys/fs/cgroup/freezer
cgroup                  0       0       0       -       /sys/fs/cgroup/pids
configfs                0       0       0       -       /sys/kernel/config
/dev/mapper/rhel-root   17G     3.1G    14G     19%     /
selinuxfs               0       0       0       -       /sys/fs/selinux
systemd-1               0       0       0       -       /proc/sys/fs/binfmt_misc
hugetlbfs               0       0       0       -       /dev/hugepages
debugfs                 0       0       0       -       /sys/kernel/debug
mqueue                  0       0       0       -       /dev/mqueue
sunrpc                  0       0       0       -       /var/lib/nfs/rpc_pipefs
nfsd                    0       0       0       -       /proc/fs/nfsd
/dev/nvme0n1p1          1014M   155M    860M    16%     /boot
tmpfs                   98M     16K     98M     1%      /run/user/42
tmpfs                   98M     0       98M     0%      /run/user/0
/dev/sdb2               5.0G    17M     4.2G    1%      /sf
#查看每个分区inode节点的占用情况
```

```
[root@localhost ~]# df -i
Filesystem              Inodes    IUsed    IFree     IUse%   Mounted on
/dev/mapper/rhel-root   8910848   120233   8790615   2%      /
devtmpfs                121024    420      120604    1%      /dev
tmpfs                   124992    6        124986    1%      /dev/shm
tmpfs                   124992    619      124373    1%      /run
tmpfs                   124992    16       124976    1%      /sys/fs/cgroup
/dev/nvme0n1p1          524288    327      523961    1%      /boot
tmpfs                   124992    17       124975    1%      /run/user/42
tmpfs                   124992    1        124991    1%      /run/user/0
/dev/sdb2               0         0        0         -       /sf
#显示分区类型
[root@localhost ~]# df -T
Filesystem              Type       1K-blocks    Used      Available   Use%  Mounted on
/dev/mapper/rhel-root   xfs        17811456     3249540   14561916    19%   /
devtmpfs                devtmpfs   484096       0         484096      0%    /dev
tmpfs                   tmpfs      499968       84        499884      1%    /dev/shm
tmpfs                   tmpfs      499968       7296      492672      2%    /run
tmpfs                   tmpfs      499968       0         499968      0%    /sys/fs/cgroup
/dev/nvme0n1p1          xfs        1038336      158340    879996      16%   /boot
tmpfs                   tmpfs      99996        16        99980       1%    /run/user/42
tmpfs                   tmpfs      99996        0         99996       0%    /run/user/0
#显示指定文件类型的磁盘使用状况
[root@localhost ~]# df -t xfs
Filesystem              1K-blocks    Used       Available   Use%   Mounted on
/dev/mapper/rhel-root   17811456     3249540    14561916    19%    /
/dev/nvme0n1p1          1038336      158340     879996      16%    /boot
```

7.1.2 查看文件或目录所占用的空间

使用 du 命令可以查看磁盘或某个目录占用的磁盘空间，常见的应用场景如硬盘满时需要找到占用空间最多的目录或文件。du 命令常见的参数说明如表 7.2 所示。

表7.2　du命令的常用参数说明

参数	说明
a	显示全部目录和其子目录下的每个文件所占的磁盘空间
b	大小用 bytes 来表示（默认值为 k bytes）
c	最后加上总计（默认值）
h	以直观的方式显示大小，如 1KB、234MB、5GB
--max-depth=N	只打印层级小于或等于指定数值的文件的大小
s	只显示各文件大小的总和
x	只计算属于同一个文件系统的文件
L	计算所有的文件大小

du 命令的一些使用方法如示例 7-2 所示，更多用法可参考终端命令 "man du"。

【示例 7-2】

```
#统计当前文件夹的大小，默认不统计软链接指向的目的文件夹
[root@localhost usr]# du -sh
```

```
2.9G     .
#按层级统计文件夹的大小，在定位占用磁盘大的文件夹时比较有用
[root@localhost usr]# du --max-depth=1 -h
130M    ./bin
56M     ./sbin
580M    ./lib
796M    ./lib64
1.3G    ./share
0       ./etc
0       ./games
8.5M    ./include
66M     ./libexec
4.0K    ./local
0       ./src
2.9G    .
```

7.1.3 调整和查看文件系统参数

tune2fs 命令用于查看和调整文件系统参数，类似于 Windows 下的异常关机/启动时的自检，Linux 下此命令可设置自检次数和周期。需要注意的是，tune2fs 命令只能用在 EXT2、EXT3 和 EXT4 文件系统上。tune2fs 命令的常用参数说明如表 7.3 所示。

表7.3 tune2fs命令的常用参数说明

参数	说明
-l	查看详细信息
-c	设置自检次数，每挂载一次，mount conut 就会加 1，超过次数就会强制自检
-e	设置当错误发生时内核的处理方式
-i	设置自检天数，d 表示天，m 表示月，w 表示周
-m	设置预留空间
-j	用于文件系统格式转换
-L	修改文件系统的标签
-r	调整系统保留空间

tune2fs 命令的使用方法如示例 7-3 所示。

【示例 7-3】

```
#查看分区信息
[root@localhost ~]# tune2fs -l /dev/sdb1
tune2fs 1.46.5 (30-Dec-2021)
Filesystem volume name:   <none>
Last mounted on:          <not available>
Filesystem UUID:          ddfb53a4-89c8-4035-8405-6824bc2710a6
Filesystem magic number:  0xEF53
#部分结果省略
#设置一个月后自检
[root@localhost ~]# tune2fs -i 1m /dev/sdb1
tune2fs 1.46.5 (30-Dec-2021)
Setting interval between checks to 2592000 seconds
#设置当磁盘发生错误时重新挂载为只读模式
[root@localhost data]# tune2fs -e remount-ro /dev/hda1
#设置磁盘永久不自检
```

```
[root@localhost data]# tune2fs -c -1 -i 0 /dev/hda1
```

7.1.4 基本磁盘管理

fdisk 为 Linux 系统下的分区管理工具，类似于 Windows 下的 PQMagic 等工具软件。分过区、装过操作系统的读者都知道硬盘分区是必要和重要的。fdisk 的帮助信息如示例 7-4 所示。

【示例 7-4】

```
[root@localhost test]# fdisk /dev/sdb
fdisk /dev/sdb

欢迎使用 fdisk (util-linux 2.37.4)。
更改将停留在内存中，直到您决定将更改写入磁盘。
使用写入命令前请三思。

设备不包含可识别的分区表。
创建了一个磁盘标识符为 0x6c16da28 的新 DOS 磁盘标签。

命令(输入 m 获取帮助): m

帮助:

  DOS (MBR)
   a   开关 可启动 标志
   b   编辑嵌套的 BSD 磁盘标签
   c   开关 dos 兼容性标志

  常规
   d   删除分区
   F   列出未分区的空闲区
   l   列出已知分区类型
   n   添加新分区
   p   打印分区表
   t   更改分区类型
   v   检查分区表
   i   打印某个分区的相关信息

  杂项
   m   打印此菜单
   u   更改 显示/记录 单位
   x   更多功能(仅限专业人员)

  脚本
   I   从 sfdisk 脚本文件加载磁盘布局
   O   将磁盘布局转储为 sfdisk 脚本文件

  保存并退出
   w   将分区表写入磁盘并退出
   q   退出而不保存更改

  新建空磁盘标签
   g   新建一份 GPT 分区表
   G   新建一份空 GPT (IRIX) 分区表
```

```
    o   新建一份的空 DOS 分区表
    s   新建一份空 Sun 分区表
```

命令(输入 m 获取帮助)：

以上参数中常用的参数说明如表 7.4 所示。

表7.4 fdisk命令的常用参数说明

参 数	说 明
d	删除存在的硬盘分区
n	添加分区
p	打印分区表
w	保存变更信息
q	不保存退出

详细分区过程如示例 7-5 所示。

【示例 7-5】

```
[root@localhost ~]# fdisk -l

Disk /dev/sdb: 2 GiB, 2147483648 字节, 4194304 个扇区
磁盘型号：VMware Virtual S
单元：扇区 / 1 * 512 = 512 字节
扇区大小(逻辑/物理)：512 字节 / 512 字节
I/O 大小(最小/最佳)：512 字节 / 512 字节
#sdb 输出表示没有分区表
Disk /dev/sdb: 2 GiB, 2147483648 字节, 4194304 个扇区#部分结果省略
#创建分区并格式化硬盘
[root@localhost ~]# fdisk /dev/sdb
#部分结果省略
#创建新分区
Command (m for help): n
#询问分区类型，此处输入 p 表示主分区
分区类型
    p   主分区 (0 primary, 0 extended, 4 free)
    e   扩展分区 (逻辑分区容器)
选择 (默认 p)：p
#输入分区号，由于之前选择的是主分区，因此此处只能选择 1-4
分区号 (1-4, 默认 1):1
#选择起始柱面，通常保持默认即可
第一个扇区 (2048-4194303, 默认 2048):
Using default value 2048
#输入结束柱面，这决定了分区大小，也可以使用+500M、+5G 等代替
#此处使用默认，即将所有空间都分给分区 1
最后一个扇区, +/-sectors 或 +size{K,M,G,T,P} (2048-4194303, 默认 4194303):

创建了一个新分区 1，类型为 "Linux"，大小为 2 GB
#保存更改
Command (m for help): w
分区表已调整
将调用 ioctl() 来重新读分区表
```

```
正在同步磁盘
#查看分区情况
[root@localhost ~]# fdisk -l
Disk /dev/sdb: 2 GiB, 2147483648 字节, 4194304 个扇区
磁盘型号：VMware Virtual S
单元：扇区 / 1 * 512 = 512 字节
扇区大小(逻辑/物理)：512 字节 / 512 字节
I/O 大小(最小/最佳)：512 字节 / 512 字节
磁盘标签类型：dos
磁盘标识符：0xa8a08e2d

设备          启动    起点      末尾      扇区      大小    Id    类型
/dev/sdb1             2048   4194303   4192256    2G     83    Linux
...
#为新建的分区创建文件系统，或称格式化
[root@localhost ~]# mkfs.ext4 /dev/sdb1
mkfs.ext4 /dev/sdb1
mke2fs 1.46.5 (30-Dec-2021)
创建含有 524032 个块（每块 4k）和 131072 个 inode 的文件系统
文件系统 UUID：a32f285f-c497-4cc0-98f7-c8d448fd8cc1
超级块的备份存储于下列块：
        32768, 98304, 163840, 229376, 294912

正在分配组表： 完成
正在写入 inode 表： 完成
创建日志（8192 个块）完成
写入超级块和文件系统账户统计信息： 已完成

#编辑系统挂载表，加入新增的分区
[root@localhost ~]# vi /etc/fstab
#添加以下内容
/dev/sdb1 /data  ext4    defaults     0  0
#退出保存
#创建挂载目录
[root@localhost ~]# mkdir /data
[root@localhost ~]# mount -a
#查看分区是否已经正常挂载
[root@localhost ~]# df -h
Filesystem             Size  Used Avail Use% Mounted on
#部分输出省略
...
   /dev/sdb1           2.0G   24K  1.9G   1% /data
#文件测试
[root@localhost ~]# cd /data
[root@localhost data]# touch test.txt
```

7.1.5 格式化文件系统

当完成硬盘分区以后要进行硬盘的格式化，mkfs 系列对应的命令用于将硬盘格式化为指定格式的文件系统。mkfs 本身并不执行建立文件系统的工作，而是去调用相关的程序来执行，例如，若在-t 参数中指定 EXT2，则 mkfs 会调用 mke2fs 来建立文件系统。使用 mkfs 时若省略指定"块数"的参数，则 mkfs 会自动设置适当的块数。此命令不仅可以格式化 Linux 下的文件系统，还可以格式化 DOS 或 Windows 下的文件系统。mkfs 命令常用参数说明如表 7.5 所示。

表7.5 mkfs命令常用参数说明

参数	说明
-V	详细显示模式
-t :	给定文件系统类型，支持的格式有EXT2、EXT3、EXT4、XFS、BTRFS等
-c	操作之前检查分区是否有坏道
-l	记录坏道的数据
block	指定块的大小
-L:	建立卷标

Linux系统中mkfs支持的文件格式取决于当前系统中有没有对应的命令，比如要把分区格式化为EXT3文件系统，系统中要存在对应的mkfs.ext3命令，其他类似。在具体使用时也可以省略参数t，使用mkfs.ext4、mkfs.xfs等命令来指定文件系统类型，如示例7-6所示。

【示例7-6】

```
#查看当前系统mkfs命令支持的文件系统格式
[root@localhost ~]# ls -l /usr/sbin/mkfs.*
-rwxr-xr-x. 1 root root  36896 2月  24 2022 /usr/sbin/mkfs.cramfs
-rwxr-xr-x. 4 root root 136920 2月   3 2022 /usr/sbin/mkfs.ext2
-rwxr-xr-x. 4 root root 136920 2月   3 2022 /usr/sbin/mkfs.ext3
-rwxr-xr-x. 4 root root 136920 2月   3 2022 /usr/sbin/mkfs.ext4
-rwxr-xr-x. 1 root root  53752 8月  10 2021 /usr/sbin/mkfs.fat
-rwxr-xr-x. 1 root root  45280 2月  24 2022 /usr/sbin/mkfs.minix
lrwxrwxrwx. 1 root root      8 8月  10 2021 /usr/sbin/mkfs.msdos->mkfs.fat
lrwxrwxrwx. 1 root root      8 8月  10 2021 /usr/sbin/mkfs.vfat->mkfs.fat
-rwxr-xr-x. 1 root root 408544 1月  25 2022 /usr/sbin/mkfs.xfs
#将分区格式化为EXT4文件系统
[root@localhost ~]# mkfs.ext4 /dev/sdb1
mkfs.ext4 /dev/sdb1
mke2fs 1.46.5 (30-Dec-2021)
创建含有 524032 个块（每块 4k）和 131072 个 inode 的文件系统
文件系统 UUID：a32f285f-c497-4cc0-98f7-c8d448fd8cc1
超级块的备份存储于下列块：
        32768, 98304, 163840, 229376, 294912

正在分配组表：完成
正在写入 inode 表：完成
创建日志（8192 个块）完成
写入超级块和文件系统账户统计信息：已完成
```

7.1.6 挂载/卸载文件系统

mount命令用于挂载分区，对应的卸载分区命令为umount。这两个命令一般由root用户执行。除可以挂载硬盘分区之外，光盘、NFS、U盘等也都可以使用该命令挂载到用户指定的目录。mount命令常用参数说明如表7.6所示。

表7.6 mount命令常用参数说明

参　　数	说　　明
-V	显示程序版本
-h	显示帮助信息
-v	显示详细信息
-a	加载/etc/fstab 文件中设置的所有设备
-F	需与-a参数同时使用。所有在/etc/fstab 文件中设置的设备会被同时加载，可加快执行速度
-f	不实际加载设备。可与-v等参数同时使用，以查看mount 的执行过程
-n	不将加载信息记录在/etc/mtab 文件中
-L	加载指定卷标的文件系统
-r	挂载为只读模式
-w	挂载为读写模式
-t	指定文件系统的形态，通常不必指定，mount 会自动选择正确的形态。常见的文件类型有EXT2、MSDOS、NFS、ISO9660、NTFS 等
-o	指定加载文件系统时的选项，如noatime 每次存取时不更新 inode 的存取时间
-h	显示在线帮助信息

在 Linux 操作系统中挂载分区是一个使用非常频繁的操作。mount 命令的使用方法如示例 7-7 所示。

【示例 7-7】

```
#挂载指定分区到指定目录
[root@localhost ~]# mount /dev/sdb1 /data
#将分区挂载为只读模式
[root@localhost ~]# mount -o re /dev/sdb1 /data2
#挂载光驱，使用ISO 文件时可避免将文件解压，可以挂载后直接访问
[root@localhost ~]# mount -t iso9660 /dev/cdrom /media
mount: /dev/sr0 is write-protected, mounting read-only
[root@localhost media]# ls /media/
EFI       Packages                  addons       release-notes
EULA      RPM-GPG-KEY-redhat-beta   images       repodata
GPL       RPM-GPG-KEY-redhat-release   isolinux
LiveOS    TRANS.TBL                 media.repo
#挂载NFS
[root@localhost test]# mount -t nfs 192.168.1.91:/data/nfsshare /data/nfsshare
#挂载/etc/fstab 里面的所有分区
[root@localhost test]# mount -a
#挂载Windows下分区格式的分区，fat32 分区格式可指定参数vfat
[root@localhost test]#  mount -t ntfs /dev/sdc1 /mnt/usbhd1
#查看系统中的挂载
[root@localhost ~]# mount
sysfs on /sys type sysfs (rw,nosuid,nodev,noexec,relatime,seclabel)
proc on /proc type proc (rw,nosuid,nodev,noexec,relatime)
devtmpfs on /dev type devtmpfs
(rw,nosuid,seclabel,size=485124k,nr_inodes=121281,mode=755)
securityfs on /sys/kernel/security type securityfs
(rw,nosuid,nodev,noexec,relatime)
...
```

注意：挂载点必须是一个目录，如果该目录有内容，那么挂载成功后将看不到该目录原有的文件，卸载后可以重新使用。

如果要挂载的分区是经常使用的，那么需要自动挂载，可以将分区挂载信息加入 /etc/fstab 文件。该文件说明如下：

```
/dev/sda3           /data            ext3         noatime,acl,user_xattr 0 2
```

- 第 1 列表示要挂载的文件系统的设备名称，可以是硬盘分区、光盘、U 盘、设备的 UUID、卷标或 ISO 文件，还可以是 NFS。
- 第 2 列表示挂载点，挂载点实际上就是一个目录。
- 第 3 列为挂载的文件类型，Linux 能支持大部分分区格式，Windows 下的分区系统也可支持，如常见的 EXT3、EXT2、ISO9660、NTFS 等。
- 第 4 列为挂载参数，各个选项用英文逗号隔开。例如，设置为 defaults，表示使用挂载参数 rw,suid,dev,exec,auto,nouser 和 async。
- 第 5 列为文件备份设置。若为 1，则表示要将整个文件系统里的内容备份；若为 0，则表示不进行备份。这里一般设置为 0。
- 最后一列为是否运行 fsck 命令检查文件系统，为 0 表示不运行，为 1 表示每次都运行，为 2 表示非正常关机或达到最大加载次数或达到一定天数才运行。

7.2 交换空间管理

Linux 中的交换空间在系统物理内存被用尽时使用。如果系统需要更多的内存资源，而物理内存已经用尽，则内存中不活跃的页就会被交换到交换空间中。交换空间位于硬盘上，速度不如物理内存。

注意：在生产环境中交换空间的大小一般取决于计算机物理内存的大小：如果物理内存小于 4GB，则通常建议交换空间的大小设置为物理内存的 2 倍；如果物理内存大于 4GB 且小于 16GB，则建议交换空间的大小设置为物理内存的大小；如果物理内存大于 16GB，则建议交换空间的大小设置为物理内存的一半。

Linux 系统支持虚拟内存系统，主要用于存储应用程序及其使用的数据信息，虚拟内存的大小主要取决于应用程序和操作系统。如果交换空间太小，则可能无法运行希望运行的所有应用程序，使得页面频繁地在内存和磁盘之间交换，从而导致系统性能下降。如果交换空间太大，则可能会浪费磁盘空间。因此系统交换分区的大小需要合理设置。

如果虚拟内存大于物理内存，那么操作系统可以在空闲时将所有当前进程换到磁盘上，并且能够提高系统的性能。如果希望将应用程序的活动保留在内存中，并且不需要大量交换，则可以设置较小的虚拟内存。桌面环境配置比较大的虚拟内存有利于运行大量的应用程序。

Linux 系统总是会尝试使用全部的物理内存，而尽量不使用虚拟内存。在重负载的生产环境中，物理内存应当足够大，否则可能会导致"多米诺骨牌效应"。一方面，物理内存不够会导致更多的进程被换出到交换分区，进而导致磁盘 I/O 加重；另一方面，磁盘 I/O 加重会导致更多的进程被阻塞放置到内存中。因此，在重负载的生产环境中，必须控制虚拟内存的使用量。

7.3 独立磁盘冗余阵列

独立磁盘冗余阵列（Redundant Array of Independent Disks，RAID）的基本目的是把多个小型廉价的硬盘合并成一组大容量的硬盘，用于解决数据冗余性并降低硬件成本，使用时如同单一的硬盘。RAID 的好处很明显，由于是由多块硬盘组合而成的，因此可以获得更好的读写性能（同时读写）及数据冗余功能（一个数据多个备份）等。

RAID 技术有两种：硬件 RAID 和软件 RAID。硬件 RAID 基于硬件系统从主机之外独立地管理 RAID 子系统，并且它在主机处把每一组 RAID 阵列只显示为一个磁盘。软件 RAID 在系统中实现各种 RAID 级别，因此不需要 RAID 控制器。在生产环境中，硬件 RAID 控制器由于自带计算芯片无须额外消耗系统计算资源而被广泛使用。

软件 RAID 分为各种级别，比较常见的有 RAID 0、RAID 1、RAID 5、RAID 10 和 RAID 50 等。其中主要 RAID 级别的定义如下：

- RAID 0 数据被随机分片写入每个磁盘，此种模式下存储能力等同于每个硬盘的存储能力之和，但并没有冗余性，任何一块硬盘的损坏都将导致数据丢失。好处是 RAID 0 能同时读写，因此读写性能较好。
- RAID 1 称作镜像，会在每个成员磁盘上写入相同的数据，此种模式比较简单，可以提供高度的数据可用性和更好的读性能（同时读），它目前仍然很流行。但对应的是存储能力有所降低，如两块相同硬盘组成 RAID 1，则总存储容量只为其中一块硬盘的大小。
- RAID 5 是最普遍的 RAID 类型。RAID 5 更适合小数据块和随机读写的数据。RAID 5 是一种存储性能、数据安全和存储成本兼顾的存储解决方案。磁盘空间利用率要比 RAID 1 高，存储成本相对较低。RAID 5 不单独指定奇偶盘，而是在所有磁盘上交叉地存取数据和奇偶校验信息。组建 RAID 5 至少需要 3 块硬盘。如 N 块硬盘组成 RAID 5，则硬盘的总存储容量为 $N-1$，如果其中一块硬盘损坏，那么数据可以根据其他硬盘存储的校验信息进行恢复。
- RAID6 是带两种分布存储的奇偶校验码独立磁盘结构。它是对 RAID5 的扩展，主要用于要求数据绝对不能出错的场合。当然了，RAID6 由于引入了第二种奇偶校验值，所以需要 $N+2$ 个磁盘，同时对控制器的设计变得十分复杂，写入速度也不好，用于计算奇偶校验值和验证数据正确性所花费的时间比较多，造成了不必须的负载。
- RAID7 是优化的高速数据传送磁盘结构。RAID7 所有的 I/O 传送均是同步进行的，可以分别控制，这样提高了系统的并行性和系统访问数据的速度；每个磁盘都带有高速缓冲存储器，实时操作系统可以使用任何实时操作芯片，达到不同实时系统的需要。允许使用 SNMP 协议进行管理和监视，可以对校验区指定独立的传送信道以提高效率。可以连接多台主机，因为加入了高速缓冲存储器，所以当多用户访问系统时，访问时间几乎接近于 0。由于采用并行结构，因此数据访问效率大大提高。需要注意的是它引入了一个高速缓冲存储器，这有利有弊，因为一旦系统断电，保存在高速缓冲存储器内的数据就会全部丢失，因此需要和 UPS 一起工作。当然了，这么速度快的东西，价格也非常昂贵。

- RAID10 是高可靠性与高效磁盘结构。这种结构无非是一个带区结构加一个镜像结构，因为两种结构各有优缺点，因此可以相互补充，达到既高效又高速的目的。读者可以结合两种结构的优点和缺点来理解这种新结构。这种新结构的价格高昂，可扩充性不好。主要用于数据容量不大，但要求速度和差错控制的数据库中。
- RAID53 是高效数据传送磁盘结构。越到后面的结构就是对前面结构的一种重复和再利用，这种结构就是 RAID3 和带区结构的统一，因此它速度比较快，也有容错功能，但价格十分高昂，不易于实现。这是因为所有的数据必须经过带区和按位存储两种方法，在考虑效率的情况下，要求这些磁盘同步是非常不容易的。
- RAID 5E 是在 RAID 5 级别基础上的改进，与 RAID 5 类似，数据的校验信息均匀分布在各硬盘上，但是在每个硬盘上都保留了一部分未使用的空间，这部分空间没有进行条带化，最多允许两块物理硬盘出现故障。看起来，RAID 5E 和 RAID 5 加一块热备盘好像差不多，其实由于 RAID 5E 是把数据分布在所有的硬盘上，因此性能会比 RAID5 加一块热备盘要好。当一块硬盘出现故障时，有故障硬盘上的数据会被压缩到其他硬盘上未使用的空间，逻辑盘保持 RAID 5 级别。
- RAID 5EE 与 RAID 5E 相比，RAID 5EE 的数据分布更有效率，每个硬盘的一部分空间被用作分布的热备盘，它们是阵列的一部分，当阵列中的一个物理硬盘出现故障时，数据重建的速度会更快。

RAID 磁盘阵列是目前生产环境中应用得十分成熟的技术之一，在服务器中配置也较为简单，只需选择相应的阵列级别，然后添加磁盘即可。关于 RAID 的更多技术细节，读者可参考相关的文档。

7.4 LVM 工具

LVM（Logical Volume Manager，逻辑卷管理）是 Linux 操作系统对硬盘分区管理的一种形式，最早在内核 2.4 版上实现。早期，Linux 用户在安装系统时，经常无法正确评估分区大小，从而造成后期使用系统时分区空间不足的情况。一旦某个分区空间不足，无论采用何种解决方案都很难从根本上解决问题。LVM 的出现从根本上解决了这个问题，用户可以在不停机的情况下随意调整分区大小。

7.4.1 LVM 基础

LVM 的实质是将多个物理卷（Physical Volume，PV，实质是分区）组合成一块更大的磁盘，称为卷组（Volume Group，VG）。然后从卷组上划分新的逻辑卷（Logical Volume，LV），最后在逻辑卷上建立文件系统的挂载系统即可。

当逻辑卷足够大时可能会跨越数个物理卷，因此传统的磁盘寻址方式在逻辑卷中无法使用。

LVM 建立了新的寻址方式，首先在物理卷中创建物理块（Physical Extent，PE），物理块是 LVM 中最小的可寻址单元。创建卷组时，在卷组上创建与物理块一一对应的逻辑块（Logical Extent，LE）。创建逻辑卷时只需要将逻辑块划分给对应的逻辑卷即可。LVM 的抽象模型如图 7.1 所示。

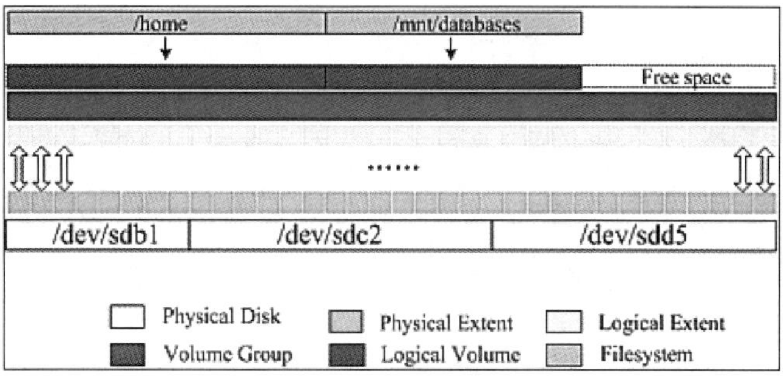

图 7.1　LVM 抽象模型

从抽象模型中可以看到，LVM 用逻辑块将物理磁盘与文件系统分隔开了，这样做的好处是 LVM 可以修改逻辑块与物理块的对应关系，从而实现将数据从一个物理卷移动到另一个物理卷。这个过程文件系统无法感知，从而保证了文件系统读写数据的稳定性。

7.4.2　命令行 LVM 配置实战

建立 LVM 时首先是创建物理卷，其次是卷组、逻辑卷，然后在逻辑卷上建立文件系统，最后挂载文件系统。

1．创建物理卷和卷组

实现 LVM 的第一步是创建物理卷，然后使用物理卷创建卷组，过程如示例 7-8 所示。

【示例 7-8】

```
#在系统中增加 2 块新的磁盘，/dev/sdc 和/dev/sdb
#创建物理卷 sdc1 和 sdb1
[root@localhost ~]# pvcreate /dev/sdc1 /dev/sdb1
  Physical volume "/dev/sdc1" successfully created.
  Physical volume "/dev/sdb1" successfully created.
#创建卷组 VG01
[root@localhost ~]# vgcreate VG01 /dev/sdb1 /dev/sdc1
  Volume group "VG01" successfully created
#查看卷组情况
[root@localhost ~]# vgdisplay
#系统创建的卷组省略
...
  --- Volume group ---
  VG Name               VG01
  System ID
  Format                lvm2
  Metadata Areas        2
  Metadata Sequence No  1
  VG Access             read/write
  VG Status             resizable
  MAX LV                0
```

```
    Cur LV                 0
    Open LV                0
    Max PV                 0
    Cur PV                 2
    Act PV                 2
    VG Size                39.99 GiB
    PE Size                4.00 MiB
    Total PE               10238
    Alloc PE / Size        0 / 0
    Free  PE / Size        10238 / 39.99 GiB
    VG UUID                jhoBIP-YeJL-x281-i7Zo-9r6k-vx3t-oTGIwa
#查看卷组详细情况
[root@localhost ~]# vgdisplay -v
#系统创建的卷组省略
...
    --- Volume group ---
    VG Name                VG01
    System ID
    Format                 lvm2
    Metadata Areas         2
    Metadata Sequence No   1
    VG Access              read/write
    VG Status              resizable
    MAX LV                 0
    Cur LV                 0
    Open LV                0
    Max PV                 0
    Cur PV                 2
    Act PV                 2
    VG Size                39.99 GiB
    PE Size                4.00 MiB
    Total PE               10238
    Alloc PE / Size        0 / 0
    Free  PE / Size        10238 / 39.99 GiB
    VG UUID                jhoBIP-YeJL-x281-i7Zo-9r6k-vx3t-oTGIwa

    --- Physical volumes ---
    PV Name                /dev/sdb1
    PV UUID                i7NgMb-Gi7M-M3Dc-oP6P-b0KF-dK1m-oU5jZu
    PV Status              allocatable
    Total PE / Free PE     5119 / 5119

    PV Name                /dev/sdc1
    PV UUID                drg5RO-N1nb-KOff-3kY2-DumS-2UxF-oHWzrQ
    PV Status              allocatable
    Total PE / Free PE     5119 / 5119
```

在示例 7-8 的输出代码中，系统已经成功创建卷组 VG01。由于目前还没有创建逻辑卷，因此所有物理块都还处于空闲状态。

2. 创建和使用逻辑卷

完成卷组的创建后，接下来需要在卷组这块大"磁盘"上创建逻辑卷。创建和使用逻辑卷如示例 7-9 所示。

【示例 7-9】

```
#创建一个名为file、大小为5GB的逻辑卷
[root@localhost ~]# lvcreate -n file -L 5G VG01
  Logical volume "file" created.
[root@localhost ~]# lvdisplay
#省略由系统创建的逻辑卷
...
  --- Logical volume ---
  LV Path                /dev/VG01/file
  LV Name                file
  VG Name                VG01
  LV UUID                FSOSpx-tLAW-jisv-KWU2-nFjp-ZnCi-ANeQTP
  LV Write Access        read/write
  LV Creation host, time localhost.localdomain, 2022-03-19 12:56:52 +0800
  LV Status              available
  # open                 0
  LV Size                5.00 GiB
  Current LE             1280
  Segments               1
  Allocation             inherit
  Read ahead sectors     auto
  - currently set to     8192
  Block device           253:2
#在逻辑卷上创建文件系统
[root@localhost ~]# mkfs.ext4 /dev/VG01/file
mke2fs 1.46.5 (30-Dec-2021)
Filesystem label=
OS type: Linux
Block size=4096 (log=2)
Fragment size=4096 (log=2)
Stride=0 blocks, Stripe width=0 blocks
327680 inodes, 1310720 blocks
65536 blocks (5.00%) reserved for the super user
First data block=0
Maximum filesystem blocks=1342177280
40 block groups
32768 blocks per group, 32768 fragments per group
8192 inodes per group
Superblock backups stored on blocks:
        32768, 98304, 163840, 229376, 294912, 819200, 884736

Allocating group tables: done
Writing inode tables: done
Creating journal (32768 blocks): done
Writing superblocks and filesystem accounting information: done
#挂载并查看逻辑卷
[root@localhost ~]# mkdir /file
[root@localhost ~]# mount /dev/VG01/file /file
[root@localhost ~]# df -h
Filesystem               Size   Used   Avail   Use%   Mounted on
/dev/mapper/rhel-root    17G    3.2G   14G     19%    /
devtmpfs                 473M   0      473M    0%     /dev
tmpfs                    489M   144K   489M    1%     /dev/shm
```

```
tmpfs                  489M    7.1M    482M    2%   /run
tmpfs                  489M    0       489M    0%   /sys/fs/cgroup
/dev/nvme0n1p1         1014M   155M    860M    16%  /boot
tmpfs                  98M     16K     98M     1%   /run/user/0
/dev/mapper/VG01-file  4.8G    20M     4.6G    1%   /file
```

现在已经成功创建逻辑卷 file 了，LVM 还支持对逻辑卷进行在线扩展，而且在线扩展不需要卸载正在使用的文件系统。

3. 扩展文件系统

LVM 可以在线扩展文件系统。需要注意的是，扩展文件系统的命令随文件系统类型的不同而有所变化，EXT 文件系统使用的命令是 resize2fs，XFS 文件系统使用的命令是 xfs_growfs。在线扩展文件系统如示例 7-10 所示。

【示例 7-10】

```
#查看文件系统使用情况
[root@localhost ~]# df -h
Filesystem              Size    Used    Avail   Use%    Mounted on
/dev/mapper/rhel-root   17G     3.1G    14G     19%     /
...
/dev/mapper/VG01-file   4.8G    3.5G    1.1G    76%     /file
#查看卷组空闲空间
[root@localhost ~]# vgdisplay
...
  --- Volume group ---
  VG Name               VG01
  System ID
  Format                lvm2
  Metadata Areas        2
  Metadata Sequence No  2
  VG Access             read/write
  VG Status             resizable
  MAX LV                0
  Cur LV                1
  Open LV               1
  Max PV                0
  Cur PV                2
  Act PV                2
  VG Size               39.99 GiB
  PE Size               4.00 MiB
  Total PE              10238
  Alloc PE / Size       1280 / 5.00 GiB
  Free  PE / Size       8958 / 34.99 GiB
  VG UUID               jhoBIP-YeJL-x281-i7Zo-9r6k-vx3t-oTGIwa
#扩展逻辑卷，将逻辑卷 file 的容量扩展 5GB（增加 5GB）
[root@localhost ~]# lvextend -L +5G /dev/VG01/file
  Size of logical volume VG01/file changed from 5.00 GiB (1280 extents) to 10.00 GiB (2560 extents).
  Logical volume VG01/file successfully resized.
#逻辑卷扩展完成后，还需要扩展文件系统
[root@localhost ~]# resize2fs /dev/VG01/file
resize2fs 1.42.9 (28-Dec-2013)
```

```
Filesystem at /dev/VG01/file is mounted on /file; on-line resizing required
old_desc_blocks = 1, new_desc_blocks = 2
The filesystem on /dev/VG01/file is now 2621440 blocks long.

[root@localhost ~]# df -h
Filesystem               Size    Used    Avail   Use%    Mounted on
/dev/mapper/rhel-root    17G     3.1G    14G     19%     /
devtmpfs                 473M    0       473M    0%      /dev
…
/dev/mapper/VG01-file    9.8G    3.5G    5.9G    38%     /file
```

从 df 命令的输出中可以看到，文件系统/file 已经成功进行了扩展。

7.4.3 使用 ssm 管理逻辑卷

ssm 全称为 System Storage Manager，是系统存储管理器，是一个功能强大的存储管理工具，也可用于管理逻辑卷。默认情况下 Red Hat Enterprise Linux 9 不会安装此工具，其安装和使用方法如示例 7-11 所示。

【示例 7-11】

```
#ssm工具已经包含在安装光盘中了
#挂载光盘就可以直接进行安装
[root@localhost ~]# mount /dev/cdrom /media/
mount: /dev/sr0 is write-protected, mounting read-only
[root@localhost ~]# cd /media/BaseOs/Packages/
[root@localhost Packages]# rpm -ivh system-storage-manager-1.2-2.el8.noarch.rpm
    Verifying...            ################################# [100%]
    准备中...               ################################# [100%]
    正在升级/安装...
      1:system-storage-manager-1.2-2.el8 ################################# [100%]
#使用ssm工具查看系统中硬盘使用情况
[root@localhost ~]# ssm list
#第一部分是物理设备
-----------------------------------------------------------------
Device          Free        Used        Total       Pool    Mount point
-----------------------------------------------------------------
/dev/sda                                20.00 GB            PARTITIONED
/dev/nvme0n1p1                          1.00 GB             /boot
/dev/sda2       0.00 KB     19.00 GB    19.00 GB    rhel
/dev/sdb                                20.00 GB
/dev/sdb1       10.00 GB    10.00 GB    20.00 GB    VG01
/dev/sdc                                20.00 GB
/dev/sdc1       20.00 GB    0.00 KB     20.00 GB    VG01
/dev/sdd                                20.00 GB
/dev/sdd1                               20.00 GB
-----------------------------------------------------------------
#第二部分是存储池
-----------------------------------------------------------------
Pool    Type    Devices     Free        Used        Total
-----------------------------------------------------------------
VG01    lvm     2           29.99 GB    10.00 GB    39.99 GB
```

```
rhel       lvm    1                 0.00 KB           19.00 GB       19.00 GB
----------------------------------------------------------------------
----------------------------------------------------------------------
Volume         Pool   Volume size   FS      FS size      Free        Type     Mount point
----------------------------------------------------------------------
/dev/rhel/root rhel   17.00GB       xfs     16.99GB      13.92 GB    linear   /
/dev/rhel/swap rhel   2.00GB                                         linear
/dev/VG01/file VG01   10.00GB       ext4    10.00GB      9.24 GB     linear   /file
/dev/nvme0n1p1        1.00GB        xfs     1014.00MB    891.40 MB   part     /boot

#创建物理卷
[root@localhost ~]# pvcreate /dev/sdd1
  Physical volume "/dev/sdd1" successfully created.
#将物理卷添加到卷组 VG01 中
[root@localhost ~]# ssm add -p VG01 /dev/sdd1
  Volume group "VG01" successfully extended
#在卷组 VG01 上创建一个新逻辑卷，大小为 2GB，名称为 lv1
#文件系统类型为 xfs，挂载到/lv1
[root@localhost ~]# ssm create -s 2G -n lv1 --fstype xfs -p VG01 /lv1
  Logical volume "lv1" created.
meta-data=/dev/VG01/lv1          isize=512    agcount=4, agsize=131072 blks
         =                       sectsz=512   attr=2, projid32bit=1
         =                       crc=1        finobt=0, sparse=0
data     =                       bsize=4096   blocks=524288, imaxpct=25
         =                       sunit=0      swidth=0 blks
naming   =version 2              bsize=4096   ascii-ci=0 ftype=1
log      =internal log           bsize=4096   blocks=2560, version=2
         =                       sectsz=512   sunit=0 blks, lazy-count=1
realtime =none                   extsz=4096   blocks=0, rtextents=0
#验证挂载
[root@localhost ~]# df -h
Filesystem              Size    Used    Avail   Use%    Mounted on
/dev/mapper/rhel-root   17G     3.1G    14G     19%     /
devtmpfs                473M    0       473M    0%      /dev
tmpfs                   489M    84K     489M    1%      /dev/shm
...
/dev/nvme0n1p1          1014M   155M    860M    16%     /boot
/dev/mapper/VG01-lv1    2.0G    33M     2.0G    2%      /lv1
#在现有基础上为 lv1 扩容 2GB
[root@localhost ~]# ssm resize -s +2G /dev/VG01/lv1
  Size of logical volume VG01/lv1 changed from 2.00 GiB (512 extents) to 4.00 GiB (1024 extents).
  Logical volume VG01/lv1 successfully resized.
meta-data=/dev/mapper/VG01-lv1   isize=512    agcount=4, agsize=131072 blks
         =                       sectsz=512   attr=2, projid32bit=1
         =                       crc=1        finobt=0 spinodes=0
data     =                       bsize=4096   blocks=524288, imaxpct=25
         =                       sunit=0      swidth=0 blks
naming   =version 2              bsize=4096   ascii-ci=0 ftype=1
log      =internal               bsize=4096   blocks=2560, version=2
         =                       sectsz=512   sunit=0 blks, lazy-count=1
realtime =none                   extsz=4096   blocks=0, rtextents=0
data blocks changed from 524288 to 1048576
#验证文件系统是否已扩展
[root@localhost ~]# df -h
```

```
Filesystem                Size    Used    Avail    Use%    Mounted on
/dev/mapper/rhel-root     17G     3.1G    14G      19%     /
devtmpfs                  473M    0       473M     0%      /dev
...
/dev/nvme0n1p1            1014M   155M    860M     16%     /boot
/dev/mapper/VG01-lv1      4.0G    33M     4.0G     1%      /lv1
#删除逻辑卷
[root@localhost ~]# umount /lv1
[root@localhost ~]# ssm remove /dev/VG01/lv1
Do you really want to remove active logical volume VG01/lv1? [y/n]: y
  Logical volume "lv1" successfully removed
```

7.5 使用 gnome-disk-utility 磁盘工具

gnome-disk-utility 是 Gnome 桌面下自带的一个磁盘应用工具，可用于在图形化界面中管理磁盘。

7.5.1 gnome-disk-utility 的简介

gnome-disk-utility 应用于 Gnome 桌面环境，已经在 Red Hat Enterprise Linux 9 中默认安装。可以使用 gnome-disk 命令打开该工具，也可以在桌面左上角依次单击【活动】|【显示应用程序】|【工具】|【磁盘】命令打开这个工具，其界面如图 7.2 所示。

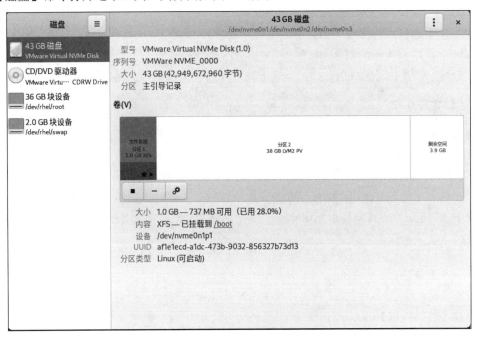

图 7.2　磁盘工具界面

在磁盘工具界面的左侧是系统中的磁盘列表，选中其中的磁盘，右侧将显示该磁盘的基本情况，包括分区表、挂载信息等。

7.5.2 管理磁盘

利用 gnome-disk-utility 磁盘管理工具可以完成一些日常管理任务。在本小节中将介绍如何对磁盘进行分区、挂载等。

1. 磁盘分区

打开磁盘工具，在左侧选中未分区的磁盘，然后在右侧单击 按钮添加分区，此时将弹出【创建分区】对话框，如图 7.3 所示。

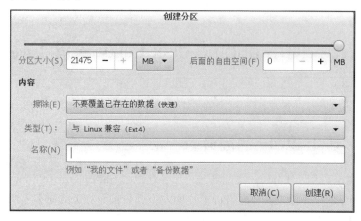

图 7.3 【创建分区】对话框

在【分区大小】中选择分区的大小，或者移动上方的滚动条选择分区大小。在【内容】选项组中选择擦除方式（用于清除磁盘中的数据）、分区类型和名称（卷标），最后单击【创建】按钮即可创建分区。创建分区完成后，该工具还会按之前的选择自动创建文件系统。

2. 挂载文件系统

分区和文件系统创建完成后，就可以挂载并使用文件系统了。在磁盘工具右侧界面中单击 按钮，在弹出的快捷菜单中选择【编辑挂载选项】命令，将弹出【挂载选项】对话框，如图 7.4 所示。

将【挂载选项】对话框中的【自动挂载选项】设置为关闭，然后在【挂载点】中输入需要挂载的目录，单击【确定】按钮，即可完成挂载选项设置。需要注意的是，虽然挂载选项已经设置，但是需要下次启动才能生效，可以使用 mount -a 命令立即挂载，或选中分区单击 ▶ 按钮立即挂载。

3. 性能测试

gnome-disk-utility 还提供了一个非常实用的功能——性能测试，在生产环境中可以使用此工具评估磁盘的性能。性能测试可以在右侧界面中选择需要测试的分区，然后单击更多按钮，在弹出的菜单中选择【性能测试】命令。

在弹出的【性能测试】对话框中单击【开始性能测试】按钮，将弹出性能测试设置对话框。在性能测试设置对话框中可以设置测试的相关参数，一般快速测试无须修改这些参数，单击【开始性能测试】按钮即可开始测试。测试完成后会以图表的形式显示测试结果，如图 7.5 所示。

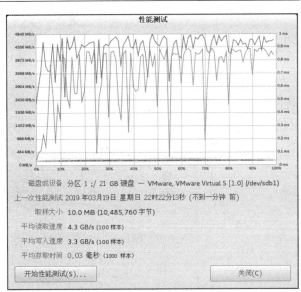

图 7.4 【挂载选项】对话框　　　　图 7.5 性能测试结果

需要说明的是，性能测试只能反映磁盘某些方面的性能，无法真实反映磁盘在生产环境中的性能，这是因为该工具不能按生产环境中的实际情况来测试磁盘。

7.6　使用 GParted 分区编辑器

GParted 是 Linux 系统中一款功能非常强大的分区软件，其功能与 Windows 系统中的魔术分区类似。GParted 能非常轻松地创建、删除分区，还支持对分区大小进行调整。

7.6.1　安装 GParted

GParted 有两种使用方法，其一是使用 LiveCD 的方式启动，其二是将 GParted 安装到系统中，这里主要介绍第二种方法。

目前 GParted 可以通过多种方法安装到 Red Hat Enterprise Linux 9 中，常见的方法有两种：一种是利用 YUM 等工具自动安装 RPM 包；另一种是利用源代码自动编译安装。由于使用源代码自动编译安装相对较为复杂，因此本例采用 YUM 工具进行安装。使用 YUM 工具安装 GParted 如示例 7-12 所示。

【示例 7-12】

```
#安装 epel-release
[root@localhost ~]# subscription-manager repos --enable codeready-builder-for-rhel-9-$(arch)-rpms
[root@localhost ~]# dnf install https://dl.fedoraproject.org/pub/epel/epel-release-latest-9.noarch.rpm -y
#安装 Gparted
[root@localhost ~]# yum install gparted
```

注意：只有注册到 Red Hat 网络，才能使用 YUM 工具安装 GParted。

由于 GParted 是一个图形界面下的工具，因此可以通过在图形界面终端中输入命令 gparted 来运行 GParted。除此之外，还可以依次单击桌面左上角的【活动】|【显示应用程序】|【GParted】命令来运行 GParted，其界面如图 7.6 所示。

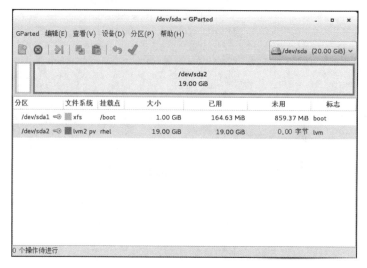

图 7.6　GParted 界面

7.6.2　创建分区

利用 GParted 工具可以进行创建分区、格式化分区等操作，还可以利用 GParted 恢复磁盘上的数据。创建分区时，先在 GParted 工具栏的右侧选中需要操作的设备，也可以在菜单栏中依次单击【GParted】|【设备】命令，在显示的设备列表中选择设备。选中设备之后就可以在设备空间示意图或下方的分区列表中右击，在弹出的快捷菜单中选择【新建】命令，将会弹出【创建新分区】对话框，如图 7.7 所示。

图 7.7　【创建新分区】对话框

在【创建新分区】对话框中，为新分区选择合适的大小和文件系统格式，单击【添加】按钮即可添加新分区。需要注意的是，此时的分区方案只保存在 GParted 中，还未写入磁盘中。要将分区方案保存到磁盘，可以在菜单栏中依次单击【编辑】|【应用全部操作】命令，系统将弹出"数

据会丢失"的警告,确认之后就可以将分区方案保存到磁盘中。

7.6.3 格式化分区

利用 GParted 格式化分区,这在 Linux 系统中通常被称为创建文件系统。同创建分区一样,创建文件系统也要先选中需要操作的设备,在工具栏的右侧列表中选中需要操作的设备,然后在分区列表中选中需要格式化的分区,再右击,在弹出的快捷菜单中选择【格式化为】命令,之后选择需要创建的文件系统类型即可。

虽然为分区选择了格式化命令和文件系统类型,但是 GParted 仍然不会立即执行操作,要执行操作可以在菜单栏中依次单击【编辑】|【应用全部操作】命令,确认之后就可以完成格式化分区操作。

7.6.4 激活分区

为磁盘创建分区方案之后,如果需要安装操作系统,还需要激活引导分区,激活的目的是让该分区可以引导系统。激活分区首先在工具栏右侧的设备列表中选择要操作的设备,然后在分区列表中找到需要激活的分区,再右击,在弹出的快捷菜单中选择管理标志,在弹出的对话框中选中 boot,最后单击【关闭】按钮即可激活分区。

7.7 范例——监控硬盘空间

实际应用中需要定时检测磁盘空间,在超过指定阈值后告警,然后提前删除不必要的文件,避免因为程序"满"了而发生服务器宕机问题。示例 7-13 演示了如何在单机情况下监控硬盘空间。如果管理的服务器很多,需要批量部署检测程序,在磁盘即将满时及时发出警报。

【示例 7-13】

```
[root@localhost logs]#cat  -n diskMon.sh
    1  #!/bin/sh
    2  #用于记录执行日志
    3  function LOG()
    4  {
    5     echo "["$(/bin/date +%Y-%m-%d" "%H:%M:%S -d "0 days ago")"]" $1
    6  }
    7  #告警发送详细逻辑,此处为演示
    8  function sendmsg()
    9  {
   10        echo    sendmsg
   11  }
   12  #主处理逻辑
   13  function process()
   14  {
   15  /bin/df -h |sed -e '1d'| while read  Filesystem Size  Used Avail Use Mounted
```

```
16  do
17
18      LOG "$Filesystem Use $Use"
19      Use=`echo $Use|awk -F '%' '{print $1}'`
20      if [ $Use -gt 80 ]
21      then
22          sendmsg mobilenumber "alarm conent"
23      fi
24  done
25  }
26
27  function main()
28  {
29      process
30  }
31
32  LOG "process start"
33  main
34  LOG "process end"
```

7.8 小　　结

文件系统用于存储文件、目录、链接及文件相关信息等，Linux 文件系统以"/"为最顶层，所有的文件和目录都在"/"下。作为操作系统必备的构成，文件系统需要通过磁盘管理来构建。本章主要介绍了 Linux 磁盘管理的相关知识点，如磁盘管理的常用命令、磁盘冗余阵列、LVM 管理工具、图形化磁盘管理等，最后通过一个范例演示了如何通过监控及时发现磁盘空间问题。通过本章内容，读者可以快速掌握 Linux 磁盘管理的方法。

7.9 习　　题

一、填空题

1. 为了让挂载重启后也生效，可以将挂载信息写入文件_____。

2. 完成硬盘分区以后要进行硬盘的格式化，_____系列对应的命令用于将硬盘格式化为指定格式的文件系统。

二、选择题

1. 以下关于交换空间描述不正确的是（　　）。

  A. 如果系统需要更多的内存资源，而物理内存已经用尽，那么内存中不活跃的页就会被交换到交换空间中

  B. 交换空间位于硬盘上，因为空间大，所以速度比物理内存快

  C. 交换空间的总大小一般设置为计算机物理内存的两倍

D. 大量使用交换空间可能降低系统的 I/O 性能

2. 以下关于磁盘冗余阵列（RAID）描述正确的是（　　）。
   A. RAID 的基本目的是把多个硬盘分布在不同的计算机上
   B. RAID 技术有两种：硬件 RAID 和软件 RAID
   C. RAID 分为各种级别，比较常见的有 RAID 0、RAID 1、RAID 2、RAID 3 和 RAID 5
   D. 组建 RAID 5 至少需要 5 块硬盘

第 8 章

Linux 网络管理

Linux 系统在服务器市场占有很大的份额，尤其是在互联网时代，要使用计算机就离不开网络。本章将讲解 Linux 系统的网络管理和配置，并介绍一些基本的网络原理。

本章涉及的主要知识点有：

- 网络管理协议
- 常用的网络管理命令
- Linux 的网络配置方法
- 动态主机配置协议 DHCP
- 域名系统 DNS

8.1 网络管理协议

要了解 Linux 的配置，首先需要了解相关的网络管理，本节主要介绍和网络配置密切相关的 TCP/IP、UDP 和 ICMP。

8.1.1 TCP/IP 的简介

计算机网络是由地理上分散的、具有独立功能的多台计算机，通过通信设备和线路互相连接起来，在配有相应的网络软件的情况下，实现计算机之间的通信和资源共享的系统。计算机网络按其所跨越的地理范围可分为局域网（Local Area Network，LAN）和广域网（Wide Area Network，WAN）。在整个计算机网络通信中，使用最为广泛的通信协议便是 TCP/IP，它是网络互连事实上的标准协议，每个接入互联网的计算机如果进行信息传输就必然使用该协议。TCP/IP 主要包含传输控制协议（Transmission Control Protocol，TCP）和网际协议（Internet Protocol，IP）。

1. TCP/IP 协议体系结构

计算机网络可实现计算机之间的通信，任何双方要成功地进行通信，都必须遵守一定的信息交换规则和约定。在所有的网络中，每一层的目的都是向上一层提供一定的服务，同时利用下一层所提供的功能。TCP/IP 协议体系在和 OSI 协议体系的竞争中取得了决定性的胜利，得到了广泛的认可，成为事实上的网络协议体系标准。Linux 系统采用 TCP/IP 体系结构进行网络通信。TCP/IP 协议体系和 OSI 参考模型一样，也是一种分层结构，由基于硬件层次上的 4 个概念性层次构成，即网络接口层、网际互联层、传输层和应用层。OSI 参考模型与 TCP/IP 协议的对比如图 8.1 所示。

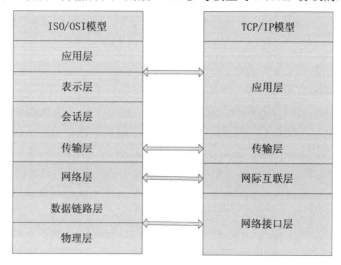

图 8.1 OSI 参考模型与 TCP/IP 协议对比

- 网络接口层主要为上层提供服务，完成链路控制等功能。
- 网际互联层主要解决主机与主机之间的通信问题，主要协议有网际协议（IP）、地址解析协议（ARP）、反向地址解析协议（RARP）和互联网控制报文协议（ICMP）。
- 传输层为应用层提供端到端的通信功能，同时提供流量控制，确保数据完整和正确。TCP 位于该层，提供一种可靠的、面向连接的数据传输服务；与此对应的是 UDP，提供不可靠的、无连接的数据报传输服务。
- 应用层对应于 OSI 参考模型中的上面 3 层，为用户提供所需要的各种应用服务，如 FTP、Telnet、DNS、SMTP 等。

TCP/IP 协议体系及其实现中有很多概念和术语，为方便理解，下面集中介绍一些常用的概念与术语。

2. 常用的概念和术语

（1）包

包（packet）是网络上传输的数据片段，也称为分组、数据包或封包，同时称为 IP 数据包。用户数据按照规定划分为大小适中的若干组，每个组加上包头构成一个包，这个过程称为封装。网络上使用包为传输单位。包是一种统称，在不同的层次，包有不同的名字，如在 TCP/IP 中称为帧，而在 IP 层称为 IP 数据包、在 TCP 层称为 TCP 报文等。IP 数据包格式如图 8.2 所示。

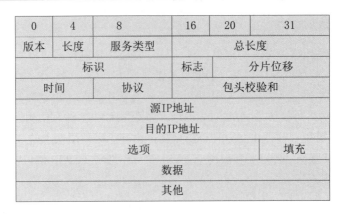

图 8.2　IP 数据包格式

（2）网络字节顺序

由于不同体系结构的计算机存储数据的格式和顺序都不一样，因此要使用互联网互连必须定义一个数据的表示标准。例如，一台计算机发送一个 32 位的整数至另外一台计算机，由于各机器上存储整数的字节顺序可能不一样，因此按照源计算机的格式发送到目的主机可能会改变数字的值。TCP/IP 定义了一种所有机器在互联网分组的二进制字段中必须使用的网络标准字节顺序（Network Standard Byte Order），与此对应的是主机字节顺序，主机字节顺序是和各个主机密切相关的。传输时需要遵循以下转换规则：主机字节顺序→网络字节顺序→主机字节顺序。也就是说，发送方将主机字节顺序的整数转换为网络字节顺序，然后发送出去；接收方收到数据后将网络字节顺序的整数转换为自己的主机字节顺序，然后再做处理。

（3）地址解析协议

TCP/IP 网络使用 IP 地址寻址，IP 包在 IP 层实现路由选择。但是 IP 包在数据链路层的传输却需要知道设备的物理地址（通常称为 MAC 地址，也是网卡的硬件地址），因此需要一种 IP 地址到物理地址的转换协议。TCP/IP 协议栈使用一种动态绑定技术来实现一种维护起来既高效又容易的机制，这就是地址解析协议（ARP）。

ARP 是在以太网这种有广播能力的网络中解决地址转换问题的方法。这种办法允许在不重新编译代码、不需维护一个集中式数据库的情况下，在网络中动态增加新机器。其原理简单描述为：当主机 A 想转换某一 IP 地址时，通过向网络中广播一个专门的报文分组，要求具有该 IP 地址的主机以其物理地址做出应答，所有主机都收到这个请求，但是只有符合条件的主机才辨认该 IP 地址，同时发回一个应答，应答中包含其物理地址，主机 A 收到应答时便知道该 IP 地址对应的物理硬件地址，并使用这个地址直接把数据分组发送出去。

8.1.2　UDP 与 ICMP 的简介

UDP（User Datagram Protocol）是一种无连接的传输层协议，主要用于不要求分组顺序到达的传输，分组传输顺序的检查与排序由应用层完成，提供面向事务的简单不可靠信息传送服务。由于 UDP 不提供数据包分组、组装和不能对数据包进行排序的缺点，当报文发送之后，是无法得知是否安全完整到达的；同时流量不易控制，如果网络质量较差，则 UDP 协议数据包丢失会比较严重。但 UDP 协议具有资源消耗小、处理速度快的优点。

ICMP 是 Internet Control Message Protocol（Internet 控制报文协议）的缩写，它是 TCP/IP 协议簇的一个子协议，用于在 IP 主机、路由器之间传递控制消息。控制消息是指网络通不通、主机是否可达、路由是否可用等网络本身的消息。例如，经常使用的用于检查网络通不通的 ping 命令，ping 的过程实际上就是 ICMP 工作的过程。ICMP 唯一的功能是报告问题而不是纠正错误，纠正错误的任务由发送方完成。

8.2 网络管理命令

在进行网络配置之前首先需要了解网络管理命令的用法，本节主要介绍网络管理中常用的命令。

8.2.1 检查网络是否通畅或网络连接速度的 ping 命令

ping 命令常常用来测试目标主机或域名是否可达，通过发送 ICMP 数据包到网络主机，显示响应情况，并根据输出信息来确定目标主机或域名是否可达。ping 的结果通常情况下是可信的，但是有些服务器可以设置禁止 ping，从而使 ping 的结果并不完全可信。ping 命令常用的参数说明如表 8.1 所示。

表8.1 ping命令常用的参数说明

参　　数	说　　　　明
-d	使用 Socket 的 SO_DEBUG 功能
-f	极限检测。大量且快速地传送网络数据包给一台机器，看其回应
-n	只输出数值
-q	不显示任何传送数据包的信息，只显示最后的结果
-r	忽略普通的 Routing Table，直接将数据包发送到远端主机上
-R	记录路由过程
-v	详细显示指令的执行过程
-c	在发送指定数目的数据包后停止
-i	设定间隔几秒发送一个网络数据包给一台机器，预设值是一秒发送一次
-I	使用指定的网络接口送出数据包
-l	设置在送出要求信息之前先行发出的数据包
-p	设置填满数据包的范本样式
-s	指定发送的数据字节数
-t	设置存活数值 TTL 的大小

Linux 下 ping 命令不会自动终止，需要按 Ctrl+C 组合键终止或用参数 -c 指定要求完成的回应次数。

ping 命令常见的用法如示例 8-1 所示。

【示例 8-1】

```
#目的地址可以ping通
#在本例中ping通 4 次后按 Ctrl+C 组合键，否则将继续执行ping操作
```

```
[root@localhost ~]# ping 192.168.3.100
PING 192.168.3.100 (192.168.3.100) 56(84) bytes of data.
64 bytes from 192.168.3.100: icmp_seq=1 ttl=64 time=1.15 ms
64 bytes from 192.168.3.100: icmp_seq=2 ttl=64 time=1.11 ms
64 bytes from 192.168.3.100: icmp_seq=3 ttl=64 time=1.04 ms
64 bytes from 192.168.3.100: icmp_seq=4 ttl=64 time=1.03 ms
^C
--- 192.168.3.100 ping statistics ---
4 packets transmitted, 4 received, 0% packet loss, time 3005ms
rtt min/avg/max/mdev = 1.039/1.089/1.156/0.048 ms
#目的地址 ping 不通的情况
[root@localhost ~]# ping 192.168.3.102
PING 192.168.3.102 (192.168.3.102) 56(84) bytes of data.
From 192.168.3.100 icmp_seq=1 Destination Host Unreachable
From 192.168.3.100 icmp_seq=2 Destination Host Unreachable
From 192.168.3.100 icmp_seq=3 Destination Host Unreachable
^C
--- 192.168.3.102 ping statistics ---
4 packets transmitted, 0 received, +3 errors, 100% packet loss, time 3373ms
#ping 指定次数
[root@localhost ~]# ping -c 1 192.168.3.100
PING 192.168.3.100 (192.168.3.100) 56(84) bytes of data.
64 bytes from 192.168.3.100: icmp_seq=1 ttl=64 time=0.235 ms

--- 192.168.3.100 ping statistics ---
1 packets transmitted, 1 received, 0% packet loss, time 0ms
rtt min/avg/max/mdev = 0.235/0.235/0.235/0.000 ms
#指定时间间隔和次数限制的 ping
[root@localhost ~]# ping -c 3 -i 0.01 192.168.3.100
PING 192.168.3.100 (192.168.3.100) 56(84) bytes of data.
64 bytes from 192.168.3.100: icmp_seq=1 ttl=64 time=0.247 ms
64 bytes from 192.168.3.100: icmp_seq=2 ttl=64 time=0.030 ms
64 bytes from 192.168.3.100: icmp_seq=3 ttl=64 time=0.026 ms

--- 192.168.3.100 ping statistics ---
3 packets transmitted, 3 received, 0% packet loss, time 20ms
rtt min/avg/max/mdev = 0.026/0.101/0.247/0.103 ms
#ping 外网域名
[root@localhost ~]# ping  -c 2 www.php.net
PING www.php.net (69.147.83.199) 56(84) bytes of data.
64 bytes from www.php.net (69.147.83.199): icmp_seq=1 ttl=50 time=212 ms
64 bytes from www.php.net (69.147.83.199): icmp_seq=2 ttl=50 time=212 ms

--- www.php.net ping statistics ---
2 packets transmitted, 2 received, 0% packet loss, time 1001ms
rtt min/avg/max/mdev = 210.856/210.885/210.914/0.029 ms
```

除以上示例之外，ping 的各个参数还可以结合使用，读者可上机练习。

8.2.2 配置网络或显示当前网络接口状态的 ifconfig 命令

ifconfig 命令可以用于查看、配置、启用或禁用指定网络接口（即网卡），如配置网卡的 IP 地址、掩码、广播地址、网关等，Windows 中类似的命令为 ipconfig。ifconfig 命令的语法如下：

```
#ifconfig interface [[-net -host] address [parameters]]
```

其中，interface 是网络接口名，address 是分配给指定接口的主机名或 IP 地址。-net 和-host 参数分别告诉 ifconfig 将这个地址作为网络号和主机地址。ifconfig 常见的用法如示例 8-2 所示。

【示例 8-2】

```
#查看网卡基本信息
[root@localhost ~]# ifconfig
[root@localhost ~]# ifconfig
...
ens38: flags=4163<UP,BROADCAST,RUNNING,MULTICAST>  mtu 1500
        inet 192.168.10.149  netmask 255.255.255.0  broadcast 192.168.10.255
        inet6 fd7e:9e08:7904::a43  prefixlen 128  scopeid 0x0<global>
        inet6 fe80::561a:20fc:e76a:8f24  prefixlen 64  scopeid 0x20<link>
        inet6 fd7e:9e08:7904:0:4c5f:fd5:e889:f523  prefixlen 64  scopeid 0x0<global>
        ether 00:0c:29:bc:89:70  txqueuelen 1000  (Ethernet)
        RX packets 7677  bytes 6231976 (5.9 MiB)
        RX errors 0  dropped 0  overruns 0  frame 0
        TX packets 2256  bytes 233705 (228.2 KiB)
        TX errors 0  dropped 0 overruns 0  carrier 0  collisions 0

lo: flags=73<UP,LOOPBACK,RUNNING>  mtu 65536
        inet 127.0.0.1  netmask 255.0.0.0
        inet6 ::1  prefixlen 128  scopeid 0x10<host>
        loop  txqueuelen 1  (Local Loopback)
        RX packets 210  bytes 18734 (18.2 KiB)
        RX errors 0  dropped 0  overruns 0  frame 0
        TX packets 210  bytes 18734 (18.2 KiB)
        TX errors 0  dropped 0 overruns 0  carrier 0  collisions 0

virbr0: flags=4099<UP,BROADCAST,MULTICAST>  mtu 1500
        inet 192.168.122.1  netmask 255.255.255.0  broadcast 192.168.122.255
        ether 52:54:00:15:7d:69  txqueuelen 1000  (Ethernet)
        RX packets 0  bytes 0 (0.0 B)
        RX errors 0  dropped 0  overruns 0  frame 0
        TX packets 0  bytes 0 (0.0 B)
        TX errors 0  dropped 0 overruns 0  carrier 0  collisions 0
#命令后面可接网络接口，用于查看指定网络接口的信息
[root@localhost ~]# ifconfig ens38
ens38: flags=4163<UP,BROADCAST,RUNNING,MULTICAST>  mtu 1500
        inet 192.168.10.149  netmask 255.255.255.0  broadcast 192.168.10.255
        inet6 fd7e:9e08:7904::a43  prefixlen 128  scopeid 0x0<global>
        inet6 fe80::561a:20fc:e76a:8f24  prefixlen 64  scopeid 0x20<link>
        inet6 fd7e:9e08:7904:0:4c5f:fd5:e889:f523  prefixlen 64  scopeid 0x0<global>
        ether 00:0c:29:bc:89:70  txqueuelen 1000  (Ethernet)
        RX packets 7704  bytes 6234076 (5.9 MiB)
        RX errors 0  dropped 0  overruns 0  frame 0
        TX packets 2276  bytes 238783 (233.1 KiB)
        TX errors 0  dropped 0 overruns 0  carrier 0  collisions 0
```

由上述信息可知，lo 为本地环回接口；IP 地址固定为 127.0.0.1；子网掩码为 8 位，表示本机；virbr0 是一个虚拟桥接网络，主要用于虚拟主机；ens38 为以太网接口。对于 ens38 说明如下：

- 第 1 行：表示连接状态，UP 表示此网络接口为启用状态，RUNNING 表示网卡设备已连接，MULTICAST 表示支持组播，mtu 为数据包最大传输单元。
- 第 2 行：IPv4 地址信息，依次为 IP 地址、子网掩码、广播地址。
- 第 3~5 行：IPv6 地址信息。
- 第 6 行：网卡的硬件地址（MAC 地址），Ethernet 表示连接类型为以太网。
- 第 7~10 行：接收和发送数据包统计情况、异常数据包统计情况，如接收包的数量、大小。collisions 表示发送冲突次数。

设置 IP 地址可以使用以下命令：

```
#设置网卡 IP 地址
[root@localhost ~]# ifconfig ens38:5 192.168.1.10 netmask 255.255.255.0 up
```

设置完后使用 ifconifg 命令查看，可以看到两个网卡信息，即 ens38 和 ens38:5。该方法设置的 IP 地址保持源地址不变，需新建一个新的网卡节点对它进行配置。若继续设置其他 IP，则可使用类似的方法，如示例 8-3 所示。

【示例 8-3】

```
#更改网卡的 MAC 地址
[root@localhost ~]# ifconfig ens38:5 hw ether 00:0c:29:bc:89:77
[root@localhost ~]# ifconfig ens38:5
ens38:5: flags=4163<UP,BROADCAST,RUNNING,MULTICAST>  mtu 1500
        inet 192.168.1.10  netmask 255.255.255.0  broadcast 192.168.1.255
        ether 00:0c:29:bc:89:77  txqueuelen 1000  (Ethernet)
#将某个网络接口禁用
[root@localhost ~]# ifconfig ens38:5 192.168.1.10 netmask 255.255.255.0 up
[root@localhost ~]# ifconfig ens38:5 down
[root@localhost ~]# ifconfig
ens33: flags=4163<UP,BROADCAST,RUNNING,MULTICAST>  mtu 1500
        ether 00:0c:29:bc:89:66  txqueuelen 1000  (Ethernet)
        RX packets 88  bytes 11295 (11.0 KiB)
        RX errors 0  dropped 0  overruns 0  frame 0
        TX packets 28  bytes 3809 (3.7 KiB)
        TX errors 0  dropped 0  overruns 0  carrier 0  collisions 0

ens38: flags=4163<UP,BROADCAST,RUNNING,MULTICAST>  mtu 1500
        inet 192.168.10.149  netmask 255.255.255.0  broadcast 192.168.10.255
        inet6 fd7e:9e08:7904::a43  prefixlen 128  scopeid 0x0<global>
        inet6 fe80::561a:20fc:e76a:8f24  prefixlen 64  scopeid 0x20<link>
        inet6 fd7e:9e08:7904:0:4c5f:fd5:e889:f523  prefixlen 64  scopeid 0x0<global>
        ether 00:0c:29:bc:89:77  txqueuelen 1000  (Ethernet)
        RX packets 8143  bytes 6268359 (5.9 MiB)
        RX errors 0  dropped 0  overruns 0  frame 0
        TX packets 2580  bytes 270918 (264.5 KiB)
        TX errors 0  dropped 0  overruns 0  carrier 0  collisions 0

lo: flags=73<UP,LOOPBACK,RUNNING>  mtu 65536
        inet 127.0.0.1  netmask 255.0.0.0
        inet6 ::1  prefixlen 128  scopeid 0x10<host>
        loop  txqueuelen 1  (Local Loopback)
```

```
            RX packets 210  bytes 18734 (18.2 KiB)
            RX errors 0  dropped 0  overruns 0  frame 0
            TX packets 210  bytes 18734 (18.2 KiB)
            TX errors 0  dropped 0 overruns 0  carrier 0  collisions 0

virbr0: flags=4099<UP,BROADCAST,MULTICAST>  mtu 1500
            inet 192.168.122.1  netmask 255.255.255.0  broadcast 192.168.122.255
            ether 52:54:00:15:7d:69  txqueuelen 1000  (Ethernet)
            RX packets 0  bytes 0 (0.0 B)
            RX errors 0  dropped 0  overruns 0  frame 0
            TX packets 0  bytes 0 (0.0 B)
            TX errors 0  dropped 0 overruns 0  carrier 0  collisions 0
```

除以上功能之外，ifconfig 还可以设置网卡的 MTU。以上设置会在重启后丢失，如需重启后依然生效，则可以设置网络接口文件为永久生效。有关更多使用方法的细节，可以执行命令 man ifconfig 参考联机的帮助文件。

8.2.3 显示添加或修改路由表的 route 命令

route 命令用于查看或编辑计算机的 IP 路由表。route 命令的语法如下：

```
route [-f] [-p] [command [destination] [mask netmask] [gateway] [metric][ [dev] If ]
```

参数说明如下：

- command：指定想要进行的操作，如 add、change、delete、print。
- destination：指定该路由的网络目标。
- mask netmask：指定与网络目标相关的子网掩码。
- gateway：网关。
- metric：为路由指定一个整数成本指标，以便在路由表的多个路由中进行选择时使用。
- dev：为可以访问目标的网络接口指定接口索引。

route 命令的使用方法如示例 8-4 所示。

【示例 8-4】

```
#显示所有路由表
[root@localhost ~]# route -n
Kernel IP routing table
Destination     Gateway         Genmask         Flags Metric Ref    Use Iface
0.0.0.0         192.168.10.100  0.0.0.0         UG    100    0        0 ens38
192.168.10.0    0.0.0.0         255.255.255.0   U     100    0        0 ens38
192.168.122.0   0.0.0.0         255.255.255.0   U     0      0        0 virbr0
#添加一条路由：发往 192.168.60 这个网段的全部数据都要经过网关 192.168.10.50
[root@localhost ~]# route add -net 192.168.60.0 netmask 255.255.255.0 gw 192.168.10.50
#删除一条路由，删除的时候不需要网关
[root@localhost ~]# route del -net 192.168.60.0 netmask 255.255.255.0
```

8.2.4 复制文件至其他系统的 scp

如果本地主机需要和远程主机进行数据迁移或文件传送,可以使用 ftp 命令或搭建 Web 服务,另外可选的方法有 scp 和 rsync。scp 命令可以将本地文件传送到远程主机或从远程主机拉取文件到本地路径,其一般语法如下所示。(注意,由于各个发行版不同,scp 语法也不尽相同,具体使用方法可查看系统帮助。)

```
scp [-1245BCpqrv] [-c cipher] [F ssh_config] [-I identity_file] [-l limit] [-o ssh_option] [-P port] [-S program] [[user@]host1:]file1 […] [[suer@]host2:]file2
```

scp 命令执行成功时返回 0,失败或有异常时则返回非 0 的值,常用参数说明如表 8.2 所示。

表8.2 scp命令常用参数说明

参数	说明
-P	指定远程连接端口
-q	关闭进度参数
-r	递归地复制整个文件夹
-V	冗余模式。打印调试信息和问题定位

scp 命令的使用方法如示例 8-5 所示。

【示例 8-5】

```
#将本地文件传送至远程主机 172.16.15.70 的/root 路径下
[root@localhost ~]# scp -P 12345 nginx-1.2.9.tar.gz root@172.16.15.70:/root/
The authenticity of host '[172.16.15.70]:12345 ([172.16.15.70]:12345)' can't be established.
RSA key fingerprint is f9:c1:62:b0:14:70:15:ff:c4:32:8f:ef:91:24:73:f9.
Are you sure you want to continue connecting (yes/no)? yes
Warning: Permanently added '[172.16.15.70]:12345' (RSA) to the list of known hosts.
root@172.16.15.70's password:
nginx-1.2.9.tar.gz                              100%  73KB  73.3KB/s   00:00
#拉取远程主机文件至本地路径
[root@localhost soft]# scp -P12345 root@172.16.15.70:/root/nginx-1.2.9.tar.gz ./
root@172.16.15.70's password:
nginx-1.2.9.tar.gz                              100%  73KB  73.3KB/s   00:00
#如需传送目录,可以使用参数 r
[root@localhost soft]# scp -r -P12345 root@172.16.15.70:/usr/local/apache2 .
root@172.16.15.70's password:
logresolve.8             100% 1407     1.4KB/s   00:00
rotatelogs.8             100% 5334     5.2KB/s   00:00
#部分结果省略
#将本地目录传送至远程主机指定目录
[root@localhost soft]# scp -r apache2 root@172.16.16.70:/data
root@172.16.16.70's password:
logresolve.8         100% 1407     1.4KB/s   00:00
rotatelogs.8         100% 5334     5.2KB/s   00:00
#部分结果省略
```

8.2.5 复制文件至其他系统的 rsync 命令

rsync 是 Linux 系统下常用的数据镜像备份工具，用于在不同的主机之间同步文件。除了单个文件之外，rsync 还可以镜像保存整个目录树和文件系统，可以增量同步，并保持文件原来的属性，如权限、时间戳等。rsync 在数据传输过程中是加密的，保证了数据的安全性。rsync 命令的语法如下：

```
Usage: rsync [OPTION]... SRC [SRC]... DEST
   or  rsync [OPTION]... SRC [SRC]... [USER@]HOST:DEST
   or  rsync [OPTION]... SRC [SRC]... [USER@]HOST::DEST
   or  rsync [OPTION]... SRC [SRC]... rsync://[USER@]HOST[:PORT]/DEST
   or  rsync [OPTION]... [USER@]HOST:SRC [DEST]
   or  rsync [OPTION]... [USER@]HOST::SRC [DEST]
   or  rsync [OPTION]... rsync://[USER@]HOST[:PORT]/SRC [DEST]
```

参数说明如下：

- OPTION：可以指定某些选项，如压缩传输、是否递归传输等。
- SRC：为本地目录或文件。
- USER 和 HOST：表示可以登录远程服务的用户名和主机。
- DEST：表示远程路径。

rsync 命令常用参数说明如表 8.3 所示。由于参数众多，因此这里只列出部分有代表性的参数。

表8.3 rsync命令常用参数说明

参数	说明
-v	详细输出模式
-q	精简输出模式
-c	打开校验开关，强制对文件传输进行校验
-a	归档模式，表示以递归方式传输文件，并保持所有文件属性，等于-rlptgoD
-r	对子目录以递归模式进行处理
-R	使用相对路径信息
-p	保持文件权限
-o	保持文件属主信息
-g	保持文件属组信息
-t	保持文件时间信息
-n	指定哪些文件将被传输
-W	复制文件，不进行增量检测
-e	指定使用 rsh、ssh 方式进行数据同步
--delete	删除那些 DST 中的 SRC 没有的文件
--timeout=TIME	IP 超时时间，单位为秒
-z	对备份的文件在传输时进行压缩处理
--exclude=PATTERN	指定排除不需要传输的文件模式
--include=PATTERN	指定不排除而需要传输的文件模式
--exclude-from=FILE	排除 FILE 中指定模式的文件
--include-from=FILE	不排除 FILE 指定模式匹配的文件

(续表)

参　　数	说　　明
--version	打印版本信息
-address	绑定到特定的地址
--config=FILE	指定其他的配置文件，不使用默认的 rsyncd.conf 文件
--port=PORT	指定其他的 rsync 服务端口
--progress	在传输时实现传输过程
--log-format=format	指定日志文件格式
--password-file=FILE	从 FILE 中得到密码

rsync 命令的使用方法如示例 8-6 所示。

【示例 8-6】

```
#传送本地文件到远程主机
[root@localhost ~]# rsync -av --port 873 nginx-1.2.9.tar.gz rsync@172.16.45.17::share
Password:
sending incremental file list
nginx-1.2.9.tar.gz

sent 75104 bytes  received 27 bytes  11558.62 bytes/sec
total size is 75014  speedup is 1.00
#传送目录至远程主机
[root@localhost ~]# rsync -avz --port 873 soft rsync@172.16.45.17::share
Password:
sending incremental file list
soft/
soft/nginx-1.2.9.tar.gz
soft/tt
soft/vim-7.4.tar.bz2

sent 10000036 bytes  received 69 bytes  2222245.56 bytes/sec
total size is 9996453  speedup is 1.00
#拉取远程文件至本地路径
[root@localhost data]# rsync --port 873 -avz rsync@172.16.45.17::share/nginx-1.2.9.tar.gz ./
Password:
receiving incremental file list
nginx-1.2.9.tar.gz

sent 75 bytes  received 75191 bytes  21504.57 bytes/sec
total size is 75014  speedup is 1.00
#拉取远程目录至本地路径
[root@localhost data]# rsync --port 873 -avz rsync@172.16.45.17::share/soft ./
Password:
receiving incremental file list
soft/
soft/nginx-1.2.9.tar.gz
soft/tt
soft/vim-7.4.tar.bz2

sent 117 bytes  received 10000108 bytes  2857207.14 bytes/sec
```

```
total size is 9996453  speedup is 1.00
```

rsync 还具有增量传输的功能，可以利用此特性进行文件的增量备份。通过 rsync 还可以解决对实时性要求不高的数据备份的需求。rsync 做数据同步时需要扫描所有文件后进行对比，然后进行差量传输，如果文件很多，那么扫描文件是非常耗时的，使用 rsync 反而比较低效。

8.2.6 显示网络连接、路由表或接口状态的 netstat 命令

netstat 命令用于监控系统网络配置和工作状况，可以显示内核路由表、活动的网络状态以及每个网络接口的有用统计数字。netstat 命令常用参数说明如表 8.4 所示。

表 8.4 netstat 命令常用参数说明

参数	说明
-a	显示所有连接中的 Socket
-c	持续列出网络状态
-h	在线帮助
-i	显示网络接口
-l	显示监控中服务器的 Socket
-n	直接使用 IP 地址
-p	显示正在使用 Socket 的程序名称
-r	显示路由表
-s	显示网络工作信息统计表
-t	显示 TCP 端口情况
-u	显示 UDP 端口情况
-v	显示命令执行过程
-V	显示版本信息

netstat 命令的使用方法如示例 8-7 所示。

【示例 8-7】

```
#显示所有端口，包含 UDP 和 TCP 端口
[root@localhost ~]# netstat -a | head -4
Active Internet connections (servers and established)
Proto Recv-Q Send-Q Local Address           Foreign Address         State
tcp        0      0 192.168.122.1:domain    0.0.0.0:*               LISTEN
tcp        0      0 0.0.0.0:ssh             0.0.0.0:*               LISTEN
#部分结果省略
#显示所有 TCP 端口
[root@localhost ~]# netstat -at
Active Internet connections (servers and established)
Proto Recv-Q Send-Q Local Address           Foreign Address         State
tcp        0      0 192.168.122.1:domain    0.0.0.0:*               LISTEN
tcp        0      0 0.0.0.0:ssh             0.0.0.0:*               LISTEN
tcp        0      0 localhost:ipp           0.0.0.0:*               LISTEN
tcp        0      0 localhost:smtp          0.0.0.0:*               LISTEN
tcp        0     52 172.16.45.14:ssh        172.16.45.12:53522      ESTABLISHED
tcp6       0      0 [::]:ssh                [::]:*                  LISTEN
tcp6       0      0 localhost:ipp           [::]:*                  LISTEN
tcp6       0      0 localhost:smtp          [::]:*                  LISTEN
```

```
#显示所有 UDP 端口
[root@localhost ~]# netstat -au
Active Internet connections (servers and established)
Proto Recv-Q Send-Q Local Address           Foreign Address         State
udp        0      0 0.0.0.0:mdns            0.0.0.0:*
udp        0      0 localhost:323           0.0.0.0:*
udp        0      0 0.0.0.0:21333           0.0.0.0:*
udp        0      0 0.0.0.0:54798           0.0.0.0:*
#部分结果省略
#显示所有处于监听状态的端口并以数字而非服务名方式显示
[root@localhost ~]# netstat -ln |head
Active Internet connections (only servers)
Proto Recv-Q Send-Q Local Address           Foreign Address         State
tcp        0      0 192.168.122.1:53        0.0.0.0:*               LISTEN
tcp        0      0 0.0.0.0:22              0.0.0.0:*               LISTEN
tcp        0      0 127.0.0.1:631           0.0.0.0:*               LISTEN
#显示所有 TCP 端口并显示对应的进程名称或进程号
[root@localhost ~]# netstat -plnt
Active Internet connections (only servers)
Proto Recv-Q Send-Q Local Address     Foreign Address    State      PID/Program name
tcp        0      0 192.168.122.1:53  0.0.0.0:*          LISTEN     1812/dnsmasq
tcp        0      0 0.0.0.0:22        0.0.0.0:*          LISTEN     1628/sshd
tcp        0      0 127.0.0.1:631     0.0.0.0:*          LISTEN     1627/cupsd
tcp        0      0 127.0.0.1:25      0.0.0.0:*          LISTEN     1740/master
#显示核心路由信息
[root@localhost ~]# netstat -r
Kernel IP routing table
Destination     Gateway         Genmask         Flags  MSS Window  irtt Iface
default         172.16.45.1     0.0.0.0         UG     0   0          0 eno16777736
172.16.1.2      172.16.45.1     255.255.255.255 UGH    0   0          0 eno16777736
172.16.45.0     0.0.0.0         255.255.255.0   U      0   0          0 eno16777736
192.168.122.0   0.0.0.0         255.255.255.0   U      0   0          0 virbr0
#显示网络接口列表
[root@localhost ~]# netstat -i
Kernel Interface table
Iface      MTU    RX-OK  RX-ERR  RX-DRP  RX-OVR  TX-OK  TX-ERR  TX-DRP  TX-OVR Flg
eno16777   1500   949    0       0       0       274    0       0       0      BMRU
lo         65536  4      0       0       0       4      0       0       0      LRU
virbr0     1500   0      0       0       0       0      0       0       0      BMU
#综合示例，统计各个 TCP 连接的各个状态对应的数量
[root@localhost ~]# netstat -plnta | sed '1,2d' | awk '{print $6}' | sort | uniq -c
      1 ESTABLISHED
      7 LISTEN
```

8.2.7　探测至目的地址的路由信息的 traceroute 命令

traceroute 跟踪数据包到达网络主机所经过的路由，原理是试图以最小的 TTL（Time To Live，生存时间）发出探测包来跟踪数据包到达目标主机所经过的网关，然后监听一个来自网关 ICMP 的应答。traceroute 的语法如下：

```
traceroute [-m Max_ttl] [-n] [-p Port] [-q Nqueries] [-r] [-s SRC_Addr]
[-t TypeOfService] [-v] [-w WaitTime] Host [PacketSize]
```

traceroute 命令常用参数说明如表 8.5 所示。

表8.5　traceroute命令常用参数说明

参　　数	说　　明
-f	设置第一个检测数据包的 TTL 的大小
-g	设置来源路由网关，最多可设置 8 个
-i	使用指定的网络接口送出数据包
-I	使用 ICMP 回应取代 UDP 数据信息
-m	设置检测数据包的最大 TTL 的大小，默认值为 30 次
-n	直接使用 IP 地址而非主机名称，当 DNS 不起作用时常用到这个参数
-p	设置 UDP 传输协议的通信端口，默认值是 33434
-r	忽略普通的路由表（Routing Table），直接将数据包送到远端主机上
-s	设置本地主机送出数据包的 IP 地址
-t	设置检测数据包的 TOS 数值
-v	详细显示指令的执行过程
-w	设置等待远端主机回报的时间，默认值为 3 秒
-x	开启或关闭数据包的正确性检验
-q n	在每次设置生存期时，把探测数据包的个数设置为值 n，默认为 3

traceroute 命令常用方法如示例 8-8 所示。

【示例 8-8】

```
[root@localhost ~]# ping www.163.com
PING 1st.xdwscache.ourwebpic.com (61.188.191.85) 56(84) bytes of data.
64 bytes from 85.191.188.61.broad.nc.sc.dynamic.163data.com.cn
(61.188.191.85): icmp_seq=1 ttl=56 time=9.67 ms
#显示本地主机到www.php.net 所经过的路由信息
[root@localhost ~]# traceroute www.163.com
traceroute to www.163.com (182.140.130.51), 30 hops max, 60 byte packets
 1  192.168.10.100 (192.168.10.100)  1.139 ms  1.010 ms  0.881 ms
 2  192.168.1.1 (192.168.1.1)  3.383 ms  4.081 ms  3.988 ms
 3  100.64.0.1 (100.64.0.1)  4.654 ms  4.562 ms  4.456 ms
 4  * * *
 5  182.151.195.194 (182.151.195.194)  7.515 ms  8.157 ms  7.315 ms
 6  118.123.217.38 (118.123.217.38)  7.955 ms 218.6.170.174 (218.6.170.174)
    5.302 ms 118.123.217.38 (118.123.217.38)  5.937 ms
 7  218.6.174.126 (218.6.174.126)  6.526 ms  5.583 ms  6.154 ms
 8  182.140.130.51 (182.140.130.51)  6.855 ms  7.983 ms  8.703 ms
#域名不可达，最大 30 跳
[root@localhost ~]# traceroute -n www.mysql.com
traceroute to www.mysql.com (137.254.60.6), 30 hops max, 60 byte packets
 1  192.168.10.100  1.144 ms  0.964 ms  0.847 ms
 2  192.168.1.1  3.742 ms  3.652 ms  3.549 ms
 3  100.64.0.1  4.164 ms  4.849 ms  4.758 ms
#部分结果省略
29  * * *
30  * * *
```

示例中每行记录对应一跳，每跳表示一个网关，每行有 3 个时间，单位是 ms（毫秒），如果域名不通或主机不通则可根据显示的网关信息进行定位。星号表示 ICMP 信息没有返回，以上示例显示访问 www.mysql.com 不通,数据包到达某一节点时没有返回,可以将此结果提交 IDC 运营商,以便解决问题。

traceroute 实际上是通过给目标机的一个非法 UDP 端口号发送一系列 UDP 数据包来工作的。使用默认设置时,本地主机给每个路由器发送 3 个数据包,最多可经过 30 个路由器。如果已经经过了 30 个路由器,但还未到达目标主机,那么 traceroute 将终止。每个数据包都对应一个 Max_ttl 值,同一跃点(也称为跳步)的数据包,该值一样,不同跃点的数据包值从 1 开始,每经过一个跃点值就加 1。当本地主机发出的数据包到达路由器时,路由器就响应一个 ICMPTimeExceed 消息,于是 traceroute 就显示当前跃点数、路由器的 IP 地址或名字,以及 3 个数据包分别对应的周转时间(以毫秒为单位)。如果本地机在指定的时间内未收到响应包,那么在数据包的周转时间栏就显示一个星号。当一个跃点结束时,本地主机根据当前路由器的路由信息又给下一个路由器发出 3 个数据包,周而复始,直到收到一个 ICMPPORT_UNREACHABLE 的消息,意味着已到达目标主机,或已达到指定的最大跃点数。

8.2.8 测试、登录或控制远程主机的 telnet 命令

telnet 命令通常用来进行远程登录。telnet 程序是基于 TELNET 协议的远程登录客户端程序。TELNET 协议是 TCP/IP 协议簇中的一员,是 Internet 远程登录服务的标准协议和主要方式,为用户提供了在本地计算机上完成远程主机工作的能力。在客户端使用 telnet 程序输入命令,可以在本地控制服务器。由于 telnet 采用明文传送报文,因此安全性较差。telnet 可以确定远程服务端口的状态,以便确认服务是否正常。telnet 命令的使用方法如示例 8-9 所示。

【示例 8-9】

```
#检查对应服务是否正常
[root@localhost ~]# telnet 192.168.3.100 56789
Trying 192.168.3.100...
Connected to 192.168.3.100.
Escape character is '^]'.
@RSYNCD: 30.0
as
@ERROR: protocol startup error
Connection closed by foreign host.
[root@localhost ~]# telnet www.php.net 80
Trying 69.147.83.199...
Connected to www.php.net.
Escape character is '^]'.
test
#部分结果省略
</html>Connection closed by foreign host.
```

如果端口能正常利用 telnet 登录,则表示远程服务正常。除确认远程服务是否正常之外,对于提供开放 telnet 功能的服务,使用 telnet 可以登录远程端口,输入合法的用户名和口令后,就可以进行其他工作了。有关 telnet 的更多的使用可以查看系统帮助。

8.2.9 下载网络文件的 wget 命令

wget 类似于 Windows 中的下载工具，大多数 Linux 发行版本都默认包含此工具。wget 的用法比较简单，如要下载某个文件，可以使用以下命令：

```
#使用语法为wget [参数列表] [目标软件、网页的网址]
[root@localhost data]# wget http://ftp.gnu.org/gnu/wget/wget-1.14.tar.gz
```

wget 命令常用参数说明如表 8.6 所示。

表8.6 wget命令常用参数说明

参数	说明
-b	后台执行
-d	显示调试信息
-nc	不覆盖已有的文件
-c	断点下传
-N	指定 wget 只下载更新的文件
-S	显示服务器响应
-T timeout	超时时间设置（单位为秒）
-w time	重试延时（单位为秒）
-Q quota=number	重试次数
-nd	不下载目录结构，把从服务器所有指定目录下载的文件都堆到当前目录里
-nH	不创建以目标主机域名为目录名的目录，将目标主机的目录结构直接下载到当前目录下
-l [depth]	下载远程服务器目录结构的深度
-np	只下载目标站点指定目录及其子目录的内容

wget 具有强大的功能，比如断点续传、可同时支持 FTP 和 HTTP 协议下载，并可以设置代理服务器。wget 命令的常用使用方法如示例 8-10 所示。

【示例 8-10】

```
#下载某个文件
[root@localhost data]# wget http://ftp.gnu.org/gnu/wget/wget-1.14.tar.gz

--2022-08-04 01:01:30--  http://ftp.gnu.org/gnu/wget/wget-1.14.tar.gz
正在解析主机 ftp.gnu.org (ftp.gnu.org)... 209.51.188.20, 2001:470:142:3::b
正在连接 ftp.gnu.org (ftp.gnu.org)|209.51.188.20|:80... 已连接
已发出 HTTP 请求，正在等待回应... 200 OK
长度: 3118130 (3.0M) [application/x-gzip]
正在保存至: "wget-1.14.tar.gz"

wget-1.14.tar.gz    100%[===================>]   2.97M   217KB/s  用时 14s

2022-08-04 01:01:45 (214 KB/s) - 已保存 "wget-1.14.tar.gz" [3118130/3118130])
#断点续传
[root@localhost data]# wget -c http://ftp.gnu.org/gnu/wget/wget-1.14.tar.gz
--2022-08-04 01:02:11--  http://ftp.gnu.org/gnu/wget/wget-1.14.tar.gz
正在解析主机 ftp.gnu.org (ftp.gnu.org)... 209.51.188.20, 2001:470:142:3::b
正在连接 ftp.gnu.org (ftp.gnu.org)|209.51.188.20|:80... 已连接
```

```
已发出 HTTP 请求，正在等待回应... 200 OK
长度：3118130 (3.0M) [application/x-gzip]
正在保存至：" wget-1.14.tar.gz"

wget-1.14.tar.gz    100%[====================>]  2.97M  199KB/s  用时 15s

2022-08-04 01:02:26 (203 KB/s) - 已保存 "wget-1.14.tar.gz" [3118130/3118130])
#批量下载，其中 download.lst 文件中的是一系列网址
[root@localhost data]# cat download.lst
http://ftp.gnu.org/gnu/wget/wget-1.14.tar.gz
http://down1.chinaunix.net/distfiles/squid-3.2.3.tar.gz
http://down1.chinaunix.net/distfiles/nginx-1.2.5.tar.gz
#wget 会依次下载 download.lst 中列出的网址
[root@localhost data]# wget -i download.lst
```

wget 的其他用法可参考系统帮助，读者可慢慢探索它的功能。

8.3 Linux 网络配置

Linux 系统在服务器中占用较大份额，要使用服务器，首先要了解网络配置，本节主要介绍 Linux 系统的网络配置。

8.3.1 Linux 网络配置相关文件

根据不同的发行版，Linux 网络配置相关文件的目录名称有所不同，但大同小异，主要有以下目录或文件。

- /etc/hostname：主要用于查看主机名称。
- /etc/sysconfig/network-scripts/ifcfg-*：设置网卡参数的文件，比如 IP 地址、子网掩码、广播地址、网关等。*为网卡编号或环回网卡。
- /etc/resolv.conf：此文件设置了 DNS 的相关信息，用于将域名解析到 IP 地址。
- /etc/hosts：计算机的 IP 地址对应的主机名称或域名对应的 IP 地址，通过设置/etc/nsswitch.conf 中的选项，可以选择是 DNS 解析优先还是本地设置优先。
- /etc/nsswitch.conf（Name Service Switch Configuration，名字服务切换配置）：规定通过哪些途径，以及按照什么顺序来查找特定类型的信息。

8.3.2 配置 Linux 系统的 IP 地址

要设置主机的 IP 地址，可以直接通过终端命令进行设置，若想设置在系统重启后依然生效，则可设置对应的网络接口文件，如示例 8-11 所示。

【示例 8-11】

```
[root@localhost network-scripts]# cat ifcfg-ens33
TYPE="Ethernet"
BOOTPROTO=none
```

```
DEFROUTE="yes"
IPV4_FAILURE_FATAL="no"
IPV6INIT="yes"
IPV6_AUTOCONF="yes"
IPV6_DEFROUTE="yes"
IPV6_FAILURE_FATAL="no"
NAME="ens33"
UUID="1e3f3600-4b81-4c16-abac-6c141c7d7ef3"
DEVICE="ens33"
ONBOOT="yes"
IPADDR=172.16.45.58
PREFIX=24
GATEWAY=172.16.45.1
DNS1=61.139.2.69
IPV6_PEERDNS=yes
IPV6_PEERROUTES=yes
```

每个字段的含义如表 8.7 所示。

表8.7 网卡设置参数说明

参数	说明
TYPE	网络连接类型
BOOTPROTO	使用动态 IP 还是静态 IP
ONBOOT	系统启动时是否启用此网络接口
DEFROUTE	值为 yes 时，NetworkManager 将该接口设置为默认路由
IPV4_FAILURE_FATAL	当设置为 yes 时，在连接发生致命失败的情况下，系统会尽可能让连接保持可用
IPV6INIT	值为 yes 时启用 IPv6
IPV6_AUTOCONF	自动配置该连接
IPV6_DEFROUTE	值为 yes 时，NetworkManager 将该接口设置为默认路由
IPV6_FAILURE_FATAL	当设置为 yes 时，在连接发生致命失败的情况下，系统会尽可能让连接保持可用
NAME	连接名
UUID	设置的唯一 ID，此值与网卡对应
DEVICE	设备名
GATEWAY	默认路由
DNS1	域名服务器地址，当有多个时可以使用 DNS2 等
IPV6_PEERDNS	是否需要忽略由 DHCP 等自动分配的 DNS 地址
IPADDR	IP 地址
IPV6_PEERROUTES	忽略自动路由
NETMASK、PREFIX	子网掩码

需要特别注意的是，由于使用了 NetworkManager，因此上面这些字段的含义在不同的情况下会发生改变，可以参考命令 man 5 nm-settings-ifcfg-rh 中的详细说明。

设置完 ifcfg-ens33 文件后，需要重启网络服务才能生效，重启后可使用 ifconfig 查看设置是否生效：

```
[root@localhost network-scripts]# systemctl restart network
```

```
#或用重启接口的方法
[root@localhost network-scripts]# ifdown ens33
[root@localhost network-scripts]# ifup ens33
```

同一个网络接口设置多个 IP 地址时，可以使用子接口，如示例 8-12 所示。

【示例 8-12】

```
ens38: flags=4163<UP,BROADCAST,RUNNING,MULTICAST>  mtu 1500
        inet 192.168.10.149  netmask 255.255.255.0  broadcast 192.168.10.255
        inet6 fd7e:9e08:7904::a43  prefixlen 128  scopeid 0x0<global>
        inet6 fe80::561a:20fc:e76a:8f24  prefixlen 64  scopeid 0x20<link>
        inet6 fd7e:9e08:7904:0:4c5f:fd5:e889:f523  prefixlen 64  scopeid 0x0<global>
        ether 00:0c:29:bc:89:70  txqueuelen 1000  (Ethernet)
        RX packets 8834  bytes 6328853 (6.0 MiB)
        RX errors 0  dropped 0  overruns 0  frame 0
        TX packets 3191  bytes 461236 (450.4 KiB)
        TX errors 0  dropped 0  overruns 0  carrier 0  collisions 0

ens38:5: flags=4163<UP,BROADCAST,RUNNING,MULTICAST>  mtu 1500
        inet 192.168.10.101  netmask 255.255.255.0  broadcast 192.168.10.255
        ether 00:0c:29:bc:89:70  txqueuelen 1000  (Ethernet)
```

要使设置在服务器重启后依然生效，可以将子接口命令加入/etc/rc.local 文件中。

8.3.3 设置主机名

主机名是在网络中识别某个计算机的标识，可以使用 hostname 命令设置主机名。在单机情况下主机名可任意设置，比如执行以下命令，重新登录后发现主机名已经改变。

```
#设置主机名
[root@localhost ~]# hostname mylinux
#查看主机名
[root@localhost ~]# hostname
mylinux
```

要使修改在重启后依然生效，可以使用 hostnamectl 命令修改主机名称并重新启动系统，如示例 8-13 所示。

【示例 8-13】

```
[root@mylinux ~]# hostnamectl hostname Mylinux
[root@mylinux ~]# cat /etc/hostname
Mylinux
```

修改完主机名称后，还应该相应地修改 hosts 文件，以便让主机能顺利解析到该主机名，如示例 8-14 所示。

【示例 8-14】

```
[root@mylinux ~]# cat /etc/hosts
127.0.0.1    localhost localhost.localdomain localhost4 localhost4.localdomain4
::1          localhost localhost.localdomain localhost6 localhost6.localdomain6
```

```
#添加以下主机名解析
127.0.0.1    mylinux
[root@mylinux ~]# ping mylinux
PING mylinux (127.0.0.1) 56(84) bytes of data.
64 bytes from localhost (127.0.0.1): icmp_seq=1 ttl=64 time=0.052 ms
```

8.3.4 设置默认网关

设置好 IP 地址以后，如果要访问其他的子网或 Internet，还需要设置路由，在此不做介绍，采用设置默认网关的方法。在 Linux 中，设置默认网关有两种方法。

第一种方法是直接使用 route 命令，在设置默认网关之前，先用 route –n 命令查看路由表，再执行如下命令设置网关：

```
[root@localhost /]# route add default gw 192.168.1.254
```

第二种方法是在/etc/sysconfig/network 文件中添加如下字段：

```
GATEWAY=192.168.10.254
```

同样，只要更改了脚本文件，就必须重启网络服务来使设置生效，可执行下面的命令：

```
[root@localhost /]# systemctl restart network
```

对于第一种方法，如果不想每次开机都执行 route 命令，那么应该把要执行的命令写入 /etc/rc.local 文件中。

8.3.5 设置 DNS 服务器

要设置 DNS 服务器，通常有两种方法：第一种方法是在接口配置文件中使用 DNS1 和 DNS2 指定，第二种方法是修改/etc/resolv.conf 文件。使用第二种方法时需要注意，当接口配置文件中的 DEFROUTE 选项设置为 yes 时，resolv.conf 文件中的设置不生效，具体可参考命令 man 5 nm-settings-ifcfg-rh 中的相关说明。示例 8-15 是一个 resolv.conf 文件的示例。

【示例 8-15】

```
[root@localhost ~]# cat /etc/resolv.conf
nameserver  192.168.3.1
nameserver  192.168.3.2
options rotate
options timeout:1 attempts:2
```

其中，192.168.3.1 为第一名字服务器，192.168.3.2 为第二名字服务器，options rotate 选项在这两个 DNS Server 之间轮询，options timeout:1 表示解析超时时间为 1 秒（默认为 5 秒），attempts 表示解析域名尝试的次数。如需添加 DNS 服务器，可直接修改此文件。

8.4 动态主机配置协议

如果管理的计算机有几十台，那么初始化服务器配置 IP 地址、网关和子网掩码等参数是一个烦琐且耗时的过程。如果网络结构要更改，那么还需重新初始化网络参数，使用动态主机配置协议（Dynamic Host Configuration Protocol，DHCP）则可避免此问题。客户端可以从 DHCP 服务端检索相关信息并完成相关网络配置，在系统重启后依然可以工作，尤其是在移动办公领域，只要区域内有一台 DHCP 服务器，用户就可以在办公室之间自由活动而不必担心网络参数配置的问题。DHCP 提供一种动态指定 IP 地址和相关网络配置参数的机制。DHCP 基于 C/S 模式，主要用于大型网络。本节主要介绍 DHCP 的工作原理、DHCP 服务端与 DHCP 客户端的部署过程。

8.4.1 DHCP 的工作原理

DHCP 是用来自动给客户端分配 TCP/IP 信息的网络协议，如 IP 地址、网关、子网掩码等信息。每个 DHCP 客户端通过广播连接区域内的 DHCP 服务器，该服务器会响应请求，返回 IP 地址、网关和其他网络配置信息。DHCP 的请求过程如图 8.3 所示。

图 8.3　DHCP 请求过程

客户端请求 IP 地址和配置参数的过程有以下几个步骤：

步骤 01　客户端需要寻求网络 IP 地址和其他网络参数，然后向网络广播，客户端发出的请求名称为 DHCPDISCOVER。如广播网络中有可以分配 IP 地址的服务器，那么服务器会返回相应应答，告诉客户端可以分配。服务器返回包的名称为 DHCPOFFER，包内包含可用的 IP 地址和参数。

步骤 02　如果客户端在发出 DHCPOFFER 包后一段时间内没有接收到响应，就会重新发送请求，如果广播区域内有多于一台的 DHCP 服务器，那么就由客户端决定使用哪个。

步骤 03　当客户端选定了某个目标服务器后，会广播 DHCPREQUEST 包，用以通知选定的 DHCP 服务器和未选定的 DHCP 服务器。

步骤 04　服务端收到 DHCPREQUEST 后会检查收到的包，如果包内的地址和所提供的地址一致，就证明现在客户端接收的是自己提供的地址，此时将发送 DHCPACK 确认包，如果不是，就说明自己提供的地址未被采纳。如果被选定的服务器在接收到 DHCPREQUEST 包以后，因为某些原因可能不能向客户端提供这个 IP 地址或参数，那么可以向客户端发送 DHCPNAK 包。

步骤 05　客户端在收到包后，检查内部的 IP 地址和租用时间，若发现有问题，则发包拒绝这个地址，然后重新发送 DHCPDISCOVER 包。若无问题，则接受这个配置参数。

8.4.2 配置 DHCP 服务器

本节主要介绍 DHCP 服务器的配置过程，包括安装、配置文件设置、服务器启动等步骤。

1. 软件安装

DHCP 服务依赖的软件可以从 RPM 包安装或从源代码安装，下面以 RPM 包为例说明 DHCP 服务的安装过程，如示例 8-16 所示。

【示例 8-16】

```
#确认当前系统是否安装相应软件包
[root@localhost Packages]# rpm -aq | grep dhcp
dhcp-client-4.4.2-15.b1.el9.x86_64.rpm
dhcp-common-4.4.2-15.b1.el9.noarch.rpm
dhcp-relay-4.4.2-15.b1.el9.x86_64.rpm
dhcp-server-4.4.2-15.b1.el9.x86_64.rpm
#如从 RPM 安装，则使用如下命令
[root@localhost Packages]# rpm -ivh dhcp-common-4.4.2-15.b1.el9.noarch.rpm
Preparing...                          ################################# [100%]
Updating / installing...
   1: dhcp-common-12:4.4.2-15.b1.el9.noarch
################################# [100%]
```

经过上面的设置，DHCP 服务已经安装完毕，主要的文件如下：

- /etc/dhcp/dhcpd.conf：为 DHCP 主配置文件。
- /usr/lib/systemd/system/dhcpd.service：为 DHCP 服务启动和停止控制单元。

2. 编辑配置文件/etc//dhcpd.conf

要配置 DHCP 服务器，需修改配置文件/etc/dhcp/dhcpd.conf；如果配置文件不存在，就创建该文件。示例 8-17 实现的功能是为当前网络内的服务器分配指定 IP 段的 IP 地址，并设置过期时间为 2 天。配置文件内容如下。

【示例 8-17】

```
[root@localhost ~]# cat /etc/dhcp/dhcpd.conf
#格式说明和示例配置文件位置
# DHCP Server Configuration file.
#   see /usr/share/doc/dhcp*/dhcpd.conf.example
#   see dhcpd.conf(5) man page
#
# 定义所支持的 DNS 动态更新类型。none 表示不支持动态更新，interim 表示 DNS 互动更新模式
# ad-hoc 表示特殊 DNS 更新模式
ddns-update-style none;
#指定接收 DHCP 请求的网卡的子网地址，注意不是本机的 IP 地址。netmask 为子网掩码
subnet 192.168.19.0 netmask 255.255.255.0{
        #指定默认网关
        option routers 192.168.19.1;
        #指定默认子网掩码
        option subnet-mask 255.255.255.0;
        #指定 DNS 服务器地址
        option domain-name-servers 61.139.2.69;
```

```
            #指定最大租用周期
            max-lease-time 172800;
            #此 DHCP 服务分配的 IP 地址范围
            range 192.168.19.230 192.168.19.240;
}
```

以上示例文件列出了一个子网声明，包括 routers 默认网关、subnet-mask 子网掩码和 max-lease-time 最大租用周期（单位是秒）。有关配置文件的更多选项，可以执行命令 man 5 dhcpd.conf 参考联机的帮助文件。

3. 服务器启动

DHCP 服务器启动过程如示例 8-18 所示。

【示例 8-18】

```
[root@localhost ~]# systemctl start dhcpd
```

如果启动失败，则可以使用命令 journalctl -xe 查看导致启动失败的错误信息，然后参考 dhcpd.conf 的帮助文档。

8.4.3 配置 DHCP 客户端

当服务端启动成功后，客户端需要做以下配置以便自动获取 IP 地址。客户端网卡配置如示例 8-19 所示。

【示例 8-19】

```
[root@localhost ~]# cat /etc/sysconfig/network-scripts/ifcfg-ens33
TYPE=Ethernet
BOOTPROTO=dhcp
DEFROUTE=yes
PEERDNS=yes
PEERROUTES=yes
IPV4_FAILURE_FATAL=no
IPV6INIT=yes
IPV6_AUTOCONF=yes
IPV6_DEFROUTE=yes
IPV6_PEERDNS=yes
IPV6_PEERROUTES=yes
IPV6_FAILURE_FATAL=no
IPV6_ADDR_GEN_MODE=stable-privacy
NAME=ens33
UUID=cbf0d46a-30b2-4d89-b9ad-7bb0d1182f94
DEVICE=ens33
ONBOOT=no
```

如果需要使用 DHCP 服务，则设置 BOOTPROTO=dhcp，表示将当前主机的网络 IP 地址设置为自动获取方式。

测试过程如示例 8-20 所示。

【示例 8-20】

```
[root@localhost ~]# ifdown ens33
[root@localhost ~]# ifup ens33
#启动成功后确认成功获取到指定 IP 段的 IP 地址
[root@localhost ~]# ifconfig
ens33: flags=4163<UP,BROADCAST,RUNNING,MULTICAST>  mtu 1500
        inet 192.168.19.230  netmask 255.255.255.0  broadcast 192.168.19.255
        inet6 fe80::ad7c:a24f:f6a6:4a89  prefixlen 64  scopeid 0x20<link>
        ether 00:0c:29:95:77:cc  txqueuelen 1000  (Ethernet)
        RX packets 123  bytes 13410 (13.0 KiB)
        RX errors 0  dropped 0  overruns 0  frame 0
        TX packets 214  bytes 20588 (20.1 KiB)
        TX errors 0  dropped 0  overruns 0  carrier 0  collisions 0
```

客户端配置为自动获取 IP 地址，然后重启网络接口，启动成功后使用 ifconfig 查看是否成功获取到 IP 地址。

注意：本节只介绍了 DHCP 的基本功能，DHCP 还有很多其他功能，如需了解可参考 DHCP 的联机帮助文档或其他资料。

8.5 Linux 域名服务 DNS

如今互联网应用越来越丰富，仅仅用 IP 地址标识网络上的计算机是不可能完成的，也没有必要，于是产生了域名系统。域名系统通过一系列有意义的名称标识网络上的计算机，用户按域名请求某个网络服务时，域名系统负责将它解析为对应的 IP 地址，这便是 DNS。本节将详细介绍有关 DNS 的一些知识。

8.5.1 DNS 的简介

目前提供网络服务的应用使用唯一的 32 位 IP 地址来标识，但由于数字比较复杂、难以记忆，因此产生了域名系统。通过域名系统，可以使用易于理解和形象的字符串名称来标识网络应用。访问互联网应用可以使用域名，也可以通过 IP 地址直接访问该应用。在使用域名访问网络应用时，DNS 负责将它解析为 IP 地址。

DNS 是一个分布式数据库系统，扩充性良好，由于是分布式的存储，因此数据量的增长并不会影响其性能。新加入的网络应用可以由 DNS 负责将新主机的信息传播到网络中的其他部分。

域名查询有两种常用的方式：递归查询和迭代查询。

- 递归查询由最初的域名服务器代替客户端进行域名查询。如该域名服务器不能直接回答，则会在域中各分支的上下进行递归查询，最终将查询结果返回给客户端。在域名服务器查询期间，客户端将完全处于等待状态。
- 迭代查询每次由客户端发起请求，如请求的域名服务器能提供需要查询的信息，则返回主机地址信息；如不能提供，则引导客户端到其他域名服务器查询。

以上两种方式类似于寻找东西的过程：一种是找个人替自己寻找；另外一种是自己完成，首先到一个地方寻找，若没有找到则向另外一个地方寻找。

DNS 域名服务器有高速缓存服务器、主 DNS 服务器和辅助 DNS 服务器 3 种。高速缓存服务器将每次域名查询的结果缓存到本机；主 DNS 服务器提供特定域的权威信息，是可信赖的；辅助 DNS 服务器的信息则来源于主 DNS 服务器。

8.5.2 DNS 服务器配置

目前网络上的域名服务系统使用最多的为 BIND（Berkeley Internet Name Domain）软件，该软件实现了 DNS 协议。本小节主要介绍 DNS 服务器的配置过程，包括安装、配置文件设置、服务器启动等步骤。

1. 软件安装

DNS 服务器依赖的软件可以从 RPM 包安装或从源代码安装，下面以 RPM 包为例说明 DNS 服务器的安装过程，如示例 8-21 所示。

【示例 8-21】

```
#确认系统中相关的软件是否已经安装
[root@localhost ~]# rpm -aq | grep bind
bind-license-9.16.23-1.el9.noarch
bind-dnssec-doc-9.16.23-1.el9.noarch
bind-libs-9.16.23-1.el9.x86_64
bind-utils-9.16.23-1.el9.x86_64
rpcbind-1.2.6-2.el9.x86_64
python3-bind-9.16.23-1.el9.noarch
bind-dnssec-utils-9.16.23-1.el9.x86_64
bind-9.16.23-1.el9.x86_64
pcp-pmda-bind2-5.3.5-8.el9.x86_64
bind-chroot-9.16.23-1.el9.x86_64
#如从 RPM 包安装，则使用如下命令
[root@localhost Packages]# rpm -ivh bind-9.16.23-1.el9.x86_64.rpm
警告: bind-9.16.23-1.el9.x86_64.rpm: 头 V3 RSA/SHA256 Signature, 密钥 ID
fd431d51: NOKEY
Verifying...                  ################################# [100%]
准备中...                      ################################# [100%]
    软件包 bind-32:9.16.23-1.el9.x86_64 已经安装
```

经过上面的设置，DNS 服务器已经安装完毕，主要的文件如下：

- /etc/named.conf：为 DNS 主配置文件。
- /usr/lib/systemd/system/named.service：为 DNS 服务器的控制单元文件。

2. 编辑配置文件/etc/named.conf

要配置 DNS 服务器，需修改配置文件/etc/named.conf；如果不存在，就创建该文件。

本示例实现的功能是搭建一个域名服务器 ns.oa.com，位于 192.168.19.101，其他主机可以通过该域名服务器解析已经注册的以 oa.com 结尾的域名。配置文件如示例 8-22 所示，如需添加注释行，可以用"#""//"";"开头或使用"/* */"包含。

【示例 8-22】

```
[root@localhost named]# cat -n /etc/named.conf
//
// named.conf
//
// Provided by Red Hat bind package to configure the ISC BIND named(8) DNS
// server as a caching only nameserver (as a localhost DNS resolver only).
//
// See /usr/share/doc/bind*/sample/ for example named configuration files.
//

options {
        listen-on port 53 { any; };
        listen-on-v6 port 53 { ::1; };
        directory       "/var/named";
        dump-file       "/var/named/data/cache_dump.db";
        statistics-file "/var/named/data/named_stats.txt";
        memstatistics-file "/var/named/data/named_mem_stats.txt";
        allow-query     { any; };

        /*
         - If you are building an AUTHORITATIVE DNS server,
           do NOT enable recursion.
         - If you are building a RECURSIVE (caching) DNS server,
             you need to enable
           recursion.
         - If your recursive DNS server has a public IP address,
             you MUST enable access
           control to limit queries to your legitimate users.
             Failing to do so will
           cause your server to become part of large scale DNS amplification
           attacks. Implementing BCP38 within your network would greatly
           reduce such attack surface
        */
        recursion yes;

        dnssec-enable yes;
        dnssec-validation yes;

        /* Path to ISC DLV key */
        bindkeys-file "/etc/named.iscdlv.key";

        managed-keys-directory "/var/named/dynamic";

        pid-file "/run/named/named.pid";
        session-keyfile "/run/named/session.key";
};

logging {
        channel default_debug {
                file "data/named.run";
                severity dynamic;
```

```
            };
    };

    zone "." IN {
        type hint;
        file "named.ca";
    };

    zone "oa.com" IN {
        type master;
        file "oa.com.zone";
        allow-update { none; };
    };

    include "/etc/named.rfc1912.zones";
    include "/etc/named.root.key";
```

主要参数说明如下：

- options：是全局服务器的配置选项，即在 options 中指定的参数对配置中的任何域都有效。如果在服务器上配置了多个域，如 test1.com 和 test2.com，那么在 option 中指定的选项对这些域都生效。
- listen-on port：DNS 服务实际是一个监听在本机 53 端口的 TCP 服务程序。该选项用于指定域名服务监听的网络接口，如监听在本机 IP 上或 127.0.0.1。此处 any 表示接收所有主机的连接。
- directory：指定 named 从 /var/named 目录下读取 DNS 数据文件，这个目录用户可自行指定并创建，指定后所有的 DNS 数据文件都存放在此目录下。注意，此目录下的文件所属的组应为 named，否则域名服务无法读取数据文件。
- dump-file：当执行导出命令时将 DNS 服务器的缓存数据存储到指定的文件中。
- statistics-file：指定 named 服务的统计文件。当执行统计命令时，会将内存中的统计信息追加到该文件中。
- allow-query：允许哪些客户端可以访问 DNS 服务，此处 any 表示任意主机。
- recursion：递归选项。
- dnssec-enable：DNS 安全扩展选项。
- dnssec-validation：DNS 安全验证选项。
- logging：日志选项，保持默认即可。
- zone：每个 zone 定义一个域的相关信息及指定 named 服务从哪些文件中获得 DNS 各个域名的数据文件。

3. 编辑 DNS 数据文件 /var/named/oa.com.zone

该文件为 DNS 数据文件，可以配置每个域名指向的实际 IP 地址，在配置此文件时要特别注意此文件的权限，否则服务将不能正常启动。文件配置内容如示例 8-23 所示。

【示例 8-23】

```
[root@localhost named]# cat -n oa.com.zone
    1  $TTL  3600
```

```
 2    @       IN SOA   ns.oa.com root (
 3                              2013    ; serial
 4                              1D      ; refresh
 5                              1H      ; retry
 6                              1W      ; expire
 7                              3H )    ; minimum
 8            NS      ns
 9    ns      A  192.168.19.101
10    test    A  192.168.19.101
11    bbs     A  192.168.19.102
```

各个参数的说明如下:

- TTL: 表示域名缓存周期,指定该资源文件中的信息存放在 DNS 缓存服务器的时间,此处设置为 3600 秒,表示超过 3600 秒,DNS 缓存服务器就重新获取该域名的信息。
- @: 表示本域,SOA 描述了一个授权区域,如有 oa.com 的域名请求就到 ns.oa.com 域中查找。root 表示接收信息的邮箱,此处为本地的 root 用户。
- serial: 表示该区域文件的版本号。当区域文件中的数据改变时,这个数值也将改变。从服务器在一定时间以后请求主服务器的 SOA 记录,并将该序列号值与缓存中的 SOA 记录的序列号进行比较,如果数值改变了,就让从服务器重新拉取主服务器的数据信息。
- refresh: 指定了从域名服务器将要检查主域名服务器的 SOA 记录的时间间隔,单位为秒。
- retry: 指定了从域名服务器的一个请求或一个区域刷新失败后,那么从服务器重新与主服务器联系的时间间隔,单位是秒。
- expire: 在指定的时间内,如果从服务器还不能联系到主服务器,从服务器将丢弃所有的区域数据。
- minimum: 若没有明确指定 TTL 的值,则 minimum 表示域名默认的缓存周期。
- A: 表示主机记录,用于将一个主机名与一个或一组 IP 地址对应。
- NS: 一条 NS 记录指向一个给定区域的主域名服务器,以及包含该服务器主机名的资源记录。

第 9~11 行分别定义了相关域名指向的 IP 地址。

4. 启动域名服务

启动域名服务可以使用 BIND 软件提供的/etc/init.d/named 脚本,如示例 8-24 所示。

【示例 8-24】

```
[root@localhost ~]# systemctl start named
```

如启动失败则可使用命令 journalctl -xe 查看详细的错误信息,更多信息可参考系统帮助 man named.conf。

8.5.3 DNS 服务测试

DNS 服务端已经部署完毕，但是客户端需要做一定设置才能访问域名服务器，具体设置如下。

1. 配置 /etc/resolv.conf

如需正确地解析域名，那么客户端需要设置 DNS 服务器地址。DNS 服务器地址修改如示例 8-25 所示。

【示例 8-25】

```
[root@localhost ~]# cat   /etc/resolv.conf
nameserver 192.168.19.101
```

2. 域名测试

域名测试可以使用 ping、nslookup 或 dig 命令，如示例 8-26 所示。

【示例 8-26】

```
[root@localhost ~]# nslookup
> server 192.168.19.101
Default server: 192.168.19.101
Address: 192.168.19.101#53
> bbs.oa.com
Server:         192.168.19.101
Address:        192.168.19.101#53

Name:   bbs.oa.com
Address: 192.168.19.102
```

上述示例说明 bbs.oa.com 成功解析到 192.168.19.102。

以上部署和测试演示了 DNS 域名系统的初步功能，要了解更进一步的信息，可参考系统帮助或其他资料。

8.6 小　　结

Linux 网络管理是系统连接局域网、广域网的必要条件。本章主要讲解了 Linux 系统的网络配置，简单描述了网络协议和概念，然后具体举例说明了网络管理命令的使用方式。通过本章的学习读者可以掌握如何进行 Linux 网络配置以及网络问题的调试。

8.7 习　　题

一、填空题

1. TCP/IP 主要包含两个协议：_____ 和 _____。

2. 域名查询可以使用_____命令。

二、选择题

1. 下列选项不是 DNS 域名服务器的是（　　）。
   A. 根服务器　　　　　　　　B. 主 DNS 服务器
   C. 静态缓存服务器　　　　　D. 辅助 DNS 服务器

2. 以下描述不正确的是（　　）。
   A. 主机名用于识别某个计算机在网络中的标识，设置主机名可以使用 hostname 命令
   B. Linux 的内核提供的防火墙功能通过 iptables 框架实现
   C. DHCP 服务依赖的软件可以从 RPM 包安装或从源代码安装
   D. DNS 是一个分布式数据库系统

第 9 章

Linux 防火墙管理

对于提供互联网应用的服务器，网络防火墙是它抵御攻击的安全屏障，如何在遭到攻击时及时采取有效的措施是网络应用时时刻刻都要面对的问题。价格高昂的硬件防火墙是一般开发者难以接受的，Linux 系统的出现，为开发者低成本、解决安全问题提供了一种可行的方案。

本章主要涉及的知识点有：

- Linux 内核防火墙的工作原理
- Firewalld 的使用
- 高级网络管理工具

9.1 防火墙管理工具 Firewalld

要熟练应用 Linux 防火墙，首先需要理解 Linux 防火墙的工作原理，并熟练掌握 Linux 系统的各种防火墙工具。本节主要介绍 Linux 防火墙管理工具 Firewalld。

9.1.1 Linux 内核防火墙的工作原理

Linux 内核提供的防火墙功能通过 netfilter 框架实现，并提供了 iptables、Firewalld 工具配置和修改防火墙的规则。

netfilter 的通用框架不依赖于具体的协议，而是为每种网络协议定义一套钩子函数。这些钩子函数在数据包经过协议栈的几个关键点时被调用，在这几个点中，协议栈将数据包及钩子函数作为参数传递给 netfilter 框架。

对于每种网络协议定义的钩子函数，任何内核模块都可以对每种协议的一个或多个钩子函数进行注册，实现挂接。这样当某个数据包被传递给 netfilter 框架时，内核能检测到是否有相关模块对该协议和钩子函数进行了注册。如发现注册信息，则调用该模块注册时使用的回调函数，然后到对应模块去检查、修改、丢弃该数据包及指示 netfilter 将该数据包传入用户空间的队列。

从以上描述可以得知钩子提供了一种方便的机制,以便在数据包通过 Linux 内核的不同位置上时截获和处理数据包。

1. netfilter 的体系结构

网络数据包的通信主要经过以下相关步骤来对应 netfilter 定义的钩子函数,更多信息可以参考源代码。

- **NF_IP_PRE_ROUTING**:网络数据包进入系统,经过简单的检测后,数据包转交给该函数,该函数根据系统设置的规则对数据包进行处理,如果数据包不被丢弃则交给路由函数进行处理。在该函数中可以替换 IP 包的目的地址,即 DNAT。
- **NF_IP_LOCAL_IN**:所有发送给本机的数据包都要通过该函数进行处理,该函数根据系统设置的规则对数据包进行处理,如果数据包不被丢弃则交给本地的应用程序。
- **NF_IP_FORWARD**:所有不是发送给本机的数据包都要通过该函数进行处理,该函数会根据系统设置的规则对数据包进行处理,如果数据包不被丢弃则转至 NF_IP_POST_ROUTING 进行处理。
- **NF_IP_LOCAL_OUT**:所有从本地应用程序出来的数据包必须通过该函数进行处理,该函数根据系统设置的规则对数据包进行处理,如果数据包不被丢弃则交给路由函数进行处理。
- **NF_IP_POST_ROUTING**:所有数据包在发送给其他主机之前需要通过该函数进行处理,该函数根据系统设置的规则对数据包进行处理,如果数据包不被丢弃,则将数据包发给数据链路层。在该函数中可以替换 IP 包的源地址,即 SNAT。

数据包在通过 Linux 防火墙时的处理过程如图 9.1 所示。

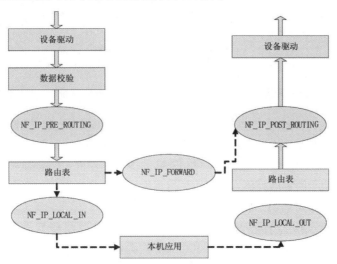

图 9.1 数据包在通过 Linux 防火墙时的处理过程

2. 包过滤

每个函数都可以对数据包进行处理,最基本的操作是对数据包进行过滤。系统管理员可以通过 iptables 工具来向内核模块注册多个过滤规则,并且指明过滤规则的优先权。设置完以后每个钩子按照规则进行匹配,如果与规则匹配,那么函数就会进行一些过滤操作,这些操作主要包含以下几个。

- NF_ACCEPT：继续正常地传递包。
- NF_DROP：丢弃包,停止传送。
- NF_STOLEN：已经接管了包,不要继续传送。
- NF_QUEUE：排列包。
- NF_REPEAT：再次使用该钩子。

3. 包选择

在 netfilter 框架上已经创建了一个包选择系统,这个包选择系统默认注册了 3 个表,分别是过滤（Filter）表、网络地址转换（NAT）表和 Mangle 表。钩子函数与 IP 表同时注册的表情况如图 9.2 所示。

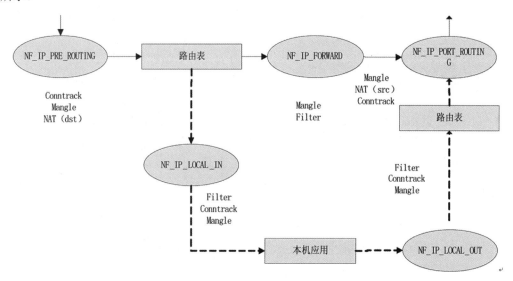

图 9.2　钩子函数与 IP 表同时注册的表情况

在调用钩子函数时是按照表的顺序来调用的。例如,在执行 NF_IP_PRE_ROUTING 时,首先检查 Conntrack 表,然后检查 Mangle 表,最后检查 NAT 表。

包过滤表会过滤包而不会改变包,仅仅起过滤的作用,实际由网络过滤框架来提供 NF_IP_FORWARD 钩子的输出和输入接口,使得很多过滤工作变得非常简单。从图 9.2 中可以看出,NF_IP_LOCAL_IN 和 NF_IP_LOCAL_OUT 也可用于过滤,但是只针对本机。

网络地址转换（NAT）表分别服务于两套不同的网络过滤挂钩的包,对于非本地包,NF_IP_PRE_ROUTING 和 NF_IP_POST_ROUTING 挂钩可以完美地解决源地址和目的地址的变更问题。

这个表与 Filter 表的区别在于只有新建连接的第一个包会在表中传送,结果将被用于以后所有来自这一连接的包。例如,某一个连接的第一个数据包在这个表中被替换了源地址,那么以后这条连接的所有包都将被替换源地址。

Mangle 表用于真正地改变包的信息，Mangle 表和所有的 5 个网络过滤的钩子函数都有关。

9.1.2　Firewalld 的简介

在 Red Hat Enterprise Linux 7 之前的版本中，防火墙管理工具使用的是 iptables 和 ip6tables。从 Red Hat Enterprise Linux 7 开始，防火墙管理工具变成了 Firewalld，Red Hat Enterprise Linux 9 也默认是 Firewalld。Firewalld 是一个支持定义网络区域（zone）及接口安全等级的动态防火墙管理工具。利用 Firewalld，用户可以实现许多强大的网络功能，例如防火墙、代理服务器以及网络地址转换等。

之前版本的 system-config-firewall 和 lokkit 防火墙模型是静态的，每次修改防火墙规则都需要完全重启，在此过程中包括提供防火墙功能的内核模块 netfilter 都需要卸载和重新加载。卸载会破坏已经建立的连接和状态防火墙。与之前的静态模型不同，Firewalld 动态地管理防火墙，不需要重新启动防火墙，也不需要重新加载内核模块；但 Firewalld 服务要求所有关于防火墙的变更都要通过守护进程来完成，从而确保守护进程中的状态与内核防火墙之间的一致性。

许多人都认为 Red Hat Enterprise Linux 中的防火墙从 iptables 变成了 Firewalld，其实不然，无论 iptables 还是 Firewalld 都无法提供防火墙功能，它们都只是 Linux 系统中的一个防火墙管理工具，负责生成防火墙规则并与内核模块 netfilter 进行"交流"，真正实现防火墙功能的是内核模块 netfilter。

Firewalld 提供了两种管理方式：其一是 firewall-cmd 命令行管理工具，其二是 firewall-config 图形化管理工具。之前版本中的 iptables 将规则保存在文件/etc/sysconfig/iptables 中，现在 Firewalld 将配置文件保存在/usr/lib/firewalld 和/etc/firewalld 目录下的 XML 文件中。

虽然 Red Hat Enterprise Linux 9 中默认的防火墙工具是 Firewalld，但在 Red Hat Enterprise Linux 9 中仍然可以继续使用 iptables，Red Hat 将这个选择权交给了用户。Red Hat Enterprise Linux 9 的防火墙堆栈如图 9.3 所示。

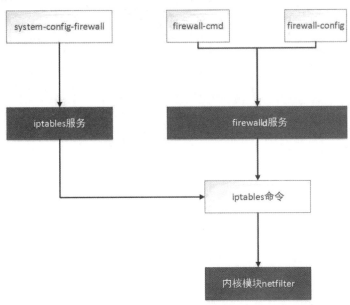

图 9.3　Red Hat Enterprise Linux 9 防火墙堆栈

从图 9.3 中可以看出，无论使用的是 Firewalld 还是 iptables，最终都由 iptables 命令来为内核模块 netfilter 提交防火墙规则。另外，如果决定使用 iptables，就应该将 Firewalld 禁用，以免出现混乱。

9.1.3 Firewalld 的相关概念

Firewalld 中引入了防火墙区域等概念，大大简化了防火墙配置工作。本小节简单介绍 Firewalld 的相关概念。

1. 防火墙区域

Firewalld 与 iptables 最大的不同是加入了 Zone 的概念，在 Red Hat 官方发布的 Red Hat Enterprise Linux 9 安全性指南中将 Zone 定义为一系列可以被快速执行到网络接口的预设置。Zone 的中文含义为防火墙区域，也常称为网络区域或简称为区域，如图 9.4 所示。

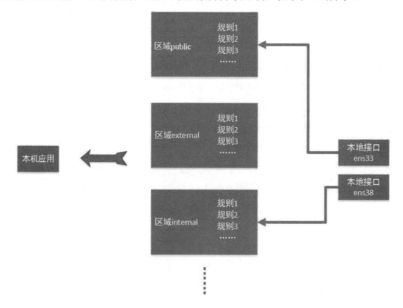

图 9.4　防火墙区域示意图

在图 9.4 所示的防火墙区域图中，数据包首先从本地接口中进入，接下来将进入接口所对应的区域中。注意，一个网络接口只能与一个区域对应，即一个接口不能同时加入两个或以上的区域。当数据包进入区域后，防火墙会依据区域内的规则进行逐一过滤，只有符合规则的数据包才能通过区域到达本机应用。

在图 9.4 中列举出了 3 个网络区域：public、external 和 internal。在系统中实际上存在 9 个区域，这 9 个区域从信任到不信任排列，分别是：

- trusted（信任）：信任所有网络连接。
- internal（内部网络）：用于企业等的内部网络，基本信任内部网络中的计算机不会对计算机的安全造成危害。
- home（家庭网络）：基本信任家庭网络中的计算机不会对计算机的安全造成危害。

- work（工作网络）：基本信任工作网络中的计算机不会对计算机的安全造成危害。
- dmz（非军事区）：也称为隔离区，此区域内的计算机可以公开访问，可以有限地进入内部网络。
- external（外部网络）：通常是使用了伪装的外部网络，该区域内的计算机可能会对计算机的安全造成危害。
- public（公共区域）：在公共区域使用时，该区域内的计算机可能会对计算机的安全造成危害。
- block（阻塞）：或称为拒绝，任何进入的网络连接都将被拒绝，并返回 IPv4 或 IPv6 的拒绝报文。
- drop（丢弃）：任何进入的网络连接都将被丢弃，没有任何回复。

需要特别说明的是：无论处于哪个区域，防火墙都不会拒绝由本机主动发起的网络连接，也就是说本地发起的数据包(包含对方响应或返回的数据包)将通过任何区域。另一个重要的问题是：虽然对区域已经有了一些描述（例如某个限制连接通行），但是实际通行规则应该由区域中的规则决定，因为这些规则是可以被修改的（例如规则又决定放行），因此最终决定连接是否被放行的是区域中的规则，而不是区域的描述。

2. 配置工具

Firewalld 为用户提供了两个工具：一个是 firewall-cmd 命令，用于在命令提示符下配置；另一个是图形界面下的 firewall-config 工具，如图 9.5 所示。

图 9.5　图形配置工具 firewall-config

图形配置工具相对比较简单，只需在左侧区域中选择相应的区域，然后在右侧服务列表中选择服务即可。

3. 打开/关闭防火墙

Firewalld 配置过程比较复杂，有时为了调试方便会暂时关闭防火墙。关于防火墙的操作如示例 9-1 所示。

【示例 9-1】

```
#关闭防火墙
[root@localhost ~]# systemctl stop firewalld
#禁止开机启动防火墙
[root@localhost ~]# systemctl disable firewalld
#允许开机启动防火墙
[root@localhost ~]# systemctl enable firewalld
#开启防火墙
[root@localhost ~]# systemctl start firewalld
```

9.1.4　Firewalld 配置实例

从 9.1.3 节的介绍中不难看出，Firewalld 的配置大致可以分为两项：第一项是操作区域，即将接口加入某个区域；第二项是按实际需求修改区域中的规则。

1. 区域选择

当操作系统安装完成后，防火墙会设置一个默认区域，将接口加入默认区域中。用户配置防火墙的第一步是获取默认区域并修改。关于区域的操作如示例 9-2 所示。

【示例 9-2】

```
#查看当前系统中的所有区域
[root@localhost ~]# firewall-cmd --get-zones
work drop internal external trusted home dmz public block
#查看当前的默认区域
[root@localhost ~]# firewall-cmd --get-default-zone
public
#查看当前已经激活的区域
[root@localhost ~]# firewall-cmd --get-active-zones
public
  interfaces: ens33 ens38
#可以看到当前接口ens33、ens38 属于默认区域public

#在修改之前需要特别介绍一个参数--permanent
#此参数表示永久地修改防火墙规则，即将修改写入配置文件
#相反，如果不使用--permanent 参数，那么修改将立即生效，但不会写入配置文件
#重启系统或重读配置后修改将失效

#获取接口ens33 所属的区域
[root@localhost ~]# firewall-cmd --get-zone-of-interface=ens33
public
#修改接口所属的区域
[root@localhost ~]# firewall-cmd --permanent --zone=internal
--change-interface=ens33
  success
[root@localhost ~]# firewall-cmd --get-zone-of-interface=ens33
  internal
```

```
#重新读取配置后验证
[root@localhost ~]# firewall-cmd --reload
success
[root@localhost ~]# firewall-cmd --get-zone-of-interface=ens33
internal
#可见配置已写入配置文件
```

在上述示例中介绍了如何使用命令的方式修改接口所属的区域。在图形界面中修改接口区域可以使用 NetworkManager，也可以使用 firewall-config 工具。使用 NetworkManager 修改时，在图形界面中打开终端，执行命令 nm-connection-editor，在弹出的对话框中选中需要修改的接口，然后单击【编辑】按钮，在弹出的对话框中设置【常规】选项，如图 9.6 所示。

图 9.6　修改接口所属区域

在【防火墙区】下拉列表中为接口选择新的区域，然后单击【保存】按钮即可完成修改。通过此方法的修改将会立即生效并写入配置文件。

在 firewall-config 中修改接口区域时，只需在左侧活动的绑定中双击接口，在弹出的界面中为接口选择区域即可。

2．区域规则修改

当接口所属的区域修改完成后，就可以对区域的规则进行修改了。修改规则主要是修改允许连接的服务或端口，如示例 9-3 所示。

【示例 9-3】

```
#查看当前支持的所有服务列表
[root@localhost ~]# firewall-cmd --get-services
RH-Satellite-6 amanda-client amanda-k5-client bacula bacula-client ceph
ceph-mon dhcp dhcpv6 dhcpv6-client dns docker-registry dropbox-lansync
freeipa-ldap freeipa-ldaps freeipa-replication ftp high-availability http https
imap imaps ipp ipp-client ipsec iscsi-target kadmin kerberos kpasswd ldap ldaps
libvirt libvirt-tls mdns mosh mountd ms-wbt mysql nfs ntp openvpn pmcd pmproxy
pmwebapi pmwebapis pop3 pop3s postgresql privoxy proxy-dhcp ptp pulseaudio
```

```
puppetmaster radius rpc-bind rsyncd samba samba-client sane smtp smtps snmp snmptrap
squid ssh synergy syslog syslog-tls telnet tftp tftp-client tinc tor-socks
transmission-client vdsm vnc-server wbem-https xmpp-bosh xmpp-client xmpp-local
xmpp-server
    #列出区域的规则列表
    [root@localhost ~]# firewall-cmd --zone=public --list-all
    public (active)
      target: default
      icmp-block-inversion: no
      interfaces: ens33 ens38
      sources:
      services: dhcpv6-client ssh
      ports:
      protocols:
      masquerade: no
      forward-ports:
      sourceports:
      icmp-blocks:
      rich rules:
    #从规则中可以看到目前允许 ssh 和 DHCPv6-Client 通过该区域

    #注意，使用--permanent 参数修改将不会立即生效
    #需要使用 reload 参数重读配置才能生效

    #向 public 区域添加一条规则，允许访问 httpd 服务
    [root@localhost ~]# firewall-cmd --permanent --zone=internal
--add-service=http
    success
    [root@localhost ~]# firewall-cmd --reload
    success
    #验证配置
    [root@localhost ~]# firewall-cmd --zone=internal --list-all
    internal
      target: default
      icmp-block-inversion: no
      interfaces:
      sources:
      services: dhcpv6-client http mdns samba-client ssh
      ports:
      protocols:
      masquerade: no
      forward-ports:
      sourceports:
      icmp-blocks:
      rich rules:
    #向 public 区域添加一条规则，允许访问端口 12345/tcp
    [root@localhost ~]# firewall-cmd --permanent --zone=public
--add-port=12345/tcp
    success
    [root@localhost ~]# firewall-cmd --reload
    success
    [root@localhost ~]# firewall-cmd --zone=public --list-all
    public (active)
      target: default
      icmp-block-inversion: no
```

```
    interfaces: ens33 ens38
    sources:
    services: dhcpv6-client ssh
    ports: 12345/tcp
    protocols:
    masquerade: no
    forward-ports:
    sourceports:
    icmp-blocks:
    rich rules:
#移除服务和端口
    [root@localhost ~]# firewall-cmd --permanent --zone=public
--remove-service=http
    success
    [root@localhost ~]# firewall-cmd --permanent --zone=public
--remove-port=12345/tcp
    success
    [root@localhost ~]# firewall-cmd --reload
    success

#端口伪装配置
#添加端口伪装
    [root@localhost ~]# firewall-cmd --permanent --zone=external --add-masquerade
    success
    [root@localhost ~]# firewall-cmd --reload
    success
#查询伪装
    [root@localhost ~]# firewall-cmd --permanent --zone=external
--query-masquerade
    yes
#移除伪装
    [root@localhost ~]# firewall-cmd --permanent --zone=external
--remove-masquerade
    success
```

9.2 Linux 高级网络配置工具

目前很多 Linux 系统仍在使用之前的 arp、ifconfig 和 route 命令，虽然这些命令能够工作，但是它们在 Linux 2.2 和更高版本的内核上显得有一些落伍，相对于这些命令，iproute2 提供了更丰富的功能。

无论是对 Linux 开发者还是 Linux 系统管理员来说，网络程序调试时数据包的采集和分析都是不可少的。tcpdump 是 Linux 中强大的数据包采集分析工具之一。

本节主要介绍 iproute2 和 tcpdump 的相关知识。

9.2.1 高级网络管理工具 iproute2

相对于系统提供的 arp、ifconfig 和 route 等旧版本的命令，iproute2 提供了更丰富的功能，除提供了网络参数设置、路由设置、带宽控制等功能之外，最新的 GRE 隧道也可以通过此工具进行配置。

现在大多数 Linux 发行版本都安装了 iproute2，若没有安装则可从官方网站下载源代码并安装。iproute2 中的主要管理工具为 ip 命令。下面将介绍 iproute2 软件包的安装与使用，安装过程如示例 9-4 所示。

【示例 9-4】

```
#使用光盘进行安装
[root@localhost Packages]# rpm -ivh iproute-5.15.0-2.2.el9_0.x86_64.rpm
Verifying...                          ################################# [100%]
准备中...
################################# [100%]
        软件包 iproute-5.15.0-2.2.el9_0.x86_64 已经安装
[root@localhost Packages]# rpm -aq | grep iproute
iproute-5.15.0-2.2.el9_0.x86_64
iproute-tc-5.15.0-2.2.el9_0.x86_64
#检查安装情况
[root@localhost Packages]# ip -V
ip utility, iproute2- ss180813
```

ip 命令的语法如示例 9-5 所示。

【示例 9-5】

```
[root@localhost Packages]# ip help
Usage: ip [ OPTIONS ] OBJECT { COMMAND | help }
       ip [ -force ] -batch filename
where  OBJECT := { link | address | addrlabel | route | rule | neigh | ntable |
                   tunnel | tuntap | maddress | mroute | mrule | monitor | xfrm |
                   netns | l2tp | macsec | tcp_metrics | token }
       OPTIONS := { -V[ersion] | -s[tatistics] | -d[etails] | -r[esolve] |
                    -h[uman-readable] | -iec |
                    -f[amily] { inet | inet6 | ipx | dnet | bridge | link } |
                    -4 | -6 | -I | -D | -B | -0 |
                    -l[oops] { maximum-addr-flush-attempts } |
                    -o[neline] | -t[imestamp] | -ts[hort] | -b[atch] [filename] |
                    -rc[vbuf] [size] | -n[etns] name | -a[ll] }
```

1. 使用 ip 命令来查看网络配置

ip 命令是 iproute2 的命令工具，可以替代 ifconfig、route 等命令，使用 ip 命令查看网络配置的用法如示例 9-6 所示。

【示例 9-6】

```
#显示当前网卡参数，同 ipconfig
[root@localhost ~]# ip addr list
1: lo: <LOOPBACK,UP,LOWER_UP> mtu 65536 qdisc noqueue state UNKNOWN qlen 1
    link/loopback 00:00:00:00:00:00 brd 00:00:00:00:00:00
    inet 127.0.0.1/8 scope host lo
       valid_lft forever preferred_lft forever
    inet6 ::1/128 scope host
```

```
        valid_lft forever preferred_lft forever
    2: ens33: <BROADCAST,MULTICAST,UP,LOWER_UP> mtu 1500 qdisc pfifo_fast state
UP qlen 1000
        link/ether 00:0c:29:bc:89:66 brd ff:ff:ff:ff:ff:ff
        inet 192.168.19.1/24 brd 192.168.19.255 scope global ens33
           valid_lft forever preferred_lft forever
        inet6 fe80::5377:8b8a:aa3f:b32a/64 scope link
           valid_lft forever preferred_lft forever
    3: ens38: <BROADCAST,MULTICAST,UP,LOWER_UP> mtu 1500 qdisc pfifo_fast state
UP qlen 1000
        link/ether 00:0c:29:bc:89:70 brd ff:ff:ff:ff:ff:ff
        inet 192.168.10.149/24 brd 192.168.10.255 scope global dynamic ens38
           valid_lft 42038sec preferred_lft 42038sec
        inet6 fd7e:9e08:7904::a43/128 scope global dynamic
           valid_lft 85241sec preferred_lft 85241sec
        inet6 fd7e:9e08:7904:0:4c5f:fd5:e889:f523/64 scope global noprefixroute
dynamic
           valid_lft 7134sec preferred_lft 1734sec
        inet6 fe80::561a:20fc:e76a:8f24/64 scope link
           valid_lft forever preferred_lft forever
    4: virbr0: <NO-CARRIER,BROADCAST,MULTICAST,UP> mtu 1500 qdisc noqueue state
DOWN qlen 1000
        link/ether 52:54:00:15:7d:69 brd ff:ff:ff:ff:ff:ff
        inet 192.168.122.1/24 brd 192.168.122.255 scope global virbr0
           valid_lft forever preferred_lft forever
    5: virbr0-nic: <BROADCAST,MULTICAST> mtu 1500 qdisc pfifo_fast master virbr0
state DOWN qlen 1000
        link/ether 52:54:00:15:7d:69 brd ff:ff:ff:ff:ff:ff
#添加新的网络地址
[root@localhost ~]# ip addr add 192.168.19.100/24 dev ens33
[root@localhost ~]# ip addr list
#部分结果省略
    2: ens33: <BROADCAST,MULTICAST,UP,LOWER_UP> mtu 1500 qdisc pfifo_fast state
UP qlen 1000
        link/ether 00:0c:29:bc:89:66 brd ff:ff:ff:ff:ff:ff
        inet 192.168.19.1/24 brd 192.168.19.255 scope global ens33
           valid_lft forever preferred_lft forever
        inet 192.168.19.100/24 scope global secondary ens33
           valid_lft forever preferred_lft forever
        inet6 fe80::5377:8b8a:aa3f:b32a/64 scope link
           valid_lft forever preferred_lft forever
#删除网络地址
[root@localhost ~]# ip addr del 192.168.19.100/24 dev ens33
```

上面的命令显示了机器上所有的地址以及这些地址属于哪些网络接口。inet 表示 Internet（IPv4）。ens33 的 IP 地址与 192.168.19.1/24 相关联，/24 表示网络地址的位数，lo 为本地回路信息，virbr0 表示桥接网络（主要用于虚拟化）。

2．显示路由信息

如需查看路由信息，可以使用 ip route list 命令，如示例 9-7 所示。

【示例 9-7】

```
#查看路由情况
```

```
[root@localhost ~]# ip route list
default via 192.168.10.100 dev ens38 proto static metric 100
169.254.0.0/16 dev ens33 scope link metric 1002
192.168.10.0/24 dev ens38 proto kernel scope link src 192.168.10.149 metric 100
192.168.19.0/24 dev ens33 proto kernel scope link src 192.168.19.1 metric 100
192.168.122.0/24 dev virbr0 proto kernel scope link src 192.168.122.1
[root@localhost ~]# route -n
Kernel IP routing table
Destination     Gateway         Genmask         Flags Metric Ref   Use Iface
0.0.0.0         192.168.10.100  0.0.0.0         UG    100    0       0 ens38
169.254.0.0     0.0.0.0         255.255.0.0     U     1002   0       0 ens33
192.168.10.0    0.0.0.0         255.255.255.0   U     100    0       0 ens38
192.168.19.0    0.0.0.0         255.255.255.0   U     100    0       0 ens33
192.168.122.0   0.0.0.0         255.255.255.0   U     0      0       0 virbr0
#添加路由
[root@localhost ~]# ip route add 192.168.3.1 dev ens33
```

上述示例首先查看了系统当前的路由情况，其功能和 route 命令类似。

以上只是初步介绍了 iproute2 的用法，更多信息可查看系统帮助。

9.2.2 网络数据采集与分析工具 tcpdump

tcpdump 即 dump traffic on a network，它是根据使用者的定义对网络上的数据包进行截获并分析的工具。无论对于网络开发者还是系统管理员，数据包的截获与分析都是最重要的技术之一。对于系统管理员来说，在网络性能急剧下降的时候，可以通过 tcpdump 工具分析原因，找出造成网络阻塞的原因。对于程序开发者来说，可以通过 tcpdump 工具来调试程序。tcpdump 支持针对网络层、协议、主机、网络或端口的过滤，并提供 and、or、not 等逻辑语句过滤不必要的信息。

注意：Linux 系统下普通用户不能正常执行 tcpdump，一般要通过 root 用户执行。

tcpdump 采用命令行方式，命令格式如下：

```
tcpdump [ -adeflnNOpqStvx ] [ -c 数量 ] [ -F 文件名 ]
        [ -i 网络接口 ] [ -r 文件名] [ -s snaplen ]
        [ -T 类型 ] [ -w 文件名 ] [表达式 ]
```

参数说明如表 9.1 所示。

表9.1　tcpdump命令参数说明

参　　数	说　　明
-A	以 ASCII 码方式显示每一个数据包，在程序调试时便于查看数据
-a	将网络地址和广播地址转换成名字
-c	tcpdump 工具将在接收到指定数目的数据包后退出
-d	将匹配信息包的代码转换成人们能够理解的汇编格式
-dd	将匹配信息包的代码转换成 C 语言程序段的格式
-ddd	将匹配信息包的代码转换成十进制的形式
-e	在输出行打印出数据链路层的头部信息

(续表)

参数	说　明
-f	将外部的 Internet 地址以数字的形式打印出来
-F	使用文件作为过滤条件表达式的输入，此时命令行上的输入将被忽略
-i	指定监听的网络接口
-l	使标准输出变为缓冲行形式
-n	不把网络地址转换成名字
-N	不打印出 host 的域名部分
-q	打印很少的协议相关信息，从而使输出行都比较简短
-r	从文件中读取包数据
-s	设置 tcpdump 的数据包抓取长度，如果不设置则默认为 68 字节
-t	在输出的每一行不打印时间戳
-tt	不对每行输出的时间进行格式处理
-ttt	tcpdump 输出时，每两行打印之间会延迟一个时间段，以毫秒为单位
-tttt	在每行打印的时间戳之前添加日期
-v	输出一个稍微详细的信息，例如在 ip 包中可以包括 TTL 和服务类型的信息
-vv	输出详细的报文信息
-vvv	产生比-vv 更详细的输出
-x	当分析和打印时，tcpdump 会打印每个包的头部数据，同时会以十六进制打印出每个包的数据，但不包括连接层的头部
-xx	tcpdump 会打印每个包的头部数据，同时会以十六进制打印出每个包的数据，其中包括数据链路层的头部
-X	tcpdump 会打印每个包的头部数据，同时会以十六进制和 ASCII 码形式打印出每个包的数据，但不包括连接层的头部
-XX	tcpdump 会打印每个包的头部数据，同时会以十六进制和 ASCII 码形式打印出每个包的数据，其中包括数据链路层的头部

首先确认本机是否安装 tcpdump，如果没有安装，那么可以使用示例 9-8 中的方法安装。

【示例 9-8】

```
#安装 tcpdump
[root@localhost Packages]# rpm -ivh tcpdump-14:4.99.0-6.el9.x86_64.rpm
warning: tcpdump-14:4.99.0-6.el9.x86_64.rpm: Header V3 RSA/SHA256 Signature, key ID fd431d51: NOKEY
Preparing...                          ################################# [100%]
Updating / installing...
   1:tcpdump-14:4.99.0-6.el9.x86_64   ################################# [100%]
```

tcpdump 最简单的使用方法如示例 9-9 所示。

【示例 9-9】

```
[root@localhost Packages]# tcpdump
tcpdump: verbose output suppressed, use -v or -vv for full protocol decode
listening on any, link-type LINUX_SLL (Linux cooked), capture size 65535 bytes
15:33:20.414524 IP 192.168.19.101.ssh > 192.168.19.1.caids-sensor: Flags [P.], seq 697952143:697952339, ack 4268328847, win 557, length 196
15:33:20.415065 IP 192.168.19.1.caids-sensor > 192.168.19.101.ssh: Flags [.],
```

```
    ack 196, win 15836, length 0
       15:33:20.419833 IP 192.168.19.101.ssh > 192.168.19.1.caids-sensor: Flags [P.],
    seq 196:488, ack 1, win 557, length 292
```

以上示例演示了 tcpdump 最简单的使用方法。若其后不跟任何参数，则 tcpdump 会从系统接口列表中搜寻编号最小的已配置好的接口（不包括 loopback 接口），一旦找到第一个符合条件的接口，则搜寻马上结束，并将获取的数据包打印出来。

tcpdump 利用表达式（可以是正则表达式）作为过滤数据包的条件。如果数据包符合表达式，则数据包被截获；如果没有给出任何条件，则接口上所有的信息包都将被截获。

表达式中一般有如下几种关键字。

（1）第 1 种是关于类型的关键字，如 host、net 和 port。例如，host 192.168.19.101 指明 192.168.19.101 为一台主机，而 net 192.168.19.101 则表示 192.168.19.101 为一个网络地址。如果没有指定类型，那么默认类型为 host。

（2）第 2 种是确定数据包传输方向的关键字，包含 src、dst、dst or src 和 dst and src。例如，src 192.168.19.101 指明数据包中的源地址是 192.168.19.101，而 dst 192.168.19.101 则指明数据包中的目的地址是 192.168.19.101。如果没有指明方向的关键字，则默认是 dst or src。

（3）第 3 种是协议的关键字，比如指明是 TCP 还是 UDP。

除了这 3 种类型的关键字之外，还有 3 种逻辑运算：取非运算是 not 或 "!"，与运算是 and 或 "&&"，或运算是 or 或 "||"。通过这些关键字的组合可以实现复杂且强大的条件，如示例 9-10 所示。

【示例 9-10】

```
    [root@localhost ~]# tcpdump -i any  tcp and dst host  192.168.19.101  and
dst port 3306  -s100  -XX  -n
    tcpdump: verbose output suppressed, use -v or -vv for full protocol decode
    listening on any, link-type LINUX_SLL (Linux cooked), capture size 100 bytes
    16:08:05.539893 IP 192.168.19.101.49702 > 192.168.19.101.mysql: Flags [P.],
seq 79:108, ack 158, win 1024, options [nop,nop,TS val 17107592 ecr 17107591], length
29
        0x0000:  0000 0304 0006 0000 0000 0000 0000 0800  ................
        0x0010:  4508 0051 ffe8 4000 4006 929b c0a8 1365  E..Q..@.@......e
        0x0020:  c0a8 1365 c226 0cea 32aa f5e0 c46e c925  ...e.&..2....n.%
        0x0030:  8018 0400 a85e 0000 0101 080a 0105 0a88  .....^..........
        0x0040:  0105 0a87 1900 0000 0373 656c 6563 7420  .........select.
        0x0050:  2a20 6672 6f6d 206d 7973 716c            *.from.mysql
```

以上 tcpdump 命令表示抓取发往本机 3306 端口的请求："-i any"表示截获本机所有网络接口的数据包；"tcp"表示 TCP；"dst host"表示数据包地址为 192.168.19.101；"dst port"表示目的地址为 3306；"-s100"表示设置 tcpdump 的数据包抓取长度为 100 字节，如果不设置，则默认为 68 字节；"-XX"表示同时会以十六进制和 ASCII 码形式打印出每个包的数据；"-n"表示不对地址（如主机地址或端口号）进行数字表示到名字表示的转换。输出部分"16:08:05.539893"表示时间；然后是发起请求的源 IP 端口和目的 IP 端口；"Flags[P.]"是 TCP 包中的标志信息（S 表示 SYN，F 表示 FIN，P 表示 PUSH，R 表示 RST，"."表示没有标记），详细说明可进一步参考 TCP 各种状态之间的转换规则。

9.3 小　　结

　　Linux 防火墙配置是网络管理中的一个重要环节。Firewalld 简化了配置的复杂性，非常容易上手。Linux 高级网络管理工具 iproute2 提供了丰富的功能，要多加了解。网络数据采集与分析工具 tcpdump 在网络程序的调试过程中具有非常重要的作用，需上机多加练习。本章的内容虽然看起来比较高深，但在实际应用中非常广泛，是读者必须掌握的技能。

9.4 习　　题

一、填空题

1. 在 Firewalld 中区域的作用是_____。
2. Firewalld 默认的 9 个区域分别是_____、_____、_____、_____、_____、_____、_____、_____和_____。

二、选择题

以下关于区域描述不正确的是（　　）。

  A. 每个接口都对应了一个区域

  B. 用户通过向接口所属区域中添加规则的方式改变防火墙的规则

  C. 区域的描述决定了哪些连接可以通过防火墙

  D. 区域中的规则对象可以是服务、端口等

第 10 章

Linux 路由管理

Linux 除了能够发送自己产生的数据包之外，还能够在多个网络接口之间转发外界产生的数据包，因此 Linux 具有完整的路由（Routing）功能。本章将介绍路由的基本概念、静态路由的配置以及策略路由等。

本章主要涉及的知识点有：

- 认识 Linux 路由
- 配置 Linux 静态路由
- Linux 的策略路由

10.1 认识 Linux 路由

路由是 IP 协议中最重要的功能。互联网本质上是一个网状的结构，当数据包传递到 IP 协议层时，必然会面临路径选择的问题，即数据包从哪个路径传递是最优的。这就是路由的功能。本节将介绍 Linux 路由的基本概念。

10.1.1 路由的基本概念

在 TCP/IP 网络中，路由是一个非常重要的概念。所谓路由，就是通过互连的网络把信息从源地址传输到目的地址的过程。

图 10.1 描述了路由的基本过程，主机 A 想要传递数据给主机 B，共有两条路径，分别是主机 A→B→主机 B 和主机 A→B→C→D→E→主机 B，其中 B~E 都是一些网络设备，都具有路由功能。在数据传输的时候，这些设备会自动选择一个最优的路径来完成数据传输，这个过程就称为路由。

路由通常根据路由表来引导分组数据的转送。路由表是一个储存到各个目的地的最佳路径的表格。为了有效率地转送分组数据，建立储存在主机和路由器中的路由表是非常重要的。

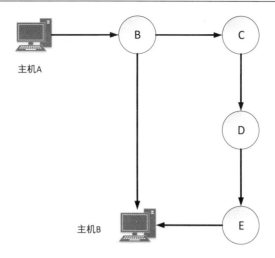

图 10.1　路由的基本过程

10.1.2　路由的原理

路由的原理非常复杂。一般情况下，网络中的主机、路由器和交换机都具有路由功能。这些设备接收到 IP 数据包之后，要根据 IP 数据包的目的地址决定选择哪个网络接口把数据包发送出去。如果路由器的某个网络接口与 IP 数据包的目的主机位于同一个局域网中，则可以直接通过该接口把数据包传递给目的主机；如果目的主机与路由器不位于同一个局域网中，则路由器会根据目的地来选择另外一台合适的路由器，再从某个网络接口把数据包发送出去。

注意：由于路由是网络层的功能，因此只有工作在网络层的交换机才具有路由功能，只工作在数据链路层的交换机不具有路由功能。

10.1.3　路由表

路由表是位于主机或者路由器中的一个小型数据库。路由表是路由转发的基础，不管是主机还是路由器，只要与外界交换 IP 数据包，平时都要维护一张路由表。当发送 IP 数据包时，要根据目的地址和路由表来决定如何发送。

路由表通常包括目标、网络掩码、网关、接口以及跃点数等内容。其中，目标可以是目标主机、子网地址、网络地址或者默认路由。通常情况下，默认路由的目标为 0.0.0.0。当所有的路由都不匹配的时候，数据包将被转发给默认路由。

网络掩码与目标配合使用。例如，主机路由的掩码为 255.255.255.255，默认路由的掩码为 0.0.0.0，子网或者网络地址的掩码位于这两者之间。其中，掩码 255.255.255.255 表示只有精确匹配的目标才使用此路由；掩码 0.0.0.0 表示任何目标都可以使用此路由。

网关是数据包需要发送到的下一个路由器的 IP 地址。接口表明用于接通下一个路由器的网络接口。跃点数表明使用路由到达目标的相对成本。常用指标为跃点，或到达目标位置所通过的路由器数目。如果有多个相同目标位置的路由，则跃点数最低的路由为最佳路由。

在 Red Hat Enterprise Linux 中，用户可以通过 route 命令来打印输出当前主机的路由表，代码如下：

```
[root@localhost ~]# route
Kernel IP routing table
Destination     Gateway         Genmask         Flags Metric Ref    Use Iface
default         192.168.10.100  0.0.0.0         UG    100    0        0 eno16777736
192.168.10.0    0.0.0.0         255.255.255.0   U     100    0        0 eno16777736
192.168.122.0   0.0.0.0         255.255.255.0   U     0      0        0 virbr0
```

在上面的输出中，Destination 表示目标，Gateway 表示网关，Genmask 表示网络掩码，Metric 表示跃点数，Iface 表示网络接口。

10.1.4　静态路由和动态路由

系统管理员可以通过两种方法配置路由表：静态路由和动态路由。

- 静态路由由系统管理员手工或者通过 route 命令对路由表进行配置，不会随着未来网络结构的改变而自动发生变化。
- 动态路由由主机上面的某一进程通过与其他的主机或者路由器交换路由信息后再对路由表进行自动更新，会根据网络系统的运行情况而自动调整。

一般来说，静态路由和动态路由各有优缺点和适用范围。通常情况下，可以把动态路由作为静态路由的补充，其做法是当一个数据包在路由器中进行路由查找时，首先将数据包与静态路由条目匹配，如果能匹配其中的一条，则按照该静态路由转发数据包；如果所有的静态路由都不能匹配，则使用动态路由规则来转发。

10.2　配置 Linux 静态路由

静态路由具有简单、高效、可靠的特点。在一般的路由器和主机中，都要使用静态路由。Linux 系统除了在主机中配置路由外，还可以配置成路由器，以便能为其他主机提供路由服务。下面介绍使用 route 命令对 Linux 进行路由配置的方法。

10.2.1　配置网络接口地址

在 Red Hat Enterprise Linux 中，系统管理员可以通过多种方式来配置网络接口，其中最为常用的有两种：使用 ifconfig 命令和直接修改网络接口配置文件。下面分别介绍这两种方法。

1. 使用 ifconfig 命令

ifconfig 命令是一个用来查看、配置、启动或者禁用网络接口的工具，极为常用。系统管理员可以使用该命令临时性地配置网卡的 IP 地址、子网掩码、广播地址以及网关等。ifconfig 命令的基本语法如下：

```
ifconfig interface options | address ...
```

其中，interface 表示网络接口的名称，例如 ens33 等；options 表示 ifconfig 命令的选项，常用的选项如下：

- up：启动某个网络接口。
- down：禁用某个网络接口。
- netmask：设置子网掩码。
- broadcast：广播地址。
- address：分配给网络接口的 IP 地址。

如果没有指定以上选项，则表示输出当前主机所有的网络接口，如示例 10-1 所示。

【示例 10-1】

```
[root@localhost ~]# ifconfig -a
ens33: flags=4163<UP,BROADCAST,RUNNING,MULTICAST>  mtu 1500
       inet 192.168.19.1  netmask 255.255.255.0  broadcast 192.168.19.255
       inet6 fe80::5377:8b8a:aa3f:b32a  prefixlen 64  scopeid 0x20<link>
       ether 00:0c:29:bc:89:66  txqueuelen 1000  (Ethernet)
       RX packets 0  bytes 0 (0.0 B)
       RX errors 0  dropped 0  overruns 0  frame 0
       TX packets 28  bytes 3713 (3.6 KiB)
       TX errors 0  dropped 0 overruns 0  carrier 0  collisions 0

lo: flags=73<UP,LOOPBACK,RUNNING>  mtu 65536
       inet 127.0.0.1  netmask 255.0.0.0
       inet6 ::1  prefixlen 128  scopeid 0x10<host>
       loop  txqueuelen 1  (Local Loopback)
       RX packets 132  bytes 11220 (10.9 KiB)
       RX errors 0  dropped 0  overruns 0  frame 0
       TX packets 132  bytes 11220 (10.9 KiB)
       TX errors 0  dropped 0 overruns 0  carrier 0  collisions 0
...
```

从上面的命令片段中可知，当前显示了两个网络接口，分别为 ens33 和 lo，其中 ens33 表示第一个以太网网络接口。ether 表示当前接口的 MAC 地址，inet 表示分配给该网络接口的 IP 地址，broadcast 表示广播地址，netmask 表示子网掩码，inet6 表示 IPv6 地址；UP 关键字表示该网络接口是启用状态。名称为 lo 的网络接口通常指本地环路接口，其 IP 地址为 127.0.0.1。

如果用户只想查看某个网络接口的信息，则可以将接口名称作为 ifconfig 命令的参数，如示例 10-2 所示。

【示例 10-2】

```
[root@localhost ~]# ifconfig ens33
ens33: flags=4163<UP,BROADCAST,RUNNING,MULTICAST>  mtu 1500
       inet 192.168.19.1  netmask 255.255.255.0  broadcast 192.168.19.255
       inet6 fe80::5377:8b8a:aa3f:b32a  prefixlen 64  scopeid 0x20<link>
       ether 00:0c:29:bc:89:66  txqueuelen 1000  (Ethernet)
       RX packets 0  bytes 0 (0.0 B)
       RX errors 0  dropped 0  overruns 0  frame 0
       TX packets 28  bytes 3713 (3.6 KiB)
       TX errors 0  dropped 0 overruns 0  carrier 0  collisions 0
```

下面的命令将主机的 IP 地址修改为 192.168.19.19、子网掩码设置为 255.255.255.0、广播地址设置为 192.168.19.255：

```
[root@localhost ~]# ifconfig ens33 192.168.19.19 netmask 255.255.255.0 broadcast 192.168.19.255
```

在某些情况下，系统管理员可能需要为某个网络接口设置多个 IP 地址，此时可以使用"网络接口：序号"的形式为 ifconfig 命令指定子接口。例如，下面的命令为网络接口 ens33 增加一个子接口并为它设置 IP 地址：

```
[root@localhost ~]# ifconfig ens33:0 192.168.19.16 netmask 255.255.255.0 up
```

执行完以上命令之后，用户可以使用 ifconfig 命令查看当前主机的网络接口，如示例 10-3 所示。

【示例 10-3】

```
ens33: flags=4163<UP,BROADCAST,RUNNING,MULTICAST>  mtu 1500
        inet 192.168.19.19  netmask 255.255.255.0  broadcast 192.168.19.255
        inet6 fe80::20c:29ff:febc:8966  prefixlen 64  scopeid 0x20<link>
        ether 00:0c:29:bc:89:66  txqueuelen 1000  (Ethernet)
        RX packets 0  bytes 0 (0.0 B)
        RX errors 0  dropped 0  overruns 0  frame 0
        TX packets 104  bytes 13091 (12.7 KiB)
        TX errors 0  dropped 0 overruns 0  carrier 0  collisions 0

ens33:0: flags=4163<UP,BROADCAST,RUNNING,MULTICAST>  mtu 1500
        inet 192.168.19.16  netmask 255.255.255.0  broadcast 192.168.19.255
        ether 00:0c:29:bc:89:66  txqueuelen 1000  (Ethernet)

lo: flags=73<UP,LOOPBACK,RUNNING>  mtu 65536
        inet 127.0.0.1  netmask 255.0.0.0
        inet6 ::1  prefixlen 128  scopeid 0x10<host>
        loop  txqueuelen 1  (Local Loopback)
        RX packets 143  bytes 13009 (12.7 KiB)
        RX errors 0  dropped 0  overruns 0  frame 0
        TX packets 143  bytes 13009 (12.7 KiB)
        TX errors 0  dropped 0 overruns 0  carrier 0  collisions 0
...
```

从上面的输出结果可知，网络接口 ens33 已经拥有了两个 IP 地址，分别为 192.168.19.19 和 192.168.19.16。

2. 直接修改网络接口配置文件

尽管 ifconfig 命令非常方便和灵活，但是使用该命令所做的修改只是临时性的，当主机重新启动之后，所有的改动都会丢失。为了能够永久地保存所做的配置，用户可以直接修改网络接口的配置文件。

在 Red Hat Enterprise Linux 中，网络接口的配置文件位于/etc/sysconfig/network-scripts 目录下，其命名形式为网络接口的名称，并以 ifcfg 为前缀。例如，网络接口 ens33 的配置文件为 ifcfg-ens33。示例 10-4 中的代码是一台主机的网络接口 ens33 的配置文件内容。

【示例 10-4】

```
[root@localhost ~]# cat /etc/sysconfig/network-scripts/ifcfg-ens33
TYPE=Ethernet
BOOTPROTO=none
DEFROUTE=yes
IPV4_FAILURE_FATAL=no
IPV6INIT=yes
IPV6_AUTOCONF=yes
IPV6_DEFROUTE=yes
IPV6_FAILURE_FATAL=no
IPV6_ADDR_GEN_MODE=stable-privacy
NAME=ens33
UUID=7aaaf0a1-774c-46f2-82a6-64060e834311
DEVICE=ens33
ONBOOT=yes
DNS1=61.139.2.69
DNS2=202.98.96.68
ZONE=
IPADDR=192.168.19.1
PREFIX=24
GATEWAY=192.168.19.254
IPV6_PEERDNS=yes
IPV6_PEERROUTES=yes
```

在上面的代码中，DEVICE 表示网络接口名称；BOOTPROTO 表示地址分配方式，即是静态地址还是从 DHCP 服务器动态获取的地址；ONBOOT 表示在主机启动的时候是否启动该接口；IPADDR 表示网络接口的 IP 地址；GATEWAY 表示网关地址；DNS1、DNS2 表示 DNS 服务器的地址。

如果用户需要修改网络参数，可以使用文本编辑器（例如 vi 或者 vim）打开该文件，然后修改启动的选项，保存即可。

通过配置文件的方式来修改网络接口的参数并不会立即生效，用户需要重新启动网络服务才会使新的参数发挥作用，如示例 10-5 所示。

【示例 10-5】

```
[root@localhost ~]# systemctl restart network.service
```

10.2.2 测试网卡接口 IP 配置状况

当网络接口配置完成之后，用户需要测试该网络接口的状态，以验证所做的修改是否正确。其中，使用 ping 命令是一种最为简单有效的方式。ping 命令的语法非常简单，直接使用 IP 地址作为参数即可。例如，下面的命令测试网络接口 ens33 所配置的 IP 地址 192.168.10.15 是否生效。

```
[root@localhost ~]# ping 192.168.10.15
PING 192.168.10.15 (192.168.10.15) 56(84) bytes of data.
64 bytes from 192.168.10.15: icmp_seq=1 ttl=64 time=0.054 ms
64 bytes from 192.168.10.15: icmp_seq=2 ttl=64 time=0.056 ms
64 bytes from 192.168.10.15: icmp_seq=3 ttl=64 time=0.072 ms
64 bytes from 192.168.10.15: icmp_seq=4 ttl=64 time=0.054 ms
...
```

以上信息表示 IP 地址 192.168.10.15 是连通的，如果 IP 地址不能连通，则会给出 Destination Host Unreachable 的错误信息，如下所示：

```
[root@localhost ~]# ping 192.168.10.14
PING 192.168.10.14 (192.168.10.14) 56(84) bytes of data.
From 192.168.10.15 icmp_seq=1 Destination Host Unreachable
From 192.168.10.15 icmp_seq=2 Destination Host Unreachable
From 192.168.10.15 icmp_seq=3 Destination Host Unreachable
From 192.168.10.15 icmp_seq=4 Destination Host Unreachable
...
```

10.2.3　route 命令

route 命令用来查看系统中的路由表信息，以及添加、删除静态路由记录。直接执行 route 命令可以查看当前主机中的路由表信息。在 10.1.3 节中，已经使用该命令输出当前系统的路由表。

route 命令不仅可以用于查看路由表的信息，还可以添加、删除静态的路由表条目，其中当然也包括设置默认网关地址。route 命令提供了许多子命令来完成这些功能，下面分别对它们进行详细介绍。

在增加静态路由时，需要使用 add 子命令，其基本语法如下：

```
route add [-net | host] target [netmask mask] [gw Gw] [metric N] [dev] if
```

其中，-net 用来指定目标网段的地址；host 用来指定目标主机的地址；target 表示目标网络或者主机；netmask 表示子网掩码，当 target 指定了一个目标网络时，需要使用子网掩码来配合使用；gw 表示网关地址；metric 表示要到达目标的路由代价；dev 表示将该路由条目与某个网络接口绑定在一起。

示例 10-6 的命令是在某个系统的路由表中添加一条静态路由信息。

【示例 10-6】

```
[root@localhost ~]# route add -host 58.64.138.213 gw 192.168.10.101
[root@localhost ~]# route -n
Kernel IP routing table
Destination     Gateway         Genmask         Flags Metric Ref    Use Iface
0.0.0.0         192.168.10.1    0.0.0.0         UG    100    0        0 ens38
58.64.138.213   192.168.10.101  255.255.255.255 UGH   0      0        0 ens38
192.168.10.0    0.0.0.0         255.255.255.0   U     100    0        0 ens38
192.168.19.0    0.0.0.0         255.255.255.0   U     0      0        0 ens33
192.168.122.0   0.0.0.0         255.255.255.0   U     0      0        0 virbr0
```

在上面的命令中，首先使用 add 子命令增加一条目标为 58.64.138.213 的路由信息，与该主机通信需要通过网关 192.168.10.101。然后使用 route 命令输出系统路由表，从输出结果可以得知该路由信息添加成功。

如果想要删除路由条目，则可以使用 del 子命令，其基本语法如下：

```
route del [-net|-host] target [gw Gw] [netmask Nm] [metric N] [[dev] If]
```

上面命令的参数与前面介绍的 add 子命令的参数完全相同，此外不再赘述。示例 10-7 的命令将示例 10-6 中添加的路由条目删除。

【示例 10-7】

```
[root@localhost ~]# route del -host 58.64.138.213 gw 192.168.10.101
[root@localhost ~]# route -n
Kernel IP routing table
Destination     Gateway         Genmask         Flags Metric Ref    Use Iface
0.0.0.0         192.168.10.1    0.0.0.0         UG    100    0        0 ens38
192.168.10.0    0.0.0.0         255.255.255.0   U     100    0        0 ens38
192.168.19.0    0.0.0.0         255.255.255.0   U     0      0        0 ens33
192.168.122.0   0.0.0.0         255.255.255.0   U     0      0        0 virbr0
```

从上面的命令可以得知，通过 del 子命令，目标为 58.64.138.213 的路由条目已经成功删除。

注意：默认网关记录是一条特殊的静态路由条目。如果目的地址不匹配所有的路由条目，则通过默认网关发送。

10.2.4 普通客户机的路由设置

如果某台 Linux 主机并不充当路由器的功能，仅仅提供某些网络服务，则其路由配置非常简单。在这种情况下，一般只需要两条路由即可，其中一条是到本地子网的路由，另外一条是默认路由。前者用于与同一子网的主机通信，后者则负责处理所有不发送到本地子网的数据包。这也是用户在使用 route 命令查看本地路由表时经常见到的情况。关于这种情况，不再详细介绍。接下来重点介绍一下 Red Hat Enterprise Linux 在充当路由器角色时的配置方法。

10.2.5 Linux 路由器配置实例

在本小节中，以一个具体的例子来说明如何配置 Red Hat Enterprise Linux 主机，实现网络之间的路由功能。图 10.2 描述了 3 个子网之间的连接，其中 Red Hat Enterprise Linux 主机拥有 3 个网络接口，IP 地址分别为 192.168.1.2、10.10.1.1 和 10.10.2.1，同时这 3 个网络接口分别与子网 192.168.1.0/24、10.10.1.0/24 和 10.10.2.0/24 相连接。默认路由指向 192.168.1.1，与子网 10.10.2.0/24 相连的还有 10.10.3.0/24。

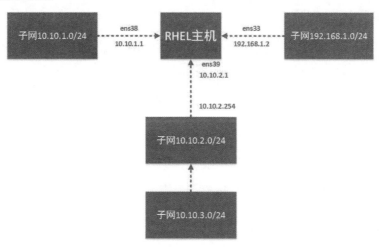

图 10.2 通过 Red Hat Enterprise Linux 主机实现路由功能

与 Red Hat Enterprise Linux 主机相连的 3 个子网在物理上是连通的，只要配置完相应接口的 IP 地址，Red Hat Enterprise Linux 就会自动添加这 3 个子网的路由，但还不能连接到 10.10.3.0/24 子网，因为 Red Hat Enterprise Linux 无法感知它的存在。为了实现数据交换，系统管理员应该在 Red Hat Enterprise Linux 主机中添加 10.10.3.0/24 的路由条目，将前往 10.10.3.0/24 子网的数据包交给 10.10.2.254 转发，如示例 10-8 所示。

【示例 10-8】

```
[root@localhost ~]# route add -net 10.10.3.0/24 -gw 10.10.2.254
```

增加完成之后，当前系统的路由表如下：

```
[root@localhost ~]# route -n
Kernel IP routing table
Destination     Gateway         Genmask         Flags Metric Ref    Use Iface
0.0.0.0         192.168.1.1     0.0.0.0         UG    100    0        0 ens33
10.10.3.0       10.10.2.254     255.255.255.0   U     0      0        0 ens39
10.10.1.0       0.0.0.0         255.255.255.0   U     0      0        0 ens38
10.10.2.0       0.0.0.0         255.255.255.0   U     0      0        0 ens39
192.168.1.0     0.0.0.0         255.255.255.0   U     0      0        0 ens33
192.168.122.0   0.0.0.0         255.255.255.0   U     0      0        0 virbr0
```

有了上面的静态路由，当有目标为网络 10.10.3.0/24 的数据包时，Red Hat Enterprise Linux 主机就知道需要从网络接口 ens39 转发，通过 10.10.2.254 转发到该网络。

10.3　Linux 的策略路由

传统的 IP 路由根据数据包的目的 IP 地址选择路径，在某些场合下，这样可能会对 IP 数据包的路由提出更多的要求。例如，要求所有来自 A 网的数据包都路由到 X 路径，这些要求需要通过策略路由来达到。本节主要介绍在 Linux 系统下实现策略路由的方法。

10.3.1　策略路由的概念

在介绍策略路由的概念之前，先回顾一下前面介绍的 IP 路由。假设某台主机的路由表如下所示：

```
[root@localhost ~]# route -n
Kernel IP routing table
Destination     Gateway         Genmask         Flags Metric Ref    Use Iface
0.0.0.0         192.168.1.1     0.0.0.0         UG    100    0        0 ens33
10.10.1.0       0.0.0.0         255.255.255.0   U     0      0        0 ens38
10.10.2.0       0.0.0.0         255.255.255.0   U     0      0        0 ens39
192.168.1.0     0.0.0.0         255.255.255.0   U     0      0        0 ens33
192.168.122.0   0.0.0.0         255.255.255.0   U     0      0        0 virbr0
```

前面已经讲过，路由表的功能是指导主机如何向外发送数据包。如果用户从上面的主机向 192.168.1.123 发送数据包，这个数据包的目的地址将会被标记为 192.168.1.123。接着系统会以数据包的目的地为依据，和上面的路由表进行匹配，先和第 2 条规则 10.10.1.0/24 进行匹配，发现

192.168.1.123 并不在该网段内,接着和第 3 条规则 10.10.2.0/24 进行匹配,发现目标地址还不在该网段内,直至匹配到第 4 条规则 192.168.1.0/24 时,才发现目的地址就位于该网络中,于是该数据包将通过 ens33 发送出去。

注意:如果在本机路由表上没有匹配到 192.168.1.123 所在网段的路由,就会从第一个路由条目(默认路由指定的接口)把该数据包发送出去。

从上面的过程可以看出,传统的 IP 路由是以目的地 IP 地址为依据和主机上的路由表进行匹配的。如果用户想要本机的 HTTP 的数据包经过 ens39 发送出去、FTP 的数据包经过 ens33 发送出去,或者根据目的地的 IP 地址来决定数据包从哪个网络接口发送出去,则传统的路由无法实现。

基于策略的路由比传统路由在功能上更强大,使用更灵活。通过策略路由,网络管理员不仅能够根据目的地址以及路径代价来进行路由选择,还能够根据报文大小、应用或 IP 源地址来选择转发路径。通过制定不同的路由策略,将路由选择的依据扩大到 IP 数据包的源地址、上层协议,甚至网络负载等方面,大大提高了网络的效率和灵活性。

10.3.2 路由表的管理

与传统的路由一样,策略路由的策略也保存在路由表中。Red Hat Enterprise Linux 系统可以同时存在 256 个路由表,编号范围为 0~255。每个路由表都各自独立,互不相关。数据包传输时根据路由策略数据库内的策略决定数据包应该使用哪个路由表传输。

在 256 个路由表中,Linux 系统维护 4 个路由表,分别是 0、253、254 和 255。其中,0 号表是系统保留表;253 号表是默认路由表,一般默认的路由都放在这张表中;254 号表是主路由表,如果没有指明路由所属的表,那么所有的路由都默认放在这张表里;255 号表是本地路由表,本地接口地址、广播地址以及 NAT 地址都放在这张表中,该路由表由系统自动维护,管理员不能直接修改。

除了表号之外,路由表还有名称,表号和表名的对应关系位于/etc/iproute2/rt_tables 文件中。示例 10-9 的代码就是某个 Red Hat Enterprise Linux 系统中/etc/iproute2/rt_tables 文件的内容。

【示例 10-9】

```
[root@localhost ~]# cat /etc/iproute2/rt_tables
#
# reserved values
#
255     local
254     main
253     default
0       unspec
#
# local
#
#1      inr.ruhep
```

从上面的代码可以得知,255 号表的表名为 local,254 号表的表名为 main,253 号表的表名为 default,0 号表的表名为 unspec。

策略路由的路由选择过程如图 10.3 所示。

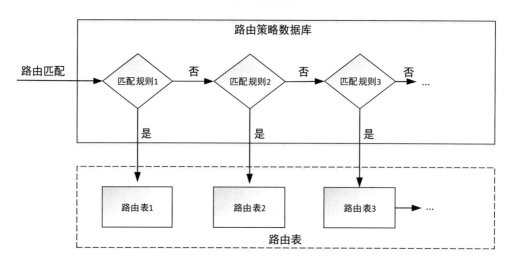

图 10.3　策略路由的路由表匹配

从图 10.3 中可以得知，Red Hat Enterprise Linux 有一个路由策略数据库，存储着用户制订的各种策略。在进行路由选择的时候，系统会逐条匹配数据库中的策略。在匹配成功的情况下，会使用对应路由表中的路由信息；否则，继续匹配下一条策略。

10.3.3　路由管理

与传统的路由管理不同，策略路由需要使用 ip route 命令来管理路由表中的条目。该命令的基本语法为：

```
ip route list SELECTOR
```

或者

```
ip route { change | del| add | append | replace | monitor } ROUTE
```

其中，上一条命令用来列出路由表中的路由信息，下一条命令用来修改、删除、增加、追加、替换和监控路由条目。SELECTOR 参数表示路由表名或者号码。

如果想查看所有路由表的内容，可以使用以下命令：

```
[root@localhost ~]# ip route list
default via 192.168.10.100 dev ens38 proto static metric 100
169.254.0.0/16 dev ens33 scope link metric 1002
192.168.10.0/24 dev ens38 proto kernel scope link src 192.168.10.149 metric 100
192.168.19.0/24 dev ens33 proto kernel scope link src 192.168.19.1 metric 100
192.168.122.0/24 dev virbr0 proto kernel scope link src 192.168.122.1
```

示例 10-10 的命令用于在主路由表中增加一条路由信息。

【示例 10-10】

```
[root@localhost ~]# ip route add 192.168.1.0/24 dev ens38 table main
```

```
[root@localhost ~]# ip route list table main
default via 192.168.10.100 dev ens38 proto static metric 100
169.254.0.0/16 dev ens33 scope link metric 1002
192.168.1.0/24 dev ens38 scope link
192.168.10.0/24 dev ens38 proto kernel scope link src 192.168.10.149 metric 100
192.168.19.0/24 dev ens33 proto kernel scope link src 192.168.19.1 metric 100
192.168.122.0/24 dev virbr0 proto kernel scope link src 192.168.122.1
```

示例 10-11 的命令用于删除到网络 192.168.1.0/24 的路由。

【示例 10-11】

```
[root@localhost ~]# ip route del 192.168.1.0/24
[root@localhost ~]# ip route list
default via 192.168.10.100 dev ens38 proto static metric 100
169.254.0.0/16 dev ens33 scope link metric 1002
192.168.10.0/24 dev ens38 proto kernel scope link src 192.168.10.149 metric 100
192.168.19.0/24 dev ens33 proto kernel scope link src 192.168.19.1 metric 100
192.168.122.0/24 dev virbr0 proto kernel scope link src 192.168.122.1
```

在多路由表的路由体系里，所有的路由操作（例如添加路由或者在路由表里寻找特定的路由）都需要指明要操作的路由表。如果没有指明路由表，那么默认是对主路由表（254 号路由表）进行操作。在单表体系里，路由的操作是不用指明路由表的。

10.3.4 路由策略管理

RHEL 提供了一组命令来管理策略路由。其中，主命令是 ip rule，子命令主要包括 show/list、add、del 以及 flush 等，其功能分别是列出、增加、删除路由策略以及清空本地路由策略数据库等。

系统管理员可以通过 ip rule show 或者 ip rule list 命令来列出当前系统的路由策略，该命令没有参数。例如，下面的命令用于列出当前系统的路由策略：

```
[root@localhost ~]# ip rule list
0:      from all lookup local
32766:  from all lookup main
32767:  from all lookup default
```

从上面的输出结果可知，当前系统中有 3 条路由策略。每条路由策略都由 3 个字段构成：

- 第 1 个字段位于冒号前面，是一个数字，表示该策略被匹配的优先顺序，数字越小，优先级越高。默认情况下，0、32766 和 32767 这 3 个优先级已经被占用。系统管理员在添加路由策略时，可以指定优先级，如果没有指定，则默认从 32766 开始递减。
- 第 2 个字段是匹配规则，用户可以使用 from、to、tos、fwmark 以及 dev 等关键字来表达规则，其中 from 表示从哪里来的数据包，to 表示要发送到哪里去的数据包，tos 表示 IP 数据包头的 TOS 域，dev 表示网络接口。
- 第 3 个字段是路由表名称，其中 local、main 以及 default 分别表示本地路由表、主路由表以及默认路由表。

注意：用户还可以使用 ip rule lst 或 ip rule 来列出当前系统的路由策略，其效果与 ip rule show 和 ip rule list 是相同的。

除了 show 命令之外，其他子命令的语法基本相同，如下所示：

```
ip rule [ add | del | flush ] SELECTOR := [ from PREFIX ] [ to PREFIX ] [ tos TOS ] [ fwmark FWMARK[/MASK] ] [ iif STRING ] [ oif STRING ] [ pref NUMBER ] ACTION := [ table TABLE_ID ] [ nat ADDRESS ] [ prohibit | reject | unreachable ] [ realms [SRCREALM/]DSTREALM ] TABLE_ID := [ local | main | default | NUMBER ]
```

下面分别举例说明这些命令的使用方法。

下面的命令用于添加一条路由策略，匹配规则是匹配所有来自 192.168.10.0/24 子网的数据包，所使用的路由表是 12 号路由表。

```
[root@localhost ~]# ip rule add from 192.168.10/24 table 12
[root@localhost ~]# ip rule list
0:      from all lookup local
32765:  from 192.168.10.0/24 lookup 12
32766:  from all lookup main
32767:  from all lookup default
```

执行完 add 子命令之后，使用 list 子命令列出路由策略，可以发现新增加的策略出现在列表中。

下面的命令根据数据包的目的地匹配路由策略，所有发送到 192.168.10.0/24 这个子网的数据包都经由 13 号路由表转发。

```
[root@localhost ~]# ip rule add to 192.168.10.0/24 table 13
```

另外，系统管理员还可以根据网络接口来制订策略，例如所有通过网络接口 ens33 发送的数据包都使用 14 号路由表：

```
[root@localhost ~]# ip rule add dev ens33 table 14
```

下面的命令是使用 del 子命令删除某条策略：

```
[root@localhost ~]# ip rule list
0:      from all lookup local
32764:  from all to 192.168.101.0/24 lookup 13
32765:  from 192.168.10.0/24 lookup 12
32766:  from all lookup main
32767:  from all lookup default
[root@localhost ~]# ip rule del to 192.168.101.0/24
[root@localhost ~]# ip rule list
0:      from all lookup local
32765:  from 192.168.10.0/24 lookup 12
32766:  from all lookup main
32767:  from all lookup default
```

在上面的命令中，使用 to 关键字来删除为所有发送到 192.168.101.0/24 这个子网的数据包制订的路由策略。

如果想要清空路由策略数据库，则可以使用 flush 子命令，如下所示：

```
[root@localhost ~]# ip rule flush
[root@localhost ~]# ip rule
0:  from all lookup local
```

从上面命令的执行结果可知，在使用 ip rule flush 命令之后，当前系统的路由策略数据库只剩下一条本地策略。

10.3.5 策略路由应用实例

下面以一个具体的例子来说明如何使用策略路由实现灵活的路由功能。图 10.4 描述了一个网络结构：承担路由器功能的 Red Hat Enterprise Linux 主机有 3 个网络接口，其中 ens38 与 CERNet 相连，ens39 与 ChinaNet 相连，ens33 与内网相连。ens38 的 IP 地址为 10.10.1.1，CERNet 分配的网关为 10.10.1.2；ens39 的 IP 地址为 10.10.2.1，ChinaNet 分配的网关为 10.10.2.2。CERNet 的网络 ID 为 10.10.1.0/24，ChinaNet 的网络 ID 为 10.10.2.0/24。

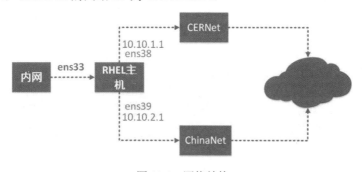

图 10.4　网络结构

当前的需求是所有发往 CERNet 的数据包都经由 ens38 发送，所有发送到 ChinaNet 的数据包都经由 ens39 发送。为了实现这个目的，需要使用策略路由。

首先创建两个路由表，其名称分别为 cernet 和 chinanet。使用 vi 命令打开 /etc/iproute2/rt_tables，增加两行，分别为 cernet 和 chinanet，如示例 10-12 所示。

【示例 10-12】

```
[root@localhost ~]# cat /etc/iproute2/rt_tables
#
# reserved values
#
255     local
254     main
253     default
0       unspec
251     cernet
252     chinanet
#
# local
#
#1      inr.ruhep
```

接下来分别为 ens38 和 ens39 绑定对应的 IP 地址，命令如下：

```
[root@localhost ~]# ip addr add 10.10.1.1/24 dev ens38
[root@localhost ~]# ip addr add 10.10.2.1/24 dev ens39
```

修改后的网络接口及其 IP 地址如下：

```
[root@localhost ~]# ip addr
1: lo: <LOOPBACK,UP,LOWER_UP> mtu 65536 qdisc noqueue state UNKNOWN qlen 1
    link/loopback 00:00:00:00:00:00 brd 00:00:00:00:00:00
    inet 127.0.0.1/8 scope host lo
       valid_lft forever preferred_lft forever
    inet6 ::1/128 scope host
       valid_lft forever preferred_lft forever
...
3: ens38: <BROADCAST,MULTICAST,UP,LOWER_UP> mtu 1500 qdisc pfifo_fast state UP qlen 1000
    link/ether 00:0c:29:bc:89:70 brd ff:ff:ff:ff:ff:ff
    inet 10.10.1.1/24 scope global ens38
       valid_lft forever preferred_lft forever
4: ens39: <BROADCAST,MULTICAST,UP,LOWER_UP> mtu 1500 qdisc pfifo_fast state UP qlen 1000
    link/ether 00:0c:29:bc:89:7a brd ff:ff:ff:ff:ff:ff
    inet 10.10.2.1/24 scope global ens39
       valid_lft forever preferred_lft forever
    inet6 fe80::20c:29ff:febc:897a/64 scope link
       valid_lft forever preferred_lft forever
5: virbr0: <NO-CARRIER,BROADCAST,MULTICAST,UP> mtu 1500 qdisc noqueue state DOWN qlen 1000
    link/ether 52:54:00:15:7d:69 brd ff:ff:ff:ff:ff:ff
    inet 192.168.122.1/24 brd 192.168.122.255 scope global virbr0
       valid_lft forever preferred_lft forever
...
```

下面的任务就是分别设置 cernet 和 chinanet 路由表。其中，cernet 路由表设置如下：

```
[root@localhost ~]# ip route add 10.10.1.0/24 via 10.10.1.2 dev ens38 table cernet
[root@localhost ~]# ip route add 127.0.0.0/24 dev lo table cernet
[root@localhost ~]# ip route add default via 10.10.1.2 dev ens38 table cernet
```

上面的命令都是针对路由表 cernet 进行操作的：第 1 条命令增加到 CERNet 的路由，指定网关为 10.10.1.2，网络接口为 ens38；第 2 条命令增加一条本地环路的路由；第 3 条命令增加默认路由。

接下来，在路由表 chinanet 中进行类似的操作，命令如下：

```
[root@localhost ~]# ip route add 10.10.2.0/24 via 10.10.2.2 dev ens39 table chinanet
[root@localhost ~]# ip route add 127.0.0.0/24 dev lo table chinanet
[root@localhost ~]# ip route add default via 10.10.2.2 table chinanet
```

通过上面的操作，CERNet 和 ChinaNet 都有了自己的路由表。下面制订策略，让 10.10.1.1 的回应数据包通过 cernet 路由表中的路由，让 10.10.2.1 的回应数据包通过 chinanet 路由表中的路由，命令如下：

```
[root@localhost ~]# ip rule add from 10.10.1.1 table cernet
[root@localhost ~]# ip rule add from 10.10.2.1 table chinanet
```

10.4 小　　结

路由是网络层最基本的功能之一，只有通过正确的路由设置，数据包才能顺利到达目的主机。本章首先讲述了路由的基本概念，包括路由原理、路由表、静态路由和动态路由等，然后介绍了使用 route 命令进行路由配置的方法，最后介绍了有关策略路由的知识及配置方法，希望读者能够真正掌握。

10.5 习　　题

选择题

1. 下面哪条命令可以禁用网络接口 ens33？（　　）
    A. ifconfig ens33 up   B. ifconfig ens33 down
    C. ifconfig ens33   D. ifup ens33

2. 普通的客户机至少需要多少条路由才可以连通网络？（　　）
    A. 0 条   B. 1 条
    C. 2 条   D. 3 条

3. 下面哪条命令是添加到网络 192.168.1.0/24 的路由？（　　）
    A. route add -net 192.168.1.1 ens33
    B. route add 192.168.1.0/24 ens33
    C. route add -net 192.168.1.0/24 ens33
    D. route add 192.168.1.1/24 ens33

第 11 章

配置 NAT 上网

在 20 世纪 90 年代，互联网飞速发展，连接到互联网的设备也急速增长，导致 IP 地址快要枯竭的现象发生。为了应对这种情况，网络地址转换（Network Address Translation，NAT）作为一种解决方案逐渐流行起来。它在一定程度上缓解了 IPv4 地址不足的压力，还提高了内部网络的安全性。

本章主要涉及的知识点有：

- 认识 NAT
- Linux 下的 NAT 配置

11.1 认识 NAT

NAT 是一种广域网接入技术，是一种将私有地址转化为合法 IP 地址的转换技术，被广泛应用于各种类型的互联网接入方式和各种类型的网络中。原因很简单，NAT 不仅完美地解决了 IP 地址不足的问题，还能够有效地避免来自网络外部的攻击，隐藏并保护网络内部的计算机。本节将介绍 NAT 的基础知识。

11.1.1 NAT 的类型

NAT 是将 IP 数据包头中的 IP 地址转换为另外一个 IP 地址的过程。在实际应用中，NAT 主要用来实现私有网络中主机访问公共网络的功能。通过网络地址转换，可以使用少量的公有 IP 地址代表较多的私有 IP 地址，有助于减缓公有 IP 地址空间的枯竭。

私有 IP 地址是指内部网络或者主机的 IP 地址。公有 IP 地址是指在国际互联网上全球唯一的 IP 地址。私有 IP 地址有以下 3 类：

- A 类：10.0.0.0~10.255.255.255。

- B 类：172.16.0.0~172.31.255.255。
- C 类：192.168.0.0~192.168.255.255。

上述 3 个范围内的地址不会在互联网上被分配，因此不必向 ISP 或注册中心申请而可以在公司或企业内部自由使用。

一般来说，NAT 的实现方式主要有 3 种，分别为静态转换、动态转换和端口多路复用。静态转换是指将内部网络的私有 IP 地址转换为公有 IP 地址，在这种情况下，私有 IP 地址和公有 IP 地址是一一对应的，也就是说，某个私有 IP 地址只转换为某个公有 IP 地址。动态转换是指将内部网络的私有 IP 地址转换为公有 IP 地址时，IP 地址是不确定的、随机的，也就是说，在进行动态转换时，系统会自动随机地选择一个没有被使用的公有 IP 地址作为私有 IP 地址的转换对象。端口多路复用是指修改数据包的源端口并进行端口转换，在这种情况下，内部网络的多台主机可以共享一个合法的公有 IP 地址，从而最大限度地节约 IP 地址资源。端口多路复用是目前应用最多的 NAT 类型。

注意：端口多路复用通常用来实现外部网络的主机访问私有网络内部的资源。当外部主机访问共享的公有 IP 的不同端口时，NAT 服务器会根据不同的端口将请求转发到不同的内部主机，从而为外部主机提供服务。

11.1.2　NAT 的功能

NAT 的主要功能是在数据包通过路由器的时候将私有 IP 地址转换成合法的公有 IP 地址，这样一个局域网只需要少量的公有 IP 地址就可以实现网内所有的主机与互联网通信的需求，如图 11.1 所示。

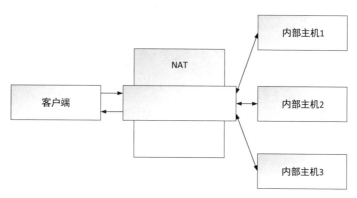

图 11.1　NAT 的功能

从图 11.1 可以看出，NAT 会自动修改 IP 数据包的源 IP 地址和目的 IP 地址，IP 地址校验在 NAT 处理过程中自动完成。但是，有些应用程序将源 IP 地址嵌入 IP 数据包的数据部分中，因此在这种情况下还需要同时对数据包的数据部分进行修改。

注意：NAT 不仅可以实现内部网络的主机访问外部网络资源，还可以实现外部网络的主机访问内部网络的资源。通过 NAT 可以隐藏内部网络的主机，提高内部网络主机的安全性。

11.2 Linux 下的 NAT 服务配置

利用 Red Hat Enterprise Linux 可以非常方便地实现 NAT 服务，使得内部网络的主机能够与互联网上的主机进行通信。本节将对 NAT 的配置方法进行系统介绍。

11.2.1 在 Red Hat Enterprise Linux 上配置 NAT 服务

下面以一个具体的例子来说明如何在 Red Hat Enterprise Linux 上配置 NAT 服务，使得内部网络的主机可以访问外部网络的资源。

图 11.2 描述了一个简单的网络拓扑结构。Red Hat Enterprise Linux 主机有两个网络接口，其中 ens38 连接内部网络交换机，其 IP 地址为 192.168.0.1，子网掩码为 255.255.255.0；ens39 连接外部网络，其 IP 地址为运营商提供的公有 IP 地址 114.242.25.2，子网掩码为 255.255.255.0，网关为 114.242.25.1，DNS 服务器为 202.106.0.20。内部网络的 IP 地址为 192.168.0.0/24。

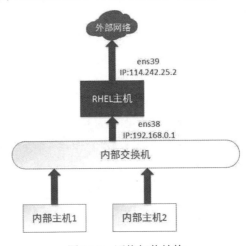

图 11.2　网络拓扑结构

接下来的任务是配置 Red Hat Enterprise Linux 主机，使它成为一台 NAT 服务器，供内部网络主机访问外部网络资源，操作步骤如下：

步骤 01 开启转发功能，命令如下：

```
[root@localhost ~]# echo 1 > /proc/sys/net/ipv4/ip_forward
[root@localhost ~]# cat /proc/sys/net/ipv4/ip_forward
1
```

第 1 条命令将字符串 "1" 写入/proc/sys/net/ipv4/ip_forward 文件，第 2 条命令验证是否写入成功。如果输出 1，则表示修改成功。开启 Red Hat Enterprise Linux 转发功能之后，内部网络的主机就可以 ping 通 ens39 的 IP 地址、网关以及 DNS 了。

注意：第 1 条命令中的 ">" 为输出重定向符号，其功能是将 echo 命令的输出结果重定向到后面的磁盘文件中。

步骤 02 配置 NAT 规则。

经过步骤 01 的配置后，虽然可以 ping 通 ens39 的 IP 地址，但是此时内部网络中的计算机还是无法上网。问题在于内网主机的 IP 地址是无法在公网上路由的，因此需要通过 NAT 将内网办公终端的 IP 地址转换成 Red Hat Enterprise Linux 主机 ens39 接口的 IP 地址。为了实现这个功能，首先需要将网络接口 ens39 加入外部网络区域。在 Firewalld 中，外部网络定义为一个直接与外部网络相连接的区域，来自此区域中的主机连接将不被信任。关于区域的更多信息可以查阅第 9 章的相关内容，此处不再赘述。

在开始配置之前，需要正确配置相关接口的 IP 地址等信息，接下来就可以使用命令的方法将网络接口 ens39 加入外部区域 external：

```
#查看网络接口 ens39 所属的区域
[root@localhost ~]# firewall-cmd --get-zone-of-interface=ens39
public
#改变区域为 external
[root@localhost ~]# firewall-cmd --permanent --zone=external --change-interface=ens39
success
#查看外部区域的配置
[root@localhost ~]# firewall-cmd --zone=external --list-all
external
  target: default
  icmp-block-inversion: no
  interfaces:
  sources:
  services: ssh
  ports:
  protocols:
  masquerade: no
  forward-ports:
  sourceports:
  icmp-blocks:
  rich rules:
#由于需要使用 NAT 上网，因此还需要将外部区域的伪装打开
[root@localhost ~]# firewall-cmd --permanent --zone=external --add-masquerade
success
[root@localhost ~]# firewall-cmd --reload
success
[root@localhost ~]# firewall-cmd --zone=external --list-all
external (active)
  target: default
  icmp-block-inversion: no
  interfaces: ens39
  sources:
  services: ssh
  ports:
  protocols:
  masquerade: yes
  forward-ports:
  sourceports:
  icmp-blocks:
  rich rules:
```

完成外部接口的配置后，接下来将配置内部网络接口 ens38，具体做法是将内部网络接口加入内部区域 internal：

```
#查看内部网络接口所属的区域
[root@localhost ~]# firewall-cmd --get-zone-of-interface=ens38
no zone
[root@localhost ~]# firewall-cmd --permanent --zone=internal --change-interface=ens38
success
[root@localhost ~]# firewall-cmd --reload
success
```

至此，所有在 Red Hat Enterprise Linux 主机上的配置都已经完成。接下来的任务是配置内部网络主机，使它可以访问外部网络。

11.2.2　在局域网内通过配置 NAT 上网

局域网内的主机配置比较简单，只要设置好网络参数即可。其中，所有主机的网关都应该设置为 Red Hat Enterprise Linux 主机的网络接口 ens38 的 IP 地址，即 192.168.0.1；内部网络主机的 DNS 服务器设置为运营商提供的 DNS 服务器地址，即 202.106.0.20。通过以上设置，内部网络的主机就可以访问外部网络的资源了。

注意：本例中的设置仅仅使得内部网络主机可以访问外部网络资源，外部网络的主机却无法访问内部网络的资源。如果想要外部网络的主机可以访问内部网络资源，则需要进行相应的端口映射。

11.3　小　　结

本章详细介绍了如何在 Red Hat Enterprise Linux 系统中实现 NAT 功能，主要内容包括 NAT 的类型、NAT 的功能等，最后以一个具体的例子说明如何通过 Firewalld 在 Red Hat Enterprise Linux 上面配置 NAT 服务，以实现内部网络的多台主机访问外部网络的资源。本章的重点在于掌握 NAT 的基础知识，以及学习如何使用 Firewalld 实现 NAT 服务。

11.4　习　　题

1. 列举私有 IP 地址的范围。
2. 使用 Firewalld 实现 NAT 功能，并完成以下任务：

（1）开启路由功能。
（2）使用 SNAT 实现共享上网。

第 12 章

Linux 远程访问

Linux 系统通常没有安装或很少使用桌面功能，这点在 Linux 服务器上尤为突出，那么该如何对 Linux 服务器进行管理呢？这时就要借助远程访问软件了。

远程访问 Linux 可以通过多种方式进行，例如 SSH、VNC 等都可以实现远程访问。这其中又以 SSH（Secure Shell）的使用最为广泛，主要原因是 SSH 实现了一种更为安全、便捷的方式。本章将讲解 Linux 系统中常见的远程访问的方式。

本章主要涉及的知识点有：

- SSH 及其安全特性
- 使用 SSH 访问 Linux
- 访问 Linux 系统的"远程桌面"
- 从 Linux 系统访问 Windows 远程桌面

12.1 SSH 的工作原理

简单来说，SSH 是一种协议，用于远程加密的安全登录。更简单地说，如果一个用户从远程计算机使用 SSH 协议登录到本地，那么可以认为这种登录是安全的，即使传输的数据包被截获也不必担心。

在计算机诞生之后相当长的一段时间里，互联网通信都是明文的，一旦传输的数据包被截获，内容将暴露无遗。后来人们设计了 SSH 协议，将通信中的所有信息都加密。SSH 协议诞生后，迅速在全世界得到推广，目前已经成为类 UNIX 系统的标准配置。

12.1.1 SSH 的工作流程

SSH 协议可以分为传输层协议、用户认证协议和连接协议 3 个部分。其中，传输层协议提供数据加密、服务器认证和信息完整性等安全方面的功能；用户认证协议主要用于客户端身份认证；连接协议则是将建立的加密隧道分成若干逻辑通道，其他高层协议可以利用这些逻辑通道建立安全的通信通道。

SSH 由服务器和客户端两部分构成，目前有 1.x 和 2.x 两个版本，不同的版本之间可以向下兼容，即 2.x 的客户端可以访问 1.x 的服务端。服务端是一个守护进程，在 Red Hat Enterprise Linux 9 中名为 sshd，守护进程将会一直运行在后台并监听来自 22/TCP 端口的请求。服务端一般包括密钥交换、公钥认证、对称密钥加密及非安全连接等。客户端包含了 ssh 访问程序（Windows 中可以用 PuTTY）、scp（远程复制，Windows 中可以用 WinSCP）、slogin（远程登录）、sftp（安全文件传输，Windows 中用 WinSCP）等应用程序。

为了实现 SSH 的安全连接，服务端和客户端需要经过 5 个阶段，依次为版本号协商、密钥和算法协商、认证阶段、会话请求阶段和交互会话阶段。

服务端和客户端首先需要进行的是 TCP 连接，如果 TCP 连接成功，就正式进入版本号协商阶段，这个阶段进行的工作的步骤如下：

步骤01 服务端向客户端发送的第一个报文含一个版本字符串，包含的信息有主版本号、次版本号和软件版本号（软件版本号主要用于调试）。

步骤02 客户端接收到数据包之后解析版本号，如果服务端的版本号比自己低且客户端能支持此低版本，就使用服务端的版本号，否则将使用客户端的版本号。

步骤03 客户端将决定使用的版本号发送给服务端，服务端决定是否能使用此版本号一起工作。

步骤04 如果协商成功，就会直接进入下一个阶段，即密钥和算法协商阶段，不成功则断开 TCP 连接。

在整个版本协商的过程中，服务端与客户端使用的是明文的方式。版本号协商成功后就会进入密钥和算法协商阶段，此阶段的步骤简单来说就是互相发送自己支持的公钥算法列表、加密算法列表、压缩算法列表等信息，然后共同确定双方使用的加密算法。在密钥和算法协商的最后阶段将生成密钥和会话 ID，其意义在于能为后续阶段的数据提供加密通信。密钥和算法协商结束后，就会进入认证阶段。

在认证阶段，客户端会向服务端发送认证请求，请求中包含的信息有用户名、认证方法（SSH 支持两种认证方法）和认证信息（通常是密码）。服务端接收到请求之后会对客户端进行认证，如果认证失败则会向客户端发送失败消息及再次认证的方法等信息。客户端接收到失败消息后，会从认证方法列表中选择一种再次进行认证，直到认证成功或次数超过失败上限，服务器关闭连接。如果认证成功，服务端就会等待会话请求。

后续的阶段相对就比较简单了，客户端向服务端发起会话请求，请求通过后进入交互会话阶段。在交互会话阶段客户端将命令加密后发送给服务端，服务端解密并执行后，再将结果加密返回给客户端，最后客户端解密显示在终端上。

12.1.2 SSH 的认证方式和风险

正如其英文释意那样，SSH 实际上就是一个安全外壳，用户与系统通信过程中的数据包（包括用户认证信息在内的所有信息）都被加密传输，从而获得通信过程的安全性。远程登录 SSH 的认证方式有两种：其一是密码认证，其二是密钥认证。最简单的是密码认证，用户只需要输入自己的密码就可以登录。密钥认证是较为复杂但较为安全的方式，简单来说就是生成一个由服务器认可的密钥文件，登录时客户将用户名、公钥和公钥文件等信息提交给服务端，服务端验证密钥文件是否合法，如果合法就准许登录，否则就拒绝登录。只要用户的密钥文件没被泄露，就可以认定是合法的登录，因此相当安全。

SSH 为用户打造了一个"金钟罩铁布衫"，但也不是完全安全的。原因在于 SSH 虽然使用公钥等一系列安全手段，但它没有"公证"中心的"公证"，即证书中心（CA），也就是说没有一个证书中心来确保服务端不会被仿冒。如果还不明白，试想如果攻击者处于服务端和客户端之间，就可以利用伪造的公钥来套取用户的密码，然后利用套取的密码登录 SSH，那么 SSH 的所有安全机制都将失效，这就是著名的"中间人攻击"（Man-in-the-middle Attack）。

SSH 采用的方法是使用公钥指纹来对服务端进行比对，但公钥指纹比较长（采用 RSA 算法的公钥长度为 1024 位），比对起来难度较大，因此对公钥指纹采用 MD5 加密。公钥指纹经 MD5 加密后将变成一个 128 位的指纹，如下所示：

```
#第一次使用 SSH 登录
[root@localhost ~]# ssh user@localhost
The authenticity of host 'localhost (::1)' can't be established.
ECDSA key fingerprint is 8e:ff:4b:35:1c:de:4e:46:06:2c:69:be:f2:55:7b:3c.
Are you sure you want to continue connecting (yes/no)?
```

第一次使用 SSH 登录时会提示远程主机的指纹信息，"8e:ff:4b:35:1c:de:4e:46:06:2c:69:be:f2:55:7b:3c"就是主机的指纹。如果确认指纹，那么输入 y 就可以继续登录主机了，登录后主机的指纹信息会保存到本地，下次就不会再提示此信息了。

由此可以看出 SSH 的指纹比对过程还不太完善，问题在于用户可能根本不知道指纹信息。因此往往需要主机管理方将自己的指纹信息进行公示，用户才能进行比对。

12.2 OpenSSH 服务器

OpenSSH 是目前 Linux 系统中使用最为广泛的 SSH 软件，包括 Red Hat Enterprise Linux 在内的多数 Linux 系统都默认安装了 OpenSSH。本节将简单介绍 OpenSSH 服务器。

12.2.1 安装 OpenSSH

默认情况下，Red Hat Enterprise Linux 9 已经将 OpenSSH 作为系统的必要组件安装到系统中了，可以使用以下命令进行查看：

```
[root@localhost ~]# rpm -aq | grep ssh
sshpass-1.09-4.el9.x86_64
libssh-config-0.9.6-3.el9.noarch
libssh-0.9.6-3.el9.x86_64
openssh-8.7p1-8.el9.x86_64
openssh-clients-8.7p1-8.el9.x86_64
openssh-server-8.7p1-8.el9.x86_64
openssh-8.7p1-10.el9_0.x86_64
```

```
openssh-server-8.7p1-10.el9_0.x86_64
```

从上面可以看到 OpenSSH 的服务端和客户端都已经安装到系统中了。如果系统中没有安装，那么可以使用以下命令进行安装：

```
#安装包位于光盘的 Packages 目录中
[root@localhost Packages]# rpm -ivh openssh-8.7p1-8.el9.x86_64.rpm
```

Red Hat Enterprise Linux 9 默认已经启动了 OpenSSH 服务端，可以使用以下命令启动、查看服务端状态：

```
#启动 sshd.service
[root@localhost ~]# systemctl start sshd.service
#查看 ssh.service 当前状态
[root@localhost ~]# systemctl status sshd.service
● sshd.service - OpenSSH server daemon
     Loaded: loaded (/usr/lib/systemd/system/sshd.service; enabled; vendor preset: enabled)
     Active: active (running) since Mon 2022-10-03 16:34:41 CST; 1h 33min ago
       Docs: man:sshd(8)
             man:sshd_config(5)
   Main PID: 1448 (sshd)
      Tasks: 1 (limit: 48623)
     Memory: 7.8M
        CPU: 473ms
     CGroup: /system.slice/sshd.service
             └─1448 "sshd: /usr/sbin/sshd -D [listener] 0 of 10-100 startups"

10月 03 16:34:41 localhost.localdomain systemd[1]: Starting OpenSSH server daemon...
10月 03 16:34:41 localhost.localdomain sshd[1448]: Server listening on 0.0.0.0 port 22.
10月 03 16:34:41 localhost.localdomain sshd[1448]: Server listening on :: port 22.
10月 03 16:34:41 localhost.localdomain systemd[1]: Started OpenSSH server daemon.
10月 03 16:40:29 localhost.localdomain sshd[5745]: Accepted password for liu from 192.168.153.1 port 63967 ssh2
10月 03 16:40:29 localhost.localdomain sshd[5745]: pam_unix(sshd:session): session opened for user liu(uid=1000) by (uid=0)
10月 03 18:04:19 localhost.localdomain sshd[9649]: Accepted password for liu from 192.168.153.1 port 65176 ssh2
10月 03 18:04:19 localhost.localdomain sshd[9649]: pam_unix(sshd:session): session opened for user liu(uid=1000) by (uid=0)
#查看 sshd.service 的监听状态
[root@localhost ~]# netstat -tunlp | grep ssh
tcp        0      0 0.0.0.0:22              0.0.0.0:*               LISTEN      1288/sshd
tcp6       0      0 :::22                   :::*                    LISTEN      1288/sshd
```

从以上命令可以看出，SSH 服务端已经正确启动。

12.2.2　OpenSSH 服务端配置文件

OpenSSH 服务端的配置文件位于/etc/ssh/sshd_config。在此目录下还有一个名为 ssh_config 的文件，是客户端的配置文件。OpenSSH 主配置目录/etc/ssh 还有一些密钥文件（通常文件名中有 rsa 字符串），主要用于通信数据包的加密工作。

服务端的配置文件/etc/ssh/sshd_config 的内容及重要选项注解如下：

```
[root@localhost ~]# cat /etc/ssh/sshd_config
#       $OpenBSD: sshd_config,v 1.104 2021/07/02 05:11:21 dtucker Exp $
# This is the sshd server system-wide configuration file.
# See sshd_config(5) for more information.

# This sshd was compiled with PATH=/usr/local/bin:/usr/bin

# The strategy used for options in the default sshd_config shipped with
# OpenSSH is to specify options with their default value where
# possible, but leave them commented.  Uncommented options override the
# default value.
#用于修改 sshd 端口的相关配置
# If you want to change the port on a SELinux system, you have to tell
# SELinux about this change.
# semanage port -a -t ssh_port_t -p tcp #PORTNUMBER
#
#Port 22
#AddressFamily any
#ListenAddress 0.0.0.0
#ListenAddress ::
#默认使用的版本
# The default requires explicit activation of protocol 1
#Protocol 2
#主机密钥配置
# HostKey for protocol version 1
#HostKey /etc/ssh/ssh_host_key
# HostKeys for protocol version 2
HostKey /etc/ssh/ssh_host_rsa_key
#HostKey /etc/ssh/ssh_host_dsa_key
HostKey /etc/ssh/ssh_host_ecdsa_key
HostKey /etc/ssh/ssh_host_ed25519_key

# Lifetime and size of ephemeral version 1 server key
#KeyRegenerationInterval 1h
#ServerKeyBits 1024

# Ciphers and keying
#RekeyLimit default none
#日志配置
# Logging
# obsoletes QuietMode and FascistLogging
#SyslogFacility AUTH
SyslogFacility AUTHPRIV
#LogLevel INFO

# Authentication:
```

```
#认证配置部分
#LoginGraceTime 为登录验证时间
#LoginGraceTime 2m
#PermitRootLogin 是否允许 root 用户登录
#PermitRootLogin yes
#StrictModes yes
#最大重试次数
#MaxAuthTries 6
#MaxSessions 10
#启用密钥验证
#RSAAuthentication yes
#PubkeyAuthentication yes
#公钥数据库文件
# The default is to check both .ssh/authorized_keys and .ssh/authorized_keys2
# but this is overridden so installations will only check .ssh/authorized_keys
AuthorizedKeysFile     .ssh/authorized_keys

#AuthorizedPrincipalsFile none

#AuthorizedKeysCommand none
#AuthorizedKeysCommandUser nobody
#主机密钥选项
# For this to work you will also need host keys in /etc/ssh/ssh_known_hosts
#RhostsRSAAuthentication no
# similar for protocol version 2
#HostbasedAuthentication no
# Change to yes if you don't trust ~/.ssh/known_hosts for
# RhostsRSAAuthentication and HostbasedAuthentication
#IgnoreUserKnownHosts no
# Don't read the user's ~/.rhosts and ~/.shosts files
#IgnoreRhosts yes
#启用密码验证
# To disable tunneled clear text passwords, change to no here!
#PasswordAuthentication yes
#PermitEmptyPasswords no
PasswordAuthentication yes

# Change to no to disable s/key passwords
#ChallengeResponseAuthentication yes
ChallengeResponseAuthentication no
#Kerberos 认证选项
# Kerberos options
#KerberosAuthentication no
#KerberosOrLocalPasswd yes
#KerberosTicketCleanup yes
#KerberosGetAFSToken no
#KerberosUseKuserok yes
#通用安全服务应用程序接口配置
# GSSAPI options
GSSAPIAuthentication yes
GSSAPICleanupCredentials no
```

```
#GSSAPIStrictAcceptorCheck yes
#GSSAPIKeyExchange no
#GSSAPIEnablek5users no
#可插拔认证模块配置
# Set this to 'yes' to enable PAM authentication, account processing,
# and session processing. If this is enabled, PAM authentication will
# be allowed through the ChallengeResponseAuthentication and
# PasswordAuthentication.  Depending on your PAM configuration,
# PAM authentication via ChallengeResponseAuthentication may bypass
# the setting of "PermitRootLogin without-password".
# If you just want the PAM account and session checks to run without
# PAM authentication, then enable this but set PasswordAuthentication
# and ChallengeResponseAuthentication to 'no'.
# WARNING: 'UsePAM no' is not supported in Red Hat Enterprise Linux and may cause several
# problems.
UsePAM yes
#X11转发相关配置
#AllowAgentForwarding yes
#AllowTcpForwarding yes
#GatewayPorts no
X11Forwarding yes
#X11DisplayOffset 10
#X11UseLocalhost yes
#PermitTTY yes
#PrintMotd yes
#PrintLastLog yes
#TCPKeepAlive yes
#UseLogin no
UsePrivilegeSeparation sandbox          # Default for new installations.
#PermitUserEnvironment no
#Compression delayed
#ClientAliveInterval 0
#ClientAliveCountMax 3
#ShowPatchLevel no
#UseDNS yes
#PidFile /var/run/sshd.pid
#MaxStartups 10:30:100
#PermitTunnel no
#ChrootDirectory none
#VersionAddendum none

# no default banner path
#Banner none

# Accept locale-related environment variables
AcceptEnv LANG LC_CTYPE LC_NUMERIC LC_TIME LC_COLLATE LC_MONETARY LC_MESSAGES
AcceptEnv LC_PAPER LC_NAME LC_ADDRESS LC_TELEPHONE LC_MEASUREMENT
AcceptEnv LC_IDENTIFICATION LC_ALL LANGUAGE
AcceptEnv XMODIFIERS
```

```
# override default of no subsystems
Subsystem       sftp    /usr/libexec/openssh/sftp-server

# Example of overriding settings on a per-user basis
#Match User anoncvs
#       X11Forwarding no
#       AllowTcpForwarding no
#       PermitTTY no
#       ForceCommand cvs server
```

SSH 服务端的配置文件选项虽然多，但是通常情况下无须修改就可以满足大多数场景的需求。

12.3　应用 SSH 客户端

SSH 服务端启动之后，可以使用 SSH 客户端登录系统。SSH 客户端目前有两种：其一是实现与 Linux 会话的客户端，例如 Windows 系统中的 PuTTY；其二是实现与服务端的安全文件传输的客户端，例如 WinSCP、scp 命令等。本节将介绍如何使用这些客户端。

12.3.1　使用密码登录

1. Linux 系统密码登录

在 Linux 系统中，如果安装了 openssh-client 软件包，就可以直接使用 ssh 命令进行登录：

```
#其中 user 是用户名，192.168.10.149 是服务器的 IP 地址
[root@localhost ~]# ssh user@192.168.10.149
The authenticity of host '192.168.10.149 (192.168.10.149)' can't be established.
ECDSA key fingerprint is 8e:ff:4b:35:1c:de:4e:46:06:2c:69:be:f2:55:7b:3c.
Are you sure you want to continue connecting (yes/no)? yes
Warning: Permanently added '192.168.10.149' (ECDSA) to the list of known hosts.
#此处输入 user 用户的密码
user@192.168.10.149's password:
Last failed login: Sun Jul  2 11:10:21 CST 2021 from 192.168.10.149 on ssh:notty
There was 1 failed login attempt since the last successful login.
Last login: Sat Jun 17 22:04:43 2021 from tt-pc
[user@localhost ~]$
#退出登录使用 exit 命令
[user@localhost ~]$ exit
logout
Connection to 192.168.10.149 closed.
[root@localhost ~]#
```

2. Windows 系统密码登录

在 Windows 系统中登录时，需要借助一个名为 PuTTY 的工具，如图 12.1 所示。

图 12.1　PuTTY 主界面

注意：PuTTY 是一个大小不足 1MB 的绿色软件，主界面十分简洁。除了 PuTTY 之外，还有诸如 puttygen 等的工具。

使用时在【Host Name(or IP address)】文本框中输入主机名或 IP 地址，然后在【Connection type】选项组中选择连接的类型，最后单击【Open】按钮即可连接。连接后就会提示用户输入用户名和密码，输入后就可以完成登录，如图 12.2 所示。

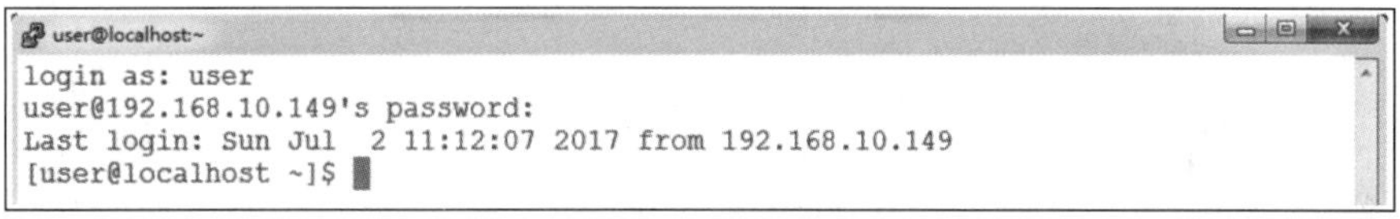

```
login as: user
user@192.168.10.149's password:
Last login: Sun Jul  2 11:12:07 2017 from 192.168.10.149
[user@localhost ~]$
```

图 12.2　输入用户名和密码

无论使用哪种方式登录 Linux 系统，登录后都可以直接输入命令，SSH 客户端会将命令加密后发送给 SSH 服务器，SSH 服务器解密后，将命令的执行结果加密后发给客户端，最后客户端解密并显示到终端上。

12.3.2　使用密钥登录

SSH 的认证方式除了使用密码外，还可以使用密钥登录。密钥是在客户端生成的，因此可以分为 Windows 和 Linux 两个部分来介绍。

1. Linux 系统密钥登录

要使用密钥登录，首先需要生成密钥文件：

```
#先在客户端生成密钥
[root@localhost ~]# ssh-keygen -t rsa -P ''
Generating public/private rsa key pair.
Enter file in which to save the key (/root/.ssh/id_rsa):
Your identification has been saved in /root/.ssh/id_rsa.
```

```
Your public key has been saved in /root/.ssh/id_rsa.pub.
The key fingerprint is:
51:3f:97:05:fa:10:ea:f1:03:ec:53:c7:30:98:01:b9 root@localhost.localdomain
The key's randomart image is:
+--[ RSA 2048]----+
|       .oo++ ...|
|       .ooo * o |
|       ..= * =  |
|        E+ = *  |
|         S + o .|
|          . .   |
|         |      |
|         |      |
|         |      |
+-----------------+
[root@localhost ~]# ls .ssh
id_rsa  id_rsa.pub  known_hosts
#再将密钥发送给服务端
[root@localhost ~]# ssh-copy-id -i ~/.ssh/id_rsa.pub 192.168.10.137
The authenticity of host '192.168.10.137 (192.168.10.137)' can't be established.
ECDSA key fingerprint is ab:a3:ec:cd:ef:32:77:73:32:83:b3:86:0c:15:09:4d.
Are you sure you want to continue connecting (yes/no)? yes
/usr/bin/ssh-copy-id: INFO: attempting to log in with the new key(s), to filter out any that are already installed
/usr/bin/ssh-copy-id: INFO: 1 key(s) remain to be installed -- if you are prompted now it is to install the new keys
root@192.168.10.137's password:

Number of key(s) added: 1

Now try logging into the machine, with:   "ssh '192.168.10.137'"
and check to make sure that only the key(s) you wanted were added.
#然后就可以在客户端上登录
[root@localhost ~]# ssh root@192.168.10.137
Last login: Sun Jul  2 13:25:34 2021 from tt-pc
[root@localhost ~]# exit
logout
Connection to 192.168.10.137 closed.
```

从上面的过程可以看到，使用密钥登录时不需要输入密码，因此密钥登录经常用于集群之间的免密码登录。

2. Windows 系统密钥登录

在 Windows 下生成密钥需要用到一个名为 puttygen 的工具。puttygen 工具的界面如图 12.3 所示。

单击【Generate】按钮开始生成密钥，生成过程中需要用户不断地移动鼠标，puttygen 通过获取鼠标的位置来生成密钥，生成后会自动结束，如图 12.4 所示。

接下来单击【Save private key】按钮，将生成的私钥保存到文件中备用。在本例中，将私钥保存为 D:\test.ppk，然后将【Public key for pasting into OpenSSH authorized_keys file】文本框中的公钥内容复制下来。在服务端的/root/.shh/authorized_keys 文件结尾追加公钥内容，如果没有修改此文件的权限,就要使用命令 chmod 600 ~/.ssh/authorized_keys 将 authorized_keys 文件的权限设置为 600,之后密钥即可成功生成。

图 12.3　puttygen 主界面

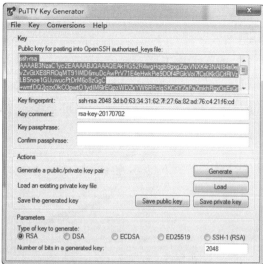

图 12.4　生成密钥

登录时在 PuTTY 主界面左侧依次单击【Connection】|【SSH】|【Auth】,如图 12.5 所示。

在【Private key file for authentication】中选择要使用的私钥,然后在左侧菜单中单击【Session】返回主界面。在主界面中输入正确的 IP 地址或主机名,单击【Open】按钮在弹出的窗口中输入用户名就可以使用密钥登录。

12.3.3　安全文件传输 SFTP

OpenSSH 除了能用来进行远程访问外,还有另一项功能——SFTP。SFTP 可以用来在 Linux 之间安全地传输文件。同远程访问一样,SFTP 的所有数据包也是加密的,不必担心通信过程的安全。

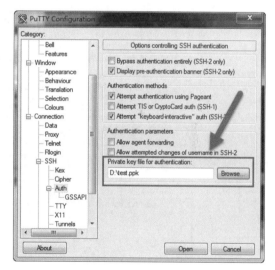

图 12.5　指定密钥

实现 SFTP 有两种常见的方式:第一种是利用 Linux 中的 scp 命令;第二种是利用 Windows 平台下的 WinSCP。

1. scp 命令

如果是在 Linux 系统之间传输文件,那么完全可以使用 scp 命令来进行,如示例 12-1 所示。

【示例 12-1】

```
#将本地 root 用户夹目录中的 test 文件传送到远程主机 192.168.10.137 的/root/目录中
[root@localhost ~]# scp ~/test root@192.168.10.137:/root/
```

```
root@192.168.10.137's password:
test                                              100%   667     0.7KB/s    00:00
#从远程主机下载文件到本地
[root@localhost ~]# scp root@192.168.10.137:/root/test ~/
root@192.168.10.137's password:
test                                              100%   667     0.7KB/s    00:00
```

2. WinSCP 工具

WinSCP 是 Windows 系统中的 scp，其用法类似于 FTP 软件。WinSCP 的安装过程非常简单，读者可以自行安装。使用时像 PuTTY 那样输入 IP 地址、用户名和密码就可以成功连接，如图 12.6 所示。

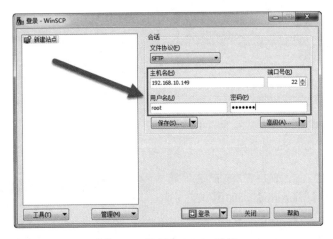

图 12.6　使用 WinSCP 登录

登录过程与 PuTTY 类似，登录成功后界面如图 12.7 所示。

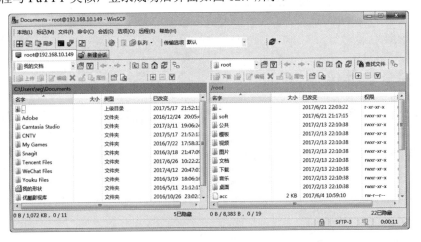

图 12.7　WinSCP 主界面

在 WinSCP 主界面中，左侧是本地系统的文件列表，右侧是远程主机上的文件列表，可以在本地系统和远程主机的目录中使用拖动的方法上传和下载文件。WinSCP 是一个比较简单的软件，读者可以自行摸索操作，此处不再赘述。

12.4 RHEL 和 Windows 之间的远程桌面

远程桌面是一种非常方便的管理方法，一般用于图形桌面系统，例如 Windows 系统中的远程桌面。Red Hat Enterprise Linux 系统中也可以使用远程桌面，本节将简单介绍 Red Hat Enterprise Linux 中的远程桌面。

12.4.1 RHEL 中的远程桌面

Red Hat Enterprise Linux 9 中的远程桌面是通过一个名为 tigervnc-server 的软件提供的，默认没有安装此软件，tigervnc-server 的安装方法如示例 12-2 所示。

【示例 12-2】

```
#tigervnc-server 位于光盘的 Packages 目录中
[root@localhost Packages]# rpm -ivh tigervnc-server-1.11.0-21.el9.x86_64.rpm
Preparing...                          ################################# [100%]
Updating / installing...
   1: tigervnc-server-1.11.0-21.el9.x86_64
################################# [100%]
#关闭防火墙以便客户端访问
[root@localhost data]# systemctl stop firewalld
```

安装完成后可以使用如下命令初始化桌面 1：

```
#开启桌面 1 并设置密码
[root@localhost ~]# vncserver :1

You will require a password to access your desktops.

Password:
Verify:
xauth:  file /root/.Xauthority does not exist

New 'localhost.localdomain:1 (root)' desktop is localhost.localdomain:1

Creating default startup script /root/.vnc/xstartup
Starting applications specified in /root/.vnc/xstartup
Log file is /root/.vnc/localhost.localdomain:1.log
#检查是否处于监听状态
[root@localhost ~]# netstat -tunlp | grep vnc
tcp        0      0 0.0.0.0:5901            0.0.0.0:*               LISTEN      3491/Xvnc
tcp        0      0 0.0.0.0:6001            0.0.0.0:*               LISTEN      3491/Xvnc
tcp6       0      0 :::5901                 :::*                    LISTEN      3491/Xvnc
tcp6       0      0 :::6001                 :::*                    LISTEN      3491/Xvnc
```

从上面的输出可以看到 VNC 已经处于监听状态了。需要特别说明的是，VNC 使用 1，2，3…这样的数字标识不同的桌面，这些数字称为桌面号。不同的桌面号监听的端口是不同的，桌面号 1 对应的端口为 5901，桌面号 2 对应的端口为 5902……以此类推。

如果配置好防火墙，此时就可以在 Windows 系统中连接 Linux 的远程桌面。连接时需要使用一个名为 VNC Viewer 的小工具，如图 12.8 所示。

图 12.8　VNC Viewer

在 VNC Viewer 的【Server】下拉列表框中选择 IP 地址和桌面号，其中的 ":1" 表示桌面号而非端口号，然后单击【OK】按钮，按 VNC Viewer 的提示输入桌面的密码即可访问，如图 12.9 所示。

图 12.9　通过 VNC Viewer 访问 Red Hat Enterprise Linux 9 桌面

与 Windows 系统的远程桌面不同，VNC 远程桌面可以允许用户设置多个远程桌面，且多个远程桌面之间互不干扰，都可以连接，非常方便。

12.4.2　从 RHEL 中访问 Windows 远程桌面

从 Red Hat Enterprise Linux 9 中访问 Windows 远程桌面需要安装一个名为 freerdp 的软件，该软件包已经包含在光盘中了，可以直接从光盘安装：

```
[root@localhost Packages]# rpm -ivh freerdp-2:2.4.1-2.el9.x86_64.rpm
freerdp-libs-2:2.4.1-2.el9.x86_64.rpm
libwinpr-2:2.4.1-2.el9.x86_64.rpm
Preparing...                          ################################# [100%]
Updating / installing...
   1: libwinpr-2:2.4.1-2.el9           ################################# [ 33%]
   2: freerdp-libs-2:2.4.1-2.el9       ################################# [ 67%]
   3: freerdp-2:2.4.1-2.el9            ################################# [100%]
```

安装完成后可以在桌面左上角依次单击【活动】|【显示应用程序】|【工具】|【远程桌面查看

器】命令，打开远程桌面查看器，如图 12.10 所示。

图 12.10　远程桌面查看器

在远程桌面查看器上单击【连接】按钮，在弹出的连接窗口中的【协议】下拉列表中选择【RDP】，然后在主机中输入 Windows 主机的 IP 地址，最后单击【连接】按钮。确认证书并输入用户名和密码后就可以访问 Windows 主机的远程桌面了，如图 12.11 所示。

图 12.11　访问 Windows 远程桌面

打开 Windows 远程桌面之后，就可以像使用本地系统那样使用 Windows 系统了。

12.5　小　　结

Red Hat Enterprise Linux 9 通常作为服务器操作系统运行在远程的服务器上，而且一般不会安装桌面系统，因此安全有效地建立会话是管理 Red Hat Enterprise Linux 9 的关键。SSH 能够为 Linux 系统提供安全的通信通道，是目前类 UNIX 系统下远程访问必不可少的软件，因此 SSH 是一个非常重要的内容。本章从安全访问、风险、软件等多方面解析了 SSH 的使用技巧，可以帮助读者快速学会使用 SSH。

远程桌面系统在 Linux 系统中的应用相对较少，但对于少数运行有桌面系统的 Linux 系统来说，它提供了一个远程访问的手段，读者应该对远程桌面访问有一定的了解，以备不时之需。

12.6 习　　题

一、填空题

SSH 协议比较安全，是因为它提供了_____。

二、选择题

关于 SSH 描述不正确的是（　　）。
  A. 使用 SSH 可以确保通信不被窃听
  B. SSH 实现安全通信的方法是采用非对称加密
  C. OpenSSH 使用的端口是 22
  D. OpenSSH 还提供了一个安全的文件传输通道

第 13 章

网络文件共享 NFS、Samba 和 FTP

类似于 Windows 上的网络共享功能，Linux 系统也提供了多种网络文件共享方法，常见的有 NFS（Network File System，网络文件系统）、Samba 和 FTP。

本章首先介绍 NFS 的安装与配置，然后介绍文件服务器 Samba 的安装与设置，最后介绍常用的 FTP 软件的安装与配置。通过本章的学习，读者可以掌握 Linux 系统中常见的几种网络文件共享方式。

本章主要涉及的知识点有：

- NFS 的安装与使用
- Samba 的安装与使用
- FTP 软件的安装与使用

13.1 NFS

NFS 是一种分布式文件系统，允许网络中不同操作系统的计算机之间可以共享文件，其通信协议基于 TCP/IP 协议层，可以将远程计算机磁盘挂载到本地，读写文件时像本地磁盘一样操作。

13.1.1 NFS 简介

NFS 在文件传送或信息传送过程中依赖于 RPC（Remote Procedure Call）协议。RPC 协议可以在不同的系统间使用，此通信协议设计与主机及操作系统无关。使用 NFS 时客户端只需使用 mount 命令就可把远程文件系统挂载到自己的文件系统之下，操作远程文件和使用本地计算机上的文件一样。NFS 本身可以认为是 RPC 的一个程序，只要用到 NFS 的地方都要启动 RPC 服务，不论是服务端还是客户端。NFS 是一个文件系统，而 RPC 负责信息的传输。

例如，在服务器上，要把远程服务器 192.168.3.101 上的/nfsshare 挂载到本地目录，可以执行如下命令：

```
mount 192.168.3.101:/nfsshare /nfsshare
```

当挂载成功后，本地/nfsshare 目录下如果有数据，则原有的数据都不可见，用户看到的是远程主机 192.168.3.101 上面的/nfsshare 目录文件列表。

13.1.2 配置 NFS 服务器

NFS 的安装需要以下两个软件包，通常情况下是作为系统的默认包安装的，版本因为系统的不同而不同。

- nfs-utils-2.5.4-10.el9.x86_64.rpm，包含一些基本的 NFS 命令与控制脚本。
- rpcbind-1.2.6-2.el9.x86_64.rpm，是一个管理 RPC 连接的程序，类似的管理工具为 portmap。

安装方法如示例 13-1 所示。

【示例 13-1】

```
#首先确认系统中是否安装了对应的软件
[root@localhost Packages]# rpm -aq | grep nfs-utils
#安装nfs软件包
[root@localhost Packages]# rpm -ivh nfs-utils-2.5.4-10.el9.x86_64.rpm
warning: nfs-utils-2.5.4-10.el9.x86_64.rpm: Header V3 RSA/SHA256 Signature, key ID fd431d51: NOKEY
Preparing...                          ################################# [100%]
Updating / installing...
   1: nfs-utils-2.5.4                 ################################# [100%]
#安装的主要文件列表
[root@localhost Packages]# rpm -qpl rpcbind-1.2.6-2.el9.x86_64.rpm
/etc/exports.d
/etc/nfsmount.conf
/etc/request-key.d/id_resolver.conf
/etc/sysconfig/nfs
/sbin/mount.nfs
/sbin/mount.nfs4
#部分结果省略
#安装rpcbind软件包
[root@localhost Packages]# rpm -ivh rpcbind-1.2.6-2.el9.x86_64.rpm
warning: rpcbind-1.2.6-2.el9.x86_64.rpm: Header V3 RSA/SHA256 Signature, key ID fd431d51: NOKEY
Preparing...                          ################################# [100%]
Updating / installing...
   1: rpcbind-1.2.6-2.el9              ################################# [100%]
```

在安装好软件之后，接下来就可以配置 NFS 服务器了，配置之前先了解一下 NFS 主要的文件和进程。

（1）nfs-service.service，有的发行版名为 nfs.server，是 NFS 服务启停控制单元，位于/usr/lib/systemd/system/nfs-service.service。

（2）rpc.nfsd，是基本的 NFS 守护进程，主要功能是控制客户端是否可以登录服务器，另外可以结合/etc/hosts.allow /etc/hosts.deny 进行更精细的权限控制。

（3）rpc.mountd，是 RPC 安装守护进程，主要功能是管理 NFS 的文件系统。通过配置文件共享指定的目录，同时根据配置文件做一些权限验证。

（4）rpcbind，是一个管理 RPC 连接的程序。rpcbind 服务对 NFS 是必需的，因为它是 NFS 的动态端口分配守护进程。如果 rpcbind 不启动，那么 NFS 服务就无法启动。类似的管理工具为 portmap。

（5）exportfs，如果修改了/etc/exports 文件后不需要重新激活 NFS，那么重新扫描一次 /etc/exports 文件并重新将设定加载即可。exportfs 常用参数说明如表 13.1 所示。

表13.1　exportfs常用参数说明

参数	说明
-a	全部挂载/etc/exports 文件中的设置
-r	重新挂载/etc/exports 文件中的设置
-u	卸载某一目录
-v	在输出时将共享的目录显示在屏幕上

（6）showmount，显示指定 NFS 服务器连接 NFS 客户端的信息，常用参数说明如表 13.2 所示。

表13.2　showmount常用参数说明

参数	说明
-a	列出 NFS 服务共享的完整目录信息
-d	仅列出客户端远程安装的目录
-e	显示导出目录的列表

配置 NFS 服务器时首先需要确认共享的文件目录、权限及访问的主机列表，这些可通过 /etc/exports 文件配置。一般系统都有一个默认的 exports 文件，可以直接修改。如果没有，可以创建一个，然后通过启动命令启动守护进程。

1. 配置文件/etc/exports

要配置 NFS 服务器，首先就是编辑/etc/exports 文件。在该文件中，每一行代表一个共享目录，并且描述了该目录如何被共享。exports 文件的语法格式和使用如示例 13-2 所示。

【示例 13-2】

```
#<共享目录> [客户端1 选项] [客户端2 选项]
/nfsshare *(rw,all_squash,sync,anonuid=1001,anongid=1000)
```

每行一条配置，可指定共享的目录、允许访问的主机及其他选项设置。示例 13-2 中的配置说明在这台服务器上共享了一个目录/nfsshare。参数说明如下：

- 共享目录：NFS 系统中需要共享给客户端使用的目录。
- 客户端：网络中可以访问这个 NFS 共享目录的计算机。

客户端常用的指定方式如下：

- 指定 IP 地址的主机：192.168.3.101。
- 指定子网中的所有主机：192.168.3.0/24 192.168.0.0/255.255.255.0。

- 指定域名的主机：www.domain.com。
- 指定域中的所有主机：*.domain.com。
- 所有主机：*。

语法中的选项用来设置输出目录的访问权限、用户映射等。NFS 常用选项说明如表 13.3 所示。

表13.3　NFS常用选项说明

选项	说　　明
ro	该主机有只读的权限
rw	该主机对该共享目录有可读和可写的权限
all_squash	将远程访问的所有普通用户及所属组都映射为匿名用户和用户组，相当于使用 nobody 用户访问该共享目录
no_all_squash	与 all_squash 取反，该选项为默认设置
root_squash	将 root 用户及所属组都映射为匿名用户和用户组，为默认设置
no_root_squash	与 root_squash 取反
anonuid	将远程访问的所有用户都映射为匿名用户，并指定该用户为本地用户
anongid	将远程访问的所有用户组都映射为匿名用户组账户，并指定该匿名用户组账户为本地用户组账户
sync	将数据同步写入内存缓冲区和磁盘中，效率低，但可以保证数据的一致性
async	将数据先保存在内存缓冲区中，必要时才写入磁盘

exports 文件的使用方法如示例 13-3 所示。

【示例 13-3】

```
/nfsshare *.*(rw)
```

该行设置表示共享/nfsshare 目录，所有主机都可以访问该目录，并且都有读写的权限，客户端上的任何用户在访问时都映射成 nobody 用户。如果客户端要在该共享目录上保存文件，则服务器上的 nobody 用户对/nfsshare 目录必须要有写的权限，如示例 13-4 所示。

【示例 13-4】

```
[root@localhost ~]# cat /etc/exports
/nfsshare 172.16.0.0/255.255.0.0(rw,all_squash,anonuid=1001,anongid=1001)
192.168.19.0/255.255.255.0(ro)
```

该行设置表示共享/nfsshare 目录，172.16.0.0/16 网段的所有主机都可以访问该目录，对该目录有读写的权限，并且所有用户在访问时都映射成服务器上 uid 为 1001、gid 为 1001 的用户；192.168.19.0/24 网段的所有主机对该目录有只读访问权限，并且在访问时所有的用户都映射成 nobody 用户。

2. 启动服务

配置好服务器之后，要使客户端能够使用 NFS，就必须先启动服务。启动过程如示例 13-5 所示。

【示例 13-5】

```
[root@localhost ~]# cat /etc/exports
```

```
/nfsshare *(rw)
[root@localhost ~]# systemctl start rpcbind
[root@localhost ~]# systemctl start nfs-server
#查看 NFS 的启动状态
[root@localhost ~]# systemctl status nfs-server
nfs-server.service - NFS server and services
    Loaded: loaded (/usr/lib/systemd/system/nfs-server.service; disabled;
vendor preset: disabled)
    Active: active (exited) since Mon 2022-10-03 20:06:24 CST; 2min 56s ago
   Process: 61061 ExecStartPre=/usr/sbin/exportfs -r (code=exited,
status=0/SUCCESS)
   Process: 61062 ExecStart=/usr/sbin/rpc.nfsd (code=exited,
status=0/SUCCESS)
   Process: 61078 ExecStart=/bin/sh -c if systemctl -q is-active gssproxy; then
systemctl reload gssproxy ; fi (code=exited, status=0/SUCCESS)
  Main PID: 61078 (code=exited, status=0/SUCCESS)
       CPU: 47ms

10月 03 20:06:24 localhost.localdomain systemd[1]: Starting NFS server and
services...
10月 03 20:06:24 localhost.localdomain systemd[1]: Finished NFS server and
services.
```

NFS 服务由 4 个后台进程组成，分别是 rpc.nfsd、rpc.statd、rpc.mountd 和 rpc.rquotad。rpc.nfsd 负责主要的工作，rpc.statd 负责抓取文件锁，rpc.mountd 负责初始化客户端的 mount 请求，rpc.rquotad 负责对客户文件的磁盘配额限制。这些后台程序是 nfs-utils 的一部分，如果使用的是 RPM 包，那么它们存放在/usr/sbin 目录下。

3. 确认 NFS 是否已经启动

可以使用 rpcinfo 和 showmount 命令来确认 NFS 是否已经启动，如果 NFS 服务正常运行，那么应该有如示例 13-6 所示的输出。

【示例 13-6】

```
#查看端口状态
[root@localhost ~]# rpcinfo -p
#部分结果省略
   program vers proto   port  service
    100003    3   tcp    2049  nfs
    100003    4   tcp    2049  nfs
    100227    3   tcp    2049  nfs_acl
#在服务端执行以下命令可以确认
[root@localhost ~]# showmount -e
Export list for localhost.localdomain:
/nfsshare *
#在客户端使用以下命令可以查看
#172.16.45.14 为服务端 IP 地址
[root@localhost ~]# showmount -e 172.16.45.14
Export list for 172.16.45.14:
/nfsshare *
```

经过以上操作，NFS 服务端已经配置完成，接下来进行客户端的配置。

13.1.3 配置 NFS 客户端

要在客户端使用 NFS，首先需要确定要挂载的文件路径，并确认该路径中没有数据文件，然后确定要挂载的服务端的路径，再使用 mount 挂载到本地磁盘，如示例 13-7 所示。mount 命令的详细用法可参考前面的章节。

【示例 13-7】
```
#创建挂载点并挂载
[root@localhost ~]# mkdir /test
[root@localhost ~]# mount -t nfs -o rw 172.16.45.14:/nfsshare /test
#测试
[root@localhost ~]# cd /test/
[root@localhost test]# touch s
touch: cannot touch 's': Permission denied
```

以读写模式挂载了共享目录，但 root 用户并不可写，其原因在于/etc/exports 中的文件设置：all_squash 和 root_squash 为 NFS 的默认设置，会将远程访问的用户映射为 nobody 用户，而/test 目录下的 nobody 用户是不可写的。通过修改共享设置可以解决这个问题。

```
/nfsshare *(rw,no_root_squash,sync,anonuid=1001,anongid=1000)
```

完成以上设置，然后重启 NFS 服务，目录挂载后就可以正常读写了。

13.2 文件服务器 Samba

Samba 是一种在 Linux 环境中运行的免费软件。利用 Samba，Linux 可以创建基于 Windows 的计算机使用共享。另外，Samba 还提供一些工具，允许 Linux 用户从 Windows 计算机进入共享和传输文件。

13.2.1 Samba 的简介

Samba 是在 Linux 和 UNIX 系统上实现 SMB（Server Messages Block，服务器消息块）协议的软件。SMB 是一种在局域网上共享文件和打印机的通信协议，为局域网内的不同计算机系统之间提供文件及打印机等资源的共享服务。SMB 协议是客户端/服务器型协议，客户端通过该协议可以访问服务器上的共享文件系统、打印机及其他资源。通过设置 NetBIOS over TCP/IP，使得 Samba 方便地在网络中共享资源。

Windows 与 Linux 之间的文件共享可以采用多种方式，常用的是 Samba 或 FTP。如果 Linux 系统的文件需要在 Windows 中编辑，也可以使用 Samba。

13.2.2 Samba 的安装与配置

在进行 Samba 安装之前首先了解一下网上邻居的工作原理。网上邻居的工作模式是一个典型的客户端/服务器工作模式。首先，单击【网络邻居】图标，打开网上邻居列表，这个过程的实质是列出一个网上可以访问的服务器的名字列表。其次，单击【打开目标服务器】图标，列出目标服务器上的共享资源。接下来,单击需要的共享资源图标进行需要的操作(包括列出内容、增加、修改和删除内容等)。在单击一台具体的共享服务器时,先发生了一个名字解析过程,计算机会尝试解析名字列表中的这个名称并进行连接。在连接到该服务器后,可以根据服务器的安全设置对服务器上的共享资源进行允许访问的操作。利用 Samba 服务器提供的功能可以在 Linux 之间或 Linux 与 Windows 之间共享资源。

1. Samba 的安装

要安装 Samba 服务器,可以采用两种方法:从 RPM 包安装和从源代码安装。建议初学者使用 RPM 来安装,较为熟练的使用者可以采用源代码安装的方式。本节采用 YUM 方式,安装过程如示例 13-8 所示。

【示例 13-8】

```
#执行安装命令,通过 YUM 安装
[root@localhost liu]# yum install samba
#省略安装细节
```

samba-4.15.5-108.el9_0.x86_64 是 SMB 客户程序/服务器软件包,主要包含以下程序。

- smbd: SMB 服务器,为客户端(如 Windows 等)提供文件和打印服务。
- nmbd: NetBIOS 名字服务器,可以提供浏览支持。
- smbclient: SMB 客户程序,类似于 FTP 程序,用以从 Linux 或其他操作系统上访问 SMB 服务器上的资源。
- smbmount: 挂载 SMB 文件系统的工具,对应的卸载工具为 smbumount。
- smbpasswd: 用户登录服务端的用户名和密码。

2. 配置文件

以下是一个简单的配置,允许特定的用户读写指定的目录,如示例 13-9 所示。

【示例 13-9】

```
#创建共享的目录并赋予相关用户权限
[root@localhost ~]# mkdir -p /data/test1
[root@localhost ~]# mkdir -p /data/test2
[root@localhost ~]# groupadd users
[root@localhost ~]# useradd -g users test1
[root@localhost ~]# useradd -g users test2
[root@localhost ~]# chown -R test1.users /data/test1
[root@localhost ~]# chown -R test2.users /data/test2
#samba 配置文件默认位于此目录
[root@localhost etc]# pwd
/etc/samba/
[root@localhost etc]# cat smb.conf
[global]
workgroup = mySamba
netbios name = mySamba
server string = Linux Samba Server Test
security=user
[test1]
```

```
        path = /data/test1
        writeable = yes
        browseable = yes
[test2]
        path = /data/test2
        writeable = yes
        browseable = yes
        guest ok = yes
```

（1）[global]表示全局配置，是必须有的配置。[global]中各个选项的含义如下：

- workgroup：在 Windows 中显示的工作组。
- netbios name：在 Windows 中显示的计算机名。
- server string：Samba 服务器说明，可以自己来定义。
- security：是验证和登录方式，security=share 表示不需要用户名和密码；对应的另外一种为 user 验证方式，需要用户名和密码。

（2）[test]表示 Windows 中显示出来的是共享的目录，[test]中各选项的含义如下：

- path：共享的目录。
- writeable：共享目录是否可写。
- browseable：共享目录是否可以浏览。
- guest ok：是否允许匿名用户以 guest 身份登录。

3. 启动服务

创建用户目录并设置允许的用户名和密码，认证方式为系统用户认证，要添加的用户名需要在/etc/passwd 中存在，如示例 13-10 所示。

【示例 13-10】

```
#设置用户test1的密码
[root@localhost ~]# smbpasswd -a test1
New SMB password:
Retype new SMB password:
Added user test1.
#设置用户test2的密码
[root@localhost ~]# smbpasswd -a test2
New SMB password:
Retype new SMB password:
Added user test2.
#启动命令
[root@localhost ~]# smbd
[root@localhost ~]# nmbd
#关闭防火墙以便客户端访问
[root@localhost data]# systemctl stop firewalld
#确认启动
[root@localhost ~]# lsof -i
COMMAND    PID    USER    FD    TYPE   DEVICE  SIZE/OFF  NODE  NAME
#部分结果省略
smbd      46154   root    35u   IPv6   67505            0t0   TCP  *:microsoft-ds (LISTEN)
smbd      46154   root    36u   IPv6   67516            0t0   TCP  *:netbios-ssn (LISTEN)
smbd      46154   root    37u   IPv4   67517            0t0   TCP  *:microsoft-ds (LISTEN)
```

```
smbd      46154  root  38u  IPv4  67518  0t0  TCP *:netbios-ssn (LISTEN)
nmbd      46160  root  17u  IPv4  67527  0t0  UDP *:netbios-ns
nmbd      46160  root  18u  IPv4  67528  0t0  UDP *:netbios-dgm
nmbd      46160  root  19u  IPv4  67540  0t0  UDP 192.168.122.1:netbios-ns
nmbd      46160  root  20u  IPv4  67541  0t0  UDP
192.168.122.255:netbios-ns
nmbd      46160  root  21u  IPv4  67542  0t0  UDP 192.168.122.1:netbios-dgm
nmbd      46160  root  22u  IPv4  67543  0t0  UDP
192.168.122.255:netbios-dgm
nmbd      46160  root  23u  IPv4  67544  0t0  UDP 192.168.10.10:netbios-ns
nmbd      46160  root  24u  IPv4  67545  0t0  UDP 192.168.10.255:netbios-ns
nmbd      46160  root  25u  IPv4  67546  0t0  UDP 192.168.10.10:netbios-dgm
nmbd      46160  root  26u  IPv4  67547  0t0  UDP
192.168.10.255:netbios-dgm
#停止命令
[root@localhost ~]# killall -9 smbd
[root@localhost ~]# killall -9 nmbd
```

启动完毕后也可以使用 ps 命令和 netstat 命令查看进程和端口是否启动成功。

4. 服务测试

打开 Windows 中的资源管理器，输入地址\\192.168.10.10，按 Enter 键，弹出用户名和密码校验界面，在界面中输入用户名 test1 及其密码，如图 13.1 所示。

图 13.1　Samba 登录验证界面

验证成功后可以看到共享的目录，进入 test1，创建目录 test1dir，如图 13.2 所示。可以看到此目录对于 test1 用户是可读可写的，与之对应的是进入目录 test2 后发现没有写入的权限，如图 13.3 所示。

图 13.2　验证目录权限

图 13.3　无权限，目录无法访问

以上演示了 Samba 的用法，要求用户必须在访问共享资源之前提供用户名和密码进行验证。Samba 的其他功能可以参考联机帮助文档。

13.3　FTP 服务器

FTP 文件共享是基于 TCP/IP 的。目前绝大多数系统都提供支持 FTP 的工具，FTP 是一种通用性比较强的网络文件共享方式。

13.3.1　FTP 的简介

FTP 方便地解决了文件的传输问题，从而让人们可以方便地从计算机网络中获取资源。FTP 已经成为计算机网络上文件共享的一个标准。FTP 服务器中的文件按目录结构进行组织，用户通过网络与服务器建立连接。FTP 仅基于 TCP 的服务，不支持 UDP。与众不同的是 FTP 使用两个端口，一个数据端口和一个命令端口（也可称为控制端口）。通常来说这两个端口是 21（命令端口）和 20（数据端口）。由于 FTP 的工作方式不同，因此数据端口并不总是 20，可分为主动 FTP 和被动 FTP。

1. 主动 FTP

主动方式的 FTP 客户端从一个任意的非特权端口 N（$N>1024$）连接到 FTP 服务器的命令端口 21，然后客户端开始监听端口 $N+1$，并发送 FTP 命令 port $N+1$ 到 FTP 服务器。接着服务器会从自己的数据端口（20）连接到客户端指定的数据端口（$N+1$）。在主动模式下，服务端开启的是 20 和 21 端口，客户端开启的是 1024 以上的端口。

2. 被动 FTP

为了解决服务器发起的到客户端的连接问题，FTP 采取了被动方式，或称为 PASV 方式，当客户端通知服务器处于被动模式时才启用。在被动方式 FTP 中，命令连接和数据连接都由客户端发起，当开启一个 FTP 连接时，客户端打开两个任意的非特权本地端口（$N > 1024$ 和 $N+1$）。第一个端口连接服务器的 21 端口，但与主动方式的 FTP 不同，客户端不会提交 PORT 命令，而是提交 PASV 命令并允许服务器来回连接它的数据端口。这样做的结果是服务器会开启一个任意的非特权端口（$P > 1024$），并发送 PORT P 命令给客户端。然后客户端发起从本地端口 $N+1$ 到服务端口 P 的连接，用来传送数据。此时服务端的数据端口不再是 20 端口，而是 21 命令端口和大于 1024 的数据连接端口，客户端开启的是大于 1024 的两个端口。

被动模式是从服务端向客户端发起连接，而主动模式是客户端向服务端发起连接。两者的共同点是都使用 21 端口进行用户验证及管理，差别在于传送数据的方式不同。

13.3.2　vsftp 的安装与配置

在 Linux 系统下，vsftp 是一款应用比较广泛的 FTP 软件，其特点是小巧轻快、安全易用。目前在开源操作系统中常用的 FTP 软件除 vsftp 外，主要有 proftpd、pureftpd 和 wu-ftpd，各个 FTP 软件并无优劣之分，读者可选择熟悉的 FTP 软件。

1. 安装 vsftpd

安装此 FTP 软件可以采用 RPM 包或源代码的方式，RPM 包可以在系统安装盘中找到。安装过程如示例 13-11 所示。

【示例 13-11】

```
#使用 RPM 包安装 vsftp 软件
[root@localhost Packages]# rpm -ivh vsftpd-3.0.3-49.el9.x86_64.rpm
Verifying...                          ################################# [100%]
准备中...                              ################################# [100%]
```

第 13 章 网络文件共享 NFS、Samba 和 FTP | 211

```
              软件包 vsftpd-3.0.3-49.el9.x86_64 已经安装
#安装的主要文件及其安装路径，部分结果省略
[root@localhost Packages]# rpm -qpl vsftpd-3.0.3-49.el9.x86_64.rpm
/etc/logrotate.d/vsftpd
/etc/pam.d/vsftpd
#vsftp 启停控制单元
/usr/lib/systemd/system/vsftpd.service
/usr/lib/systemd/system/vsftpd.target
/usr/lib/systemd/system/vsftpd@.service
#保存认证用户
/etc/vsftpd/ftpusers
/etc/vsftpd/user_list
#主配置文件
/etc/vsftpd/vsftpd.conf
#主程序
/usr/sbin/vsftpd
#安装完毕后检查是否安装成功
[root@localhost Packages]# rpm -aq | grep vsftpd
vsftpd-3.0.3-49.el9.x86_64
```

由于系统不同，因此可能还需要其他一些操作步骤，具体可在安装目录中的 INSTALL 文件中查看。

2. 匿名 FTP 设置

示例 13-12 所示的情况允许匿名用户访问并上传文件，配置文件路径一般为/etc/vsftpd.conf，如果是使用 RPM 包安装，那么配置文件位于/etc/vsftpd/vsftpd.conf。

【示例 13-12】

```
#对默认目录赋予用户 ftp 权限以便可以上传文件
[root@localhost ~]# chown 775 /var/ftp/
[root@localhost ~]# chown 777 /var/ftp/pub

[root@localhost ~]# cat /etc/vsftpd/vsftpd.conf
listen=YES
#允许匿名登录
anonymous_enable=YES
#允许上传文件
anon_upload_enable=YES
write_enable=YES
#启用日志
xferlog_enable=YES
#日志路径
vsftpd_log_file=/var/log/vsftpd.log
#使用匿名用户登录时，映射到的用户名
ftp_username=ftp
```

3. 启动 FTP 服务

启动 FTP 服务的过程如示例 13-13 所示。

【示例 13-13】

```
[root@localhost ~]# systemctl start vsftpd
```

```
#检查是否启动成功，默认配置文件位于/etc/vsftpd/vsftpd.conf
[root@localhost ~]# systemctl status vsftpd
vsftpd.service - Vsftpd ftp daemon
    Loaded: loaded (/usr/lib/systemd/system/vsftpd.service; disabled; vendor preset: disabled)
    Active: active (running) since Mon 2022-10-03 20:42:25 CST; 35s ago
   Process: 62560 ExecStart=/usr/sbin/vsftpd /etc/vsftpd/vsftpd.conf (code=exited, status=0/SUCCESS)
  Main PID: 62561 (vsftpd)
     Tasks: 1 (limit: 48623)
    Memory: 892.0K
       CPU: 10ms
    CGroup: /system.slice/vsftpd.service
            └─62561 /usr/sbin/vsftpd /etc/vsftpd/vsftpd.conf

10月 03 20:42:25 localhost.localdomain systemd[1]: Starting Vsftpd ftp daemon...
10月 03 20:42:25 localhost.localdomain systemd[1]: Started Vsftpd ftp daemon.
[root@localhost ~]# ps -ef | grep vsftpd
root        4036       1  0 21:45 ?        00:00:00 /usr/sbin/vsftpd /etc/vsftpd/vsftpd.conf
```

4. 匿名用户登录测试

匿名用户登录测试的过程如示例 13-14 所示。

【示例 13-14】

```
#登录FTP
[root@192 soft]# ftp 192.168.10.10
Connected to 192.168.10.10 (192.168.10.10).
220 (vsFTPd 3.0.3)
#输入匿名用户名
Name (192.168.10.10:root): anonymous
331 Please specify the password.
#密码为空
Password:
#登录成功
230 Login successful.
Remote system type is UNIX.
Using binary mode to transfer files.
ftp> cd pub
250 Directory successfully changed.
#上传文件测试
ftp> put wget-1.14.tar.gz
local: wget-1.14.tar.gz remote: wget-1.14.tar.gz
227 Entering Passive Mode (192,168,153,131,130,19).
150 Ok to send data.
226 Transfer complete.
3118130 bytes sent in 0.0262 secs (119176.34 Kbytes/sec)
#查看文件列表
ftp> ls
227 Entering Passive Mode (192,168,153,131,197,36).
150 Here comes the directory listing.
-rw-------    1 14       50        3118130 Oct 03 13:09 wget-1.14.tar.gz
226 Directory send OK.
```

```
#文件上传成功后退出
ftp> quit
221 Goodbye.
#查看上传后的文件信息，文件属于ftp用户
[root@localhost ~]# ll /var/ftp/pub/
总用量 3048
-rw-------. 1 ftp ftp 3118130 10月  3 21:09 wget-1.14.tar.gz
```

如果不能上传，可能是 SELinux 阻止了上传，可以使用命令 setenforce 0 临时禁用 SELinux。

5. 实名 FTP 设置

除配置匿名 FTP 服务之外，vsftp 还可以配置实名 FTP 服务器，以便实现更精确的权限控制。实名需要的用户认证信息位于/etc/vsftpd/目录下，vsftpd.conf 也位于此目录，用户启动时可以单独指定其他的配置文件。示例 13-15 中 FTP 认证采用虚拟用户认证。

【示例 13-15】

```
#编辑配置文件/etc/vsftpd/vsftpd.conf，配置如下
[root@localhost ~]# cat /etc/vsftpd.conf
listen=YES
#绑定本机 IP
listen_address=192.168.10.10
#禁止匿名用户登录
anonymous_enable=NO
anon_upload_enable=NO
anon_mkdir_write_enable=NO
anon_other_write_enable=NO
#不允许 FTP 用户离开自己的主目录
chroot_list_enable=NO
#虚拟用户列表，每行一个用户名
chroot_list_file=/etc/vsftpd.chroot_list
#允许本地用户访问，默认为 YES
local_enable=YES
#允许写入
write_enable=YES
allow_writeable_chroot=YES
#上传后的文件默认的权限掩码
local_umask=022
#禁止本地用户离开自己的 FTP 主目录
chroot_local_user=YES
#权限验证需要的加密文件
pam_service_name=vsftpd.vu
#开启虚拟用户的功能
guest_enable=YES
#虚拟用户的属主目录
guest_username=ftp
#用户登录后操作主目录和本地用户具有同样的权限
virtual_use_local_privs=YES
#虚拟用户主目录设置文件
user_config_dir=/etc/vsftpd/vconf
#编辑/etc/vsftpd.chroot_list，每行一个用户名
[root@localhost ~]# cat /etc/vsftpd.chroot_list
user1
user2
```

```
#增加用户并指定主目录
[root@localhost ~]# mkdir -p /data/{user1,user2}
[root@localhost ~]# chmod -R 775 /data/user1 /data/user2
#设置用户名密码数据库
[root@localhost ~]# echo -e "user1\npass1\nuser2\npass2">/etc/vsftpd/vusers.list
[root@localhost ~]# cd /etc/vsftpd
[root@localhost vsftpd]# db_load -T -t hash -f vusers.list vusers.db
[root@localhost vsftpd]# chmod 600 vusers.*
#指定认证方式
[root@localhost vsftpd]# echo -e "#%PAM-1.0\n\nauth    required pam_userdb.so db=/etc/vsftpd/vusers\naccount required pam_userdb.so db=/etc/vsftpd/vusers">/etc/pam.d/vsftpd.vu
[root@localhost vsftpd]# mkdir vconf
[root@localhost vsftpd]# cd vconf/
[root@localhost vconf]# cd /etc/vsftpd/vconf
[root@localhost vconf]# ls
user1  user2
#编辑用户的用户名文件，指定主目录
[root@localhost vconf]# cat user1
local_root=/data/user1
[root@localhost vconf]# cat user2
local_root=/data/user2
#创建标识文件
[root@localhost vconf]# touch /data/user1/user1
[root@localhost vconf]# touch /data/user2/user2
[root@localhost ~]# ftp 192.168.10.10
Connected to 192.168.10.10 (192.168.10.10).
220 (vsFTPd 3.0.3)
#输入用户名和密码
Name (192.168.10.10:root): user1
331 Please specify the password.
#user1 的密码为之前设置的 pass1
Password:
230 Login successful.
Remote system type is UNIX.
Using binary mode to transfer files.
#查看文件
ftp> ls
227 Entering Passive Mode (192,168,10,10,129,165).
150 Here comes the directory listing.
drwxr-xr-x    2 14       100            32 Apr 16 13:49 pub
226 Directory send OK.
ftp> quit
221 Goodbye.
[root@localhost ~]# ftp 192.168.10.10
Connected to 192.168.10.10 (192.168.10.10).
220 (vsFTPd 3.0.2)
Name (192.168.10.10:root): user2
331 Please specify the password.
#user2 的密码为 pass2
Password:
230 Login successful.
Remote system type is UNIX.
```

```
Using binary mode to transfer files.
ftp> ls
227 Entering Passive Mode (192,168,10,10,164,166).
150 Here comes the directory listing.
-rwxrwxrwx    1 0        0               0 Apr 16 14:08 user2
226 Directory send OK.
#上传文件测试
ftp> put wget-1.14.tar.gz
local: wget-1.14.tar.gz remote: wget-1.14.tar.gz
227 Entering Passive Mode (192,168,10,10,175,188).
150 Ok to send data.
226 Transfer complete.
192808 bytes sent in 0.0382 secs (5052.36 Kbytes/sec)
ftp> quit
221 Goodbye.
```

vsftp 可以指定某些用户不能登录 FTP 服务器、支持 SSL 连接、限制用户上传速率等，更多配置可参考帮助文档。

13.3.3　proftpd 的安装与配置

proftpd 为开放源代码的 FTP 软件，其配置与 Apache 类似。相对于 wu-ftpd，它在安全性和可伸缩性等方面都有很大的提升。

1．安装 proftpd

proftpd 的最新版本为 1.3.7，本节采用源代码安装的方式，安装过程如示例 13-16 所示。

【示例 13-16】

```
#使用源代码安装
#下载前确认安装 gcc 编译器
[root@localhost soft]#rpm -qa|grep gcc
libgcc-11.2.1-9.4.el9.x86_64
gcc-11.2.1-9.4.el9.x86_64
gcc-plugin-annobin-11.2.1-9.4.el9.x86_64
#下载源代码包
[root@localhost soft]# wget
ftp://ftp.proftpd.org/distrib/source/proftpd-1.3.7e.tar.gz
[root@localhost soft]# tar xvf proftpd-1.3.7e.tar.gz
[root@localhost soft]# cd proftpd-1.3.7e/
[root@localhost proftpd-1.3.7e]# ./configure --prefix=/usr/local/proftp
[root@localhost proftpd-1.3.7e]# make
[root@localhost proftpd-1.3.7e]# make install
#安装完毕后主要的目录
[root@localhost proftpd-1.3.7e]# cd /usr/local/proftp/
[root@localhost proftp]# ls
bin  etc  include  lib  libexec  sbin  share  var
```

2．匿名 FTP 设置

根据上面的安装路径，配置文件默认位于/usr/local/proftp/etc/proftpd.conf。允许匿名用户访问并上传文件的配置如示例 13-17 所示。

【示例 13-17】

```
#对默认目录赋予用户 ftp 权限以便上传文件
[root@localhost soft]# chown -R ftp.users /var/ftp/
[root@localhost soft]# cat /usr/local/proftp/etc/proftpd.conf
ServerName                  "ProFTPD Default Installation"
ServerType                  standalone
DefaultServer               on
Port                        21
Umask                       022
#最大实例数
MaxInstances                30
#FTP 启动后将切换到此用户和组运行
User    myftp
Group   myftp

AllowOverwrite              on
#匿名服务器配置
<Anonymous ~>
  User                      ftp
  Group                     ftp
  UserAlias                 anonymous ftp
  MaxClients                10
#权限控制,设置可写
  <Limit WRITE>
    AllowAll
  </Limit>
</Anonymous>
```

3. 启动 FTP 服务

启动 FTP 服务的过程如示例 13-18 所示。

【示例 13-18】

```
#添加用户并启动 proftpd
[root@localhost soft]# useradd myftp
[root@localhost soft]# /usr/local/proftp/sbin/proftpd
#关闭 SELinux
[root@localhost soft]# setenforce 0
#检查是否启动成功
[root@localhost soft]# ps -ef | grep proftpd
myftp     12401     1  0 22:24 ?        00:00:00 proftpd: (accepting connections)
```

4. 匿名用户登录测试

匿名用户登录测试的过程如示例 13-19 所示。

【示例 13-19】

```
#登录 FTP
[root@localhost soft]# ftp 192.168.10.149
Connected to 192.168.10.149 (192.168.10.149).
220 ProFTPD 1.3.7e Server (ProFTPD Default Installation) [192.168.10.149]
```

```
Name (192.168.10.149:root): anonymous
331 Anonymous login ok, send your complete email address as your password
Password:
230 Anonymous access granted, restrictions apply
Remote system type is UNIX.
Using binary mode to transfer files.
ftp> ls
227 Entering Passive Mode (192,168,10,149,159,26).
150 Opening ASCII mode data connection for file list
drwxr-xr-x   2 myftp     myftp           6 Jun 23  2022 pub
226 Transfer complete
ftp> put proftpd-1.3.7e.tar.gz
local: proftpd-1.3.7e.tar.gz remote: proftpd-1.3.7e.tar.gz
227 Entering Passive Mode (192,168,10,149,145,113).
150 Opening BINARY mode data connection for proftpd-1.3.7e.tar.gz
226 Transfer complete
29968142 bytes sent in 0.1 secs (299684.42 Kbytes/sec)
ftp> ls
227 Entering Passive Mode (192,168,10,149,177,220).
150 Opening ASCII mode data connection for file list
-rw-r--r--   1 myftp     myftp    29968142 May  7 13:17 proftpd-1.3.7e.tar.gz
drwxr-xr-x   2 myftp     myftp           6 Jun 23  2022 pub
226 Transfer complete
ftp> quit
221 Goodbye.
#查看上传后的文件信息，文件属于 ftp 用户
[root@localhost soft]# ls -l /var/ftp/
total 29268
-rw-r--r--. 1 myftp myftp 29968142 May  7 21:17 proftpd-1.3.57.tar.gz
drwxr-xr-x. 2 myftp myftp        6 Jun 23  2022 pub
```

5. 实名 FTP 设置

除配置匿名 FTP 服务之外，proftpd 还可以配置实名 FTP 服务器，以便实现更精确的权限控制，比如登录权限、读写权限，并可以针对每个用户单独控制。配置过程如示例 13-20 所示。在本示例中，用户认证方式为 Shell 系统用户认证。

【示例 13-20】

```
#登录使用系统用户验证方式
#先添加用户并设置登录密码
[root@localhost soft]# useradd -d /data/user1 -m user1
[root@localhost soft]# useradd -d /data/user2 -m user2
[root@localhost soft]# passwd user1
Changing password for user user1.
New password:
Retype new password:
passwd: all authentication tokens updated successfully.
[root@localhost soft]# passwd user2
Changing password for user user2.
New password:
```

```
Retype new password:
passwd: all authentication tokens updated successfully.
#编辑配置文件，增加以下配置
[root@localhost soft]# cat    /usr/local/proftp/etc/proftpd.conf
#部分内容省略
<VirtualHost 192.168.10.10>
    DefaultRoot         /data/guest
    AllowOverwrite      no
    <Limit STOR MKD RETR >
        AllowAll
    </Limit>
    <Limit DIRS WRITE READ DELE RMD>
        AllowUser user1 user2
        DenyAll
    </Limit>
</VirtualHost>
#启动
[root@localhost soft]# /usr/local/proftp/sbin/proftpd
[root@localhost soft]# mkdir /data/guest
[root@localhost soft]# chmod -R 777 /data/guest/
[root@localhost soft]# ftp 192.168.10.10
Connected to 192.168.10.10 (192.168.10.10).
#输入用户名和密码
220 ProFTPD 1.3.7e Server (ProFTPD Default Installation)
[::ffff:192.168.10.10]
Name (192.168.10.10:root): user1
331 Password required for user1
Password:
230 User user1 logged in
Remote system type is UNIX.
Using binary mode to transfer files.
#上传文件测试
ftp> put proftpd-1.3.7e.tar.gz
local: proftpd-1.3.7e.tar.gz remote: proftpd-1.3.7e.tar.gz
227 Entering Passive Mode (192,168,10,10,185,71).
150 Opening BINARY mode data connection for proftpd-1.3.7e.tar.gz
226 Transfer complete
29992107 bytes sent in 0.0957 secs (313501.98 Kbytes/sec)
#查看上传的文件
ftp> ls
227 Entering Passive Mode (192,168,10,10,144,84).
150 Opening ASCII mode data connection for file list
-rw-r--r--   1 user1    user1    29992107 Apr 17 14:33 proftpd-1.3.7e.tar.gz
226 Transfer complete
ftp> quit
221 Goodbye.
```

proftpd 配置文件中使用原始的 FTP 指令实现更细粒度的权限控制，可以针对每个用户设置单独的权限，常见的 FTP 命令集如下：

- ALL 表示所有指令，但不包含 LOGIN 指令。

- DIRS 包含 CDUP、CWD、LIST、MDTM、MLSD、MLST、NLST、PWD、RNFR、STAT、XCUP、XCWD、XPWD 指令集。
- LOGIN 包含客户端登录指令集。
- READ 包含 RETR、SIZE 指令集。
- WRITE 包含 APPE、DELE、MKD、RMD、RNTO、STOR、STOU、XMKD、XRMD 指令集，每个指令集的具体作用可参考帮助文档。

以上示例为使用当前系统用户登录 FTP 服务器。为避免安全风险，proftpd 的权限可以和 MySQL 相结合，以实现更丰富的功能，更多配置可参考帮助文档。

13.3.4 如何设置 FTP 才能实现文件上传

FTP 的登录方式可分为系统用户和虚拟用户。

- 系统用户是指使用当前 Shell 中的系统用户登录 FTP 服务器，用户登录后对于主目录具有和 Shell 中相同的权限，目录权限可以通过 chmod 和 chown 命令设置。
- 虚拟用户的特点是只能访问服务器为其提供的 FTP 服务，而不能访问系统的其他资源。所以，如果想让用户对 FTP 服务器站内具有写权限，但又不允许访问系统其他资源，可以使用虚拟用户来提高系统的安全性。在 vsftp 中，认证这些虚拟用户使用的是单独的口令库文件（pam_userdb），由可插入认证模块（PAM）认证。使用这种方式更加安全，并且配置更加灵活。

13.4 小　　结

本章详细介绍了 NFS、Samba、FTP 的原理及其配置过程。NFS 主要用于需要数据保持一致性的场合，通过 NFS 用户可以将一份数据挂载到多台机器上，这时客户端看到的数据将是一致的。Samba 常用于 Linux 和 Windows 中的文件共享，通过 Samba 开发者可以在 Windows 中方便地编辑 Linux 系统的文件，利用 Windows 中强大的编辑工具可以大大提高开发者的效率。FTP 解决了文件的传输问题，从而让人们可以方便地从计算机网络中获取资源。FTP 已经成为计算机网络上文件共享的一个标准。本章重点在于使用相关命令完成服务的配置和使用，帮助读者掌握网络共享的方法。

13.5 习　　题

一、填空题

1. NFS 服务由 5 个后台进程组成，分别是_____、_____、_____、_____和_____。
2. Windows 与 Linux 之间的文件共享可以采用多种方式，常用的是_____和_____。

3. 要安装 Samba 服务器，可以采用两种方法：_____和_____。

二、选择题

对于 FTP 描述不正确的是（　　）。

  A. FTP 使用两个端口，一个数据端口和一个命令端口

  B. FTP 的登录方式可分为系统用户和普通用户

  C. FTP 是仅基于 TCP 的服务，不支持 UDP

  D. FTP 已经成为计算机网络上文件共享的一个标准

第 14 章

使用 SELinux 和安全审计工具

作为目前流行的服务器操作系统，Linux 必须要处理好安全问题，包括未知的安全性问题，这就要用到 SELinux（Security Enhanced Linux）的功能。同时，Linux 还具备另一个安全特性——安全审计。安全审计是对用户访问文件的记录，可以很好地解决谁查看了文件的问题。

本章主要介绍 SELinux 和安全审计工具的使用。这两个工具可以解决 Linux 系统的许多安全性问题，甚至可以防止未知的安全隐患。

本章主要涉及的知识点有：

- SELinux 简介
- SELinux 的安全机制
- 安全上下文和布尔值的管理
- Linux 系统中的安全审计工具

14.1 使用 SELinux

SELinux 是由美国国家安全部（National Security Agency，NSA）领导开发的 GPL（General Public License）项目，拥有一个灵活而强制性的访问控制结构，目的是让 Linux 系统更为安全。本节将简要介绍 SELinux 的相关知识。

14.1.1 SELinux 起源

在 20 世纪 80 年代，人们开始致力于操作系统的安全研究，最终产生了一个分布式信任计算机的项目。NSA 组织参与了此项目，并付出了巨大的努力最终产生了一个新的项目——Flask（Flux Advanced Security Kernel）。从 1999 年起 NSA 开始研究在 Linux 内核中实现 Flask 安全架构。

2000 年 10 月 NSA 发布了 Flask 项目的第一个研究成果，这是一个公共的版本，取名为安全增强的 Linux。由于采用的是现有的主流操作系统，因此很快就得到了 Linux 社区的关注。最早的 SELinux 是以补丁的形式发布的，针对的内核版本为 2.2.x。

2001 年在加拿大渥太华召开的 Linux 内核高级会议上，新的 Linux 安全模型被确立，其安全模型采用了更为灵活的框架，允许将不同的安全扩展添加到 Linux 内核中。通过两年的努力，2003 年 8 月 SELinux 的代码最终被加入到了 Linux 内核的核心代码中。

2005 年在 Red Hat 发行的 Red Hat Enterprise Linux 4 中，SELinux 默认是完全开启的，这标志着 SELinux 进入了主流操作系统中。

14.1.2　SELinux 概述及架构

在传统的 Linux 权限中，使用的是自由访问控制（Discretionary Access Control，DAC）机制。在 DAC 机制中，使用所有者加权限的方式控制用户或进程对文件的访问，这种做法带来的问题是自主性太强，即资源的安全性在很大程度上取决于所有者的意志。但这并不是一个致命的问题，只要所有者或者说 root 用户足够小心就可以应付。DAC 机制中还有几种特殊的权限，即 SUID、SGID 和 Sticky，其中最危险的莫过于 SUID，它允许二进制文件运行时拥有文件所有者相应的权限。如果黑客劫持了某个进程的会话并上传了一个带有 SUID 权限的二进制文件，那么黑客将在系统上为所欲为。

由此可以看出 DAC 可以控制文件的访问问题，但还无法解决因 SUID 等因素导致的 root 身份盗用的问题。于是又提出了强制访问控制（Mandatory Access Control，MAC）机制，MAC 最早用于军事用途，可以大幅提高安全性。

在 MAC 机制中，系统将强制主体（主体通常是用户或由用户发起的进程等）服从访问控制策略。具体方法是为主体和客体（客体是信息的载体，或是从其他主体或客体接收的信息实体，可以简单理解为要访问的资源）添加一个安全标记，且用户发起的进程无法修改自身和客体的安全标记。系统通过比较主体和客体的安全标记来判断主体是否能够访问要操作的客体。

SELinux 实际上就是 MAC 理论最重要的实现之一，同时必须要指出的是 SELinux 从架构上允许 MAC 和 DAC 两种机制都可以发挥作用，因此，在 Linux 系统中，MAC 和 DAC 机制实际上是共同使用的，通过两种机制共同过滤能达到更佳的访问控制效果。

提到 SELinux 架构，不得不提的是 Linux 安全模块（Linux Security Module，LSM）。LSM 是一种轻量级的访问控制框架，最大的特点是允许其他安全模型以内核模块的形式加载到内核中。SELinux 正是通过模块的方式加载到内核中的，如图 14.1 所示。

在图 14.1 所示的 LSM 架构中，用户的访问通过一系列内核操作进行，SELinux 模块将在 LSM 钩子中加载。若返回的结果允许访问，则内核将返回数据；否则，将会被直接拒绝。

SELinux LSM 架构是一个庞大而复杂的结构，包括 3 个主要组件：访问向量缓存、安全服务器和客体管理器，如图 14.2 所示。

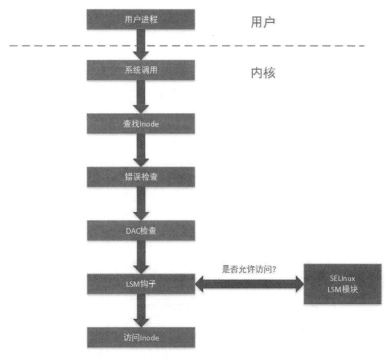

图 14.1　LSM 架构

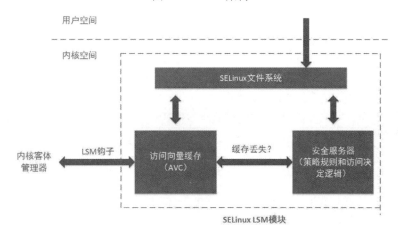

图 14.2　SELinux LSM 架构

在实际决策时，策略强制服务负责将要访问的主客体上下文发送给负责做出决策的安全服务器，接下来就进入权限检查流程。在权限检查过程中，首先会检查访问向量缓存（Access Vector Cache，AVC），在 AVC 中通常会缓存有主、客体的权限。若在 AVC 中存在策略决策，就会返回策略强制服务；若没有策略决策，则会转向安全服务器。安全服务器会根据预设的规则做出决策，并强制服务决策返回策略，同时将决策放到 AVC 中缓存起来。

在最后的判断中，若允许访问最终决策，则主体可以完成对客体的操作；若拒绝访问，则会将记录写入日志中。

除以上介绍的 SELinux LSM 架构之外，SELinux 还有许多对安全访问的重要实现，如用户控件管理器、策略语言编辑器等，此处不再赘述，读者可以参考相关文档。

14.1.3 与 SELinux 相关的文件和命令

虽然 SELinux 是一个非常复杂的系统，但是也不必为此过多担心，对于用户而言操作还是非常简便的。本小节将从一个使用者的角度来展示如何通过简单的方法操作 SELinux 这个复杂的安全系统。

1. 与 SELinux 相关的文件

为了实现 SELinux 的各项功能，首先需要了解与 SELinux 相关的文件。这些文件主要集中在 /etc/selinux 目录中：

- /etc/selinux/config 和 /etc/sysconfig/selinux：主要用于打开和关闭 SELinux。
- /etc/selinux/targeted/contexts：主要用于对 contexts 进行配置。contexts 是 SELinux 实现安全访问的重要功能，将在后续章节中介绍。
- /etc/selinux/targeted/policy：SELinux 策略文件。

对于大多数用户而言，只需要通过修改/etc/selinux/config 和 /etc/sysconfig/selinux 文件来控制是否启用 SELinux 即可。事实上，/etc/sysconfig/selinux 是/etc/selinux/config 的链接文件，因此只需修改一个文件的内容，另一个文件也会发生变化。/etc/sysconfig/selinux 文件内容如示例 14-1 所示。

【示例 14-1】

```
# This file controls the state of SELinux on the system.
# SELINUX= can take one of these three values:
#     enforcing - SELinux security policy is enforced.
#     permissive - SELinux prints warnings instead of enforcing.
#     disabled - No SELinux policy is loaded.
SELINUX=disabled
# SELINUXTYPE= can take one of three two values:
#     targeted - Targeted processes are protected,
#     minimum - Modification of targeted policy. Only selected processes are
        protected.
#     mls - Multi Level Security protection.
SELINUXTYPE=targeted
```

配置文件中只有两个配置内容。其一是 SELINUX，有 3 个值可用：enforcing 为强制模式，表示在 SELinux 中所有违反预设规则的操作都将被拒绝；permissive 为宽容模式，表示在 SELinux 中不会拒绝违反预设规则的操作，但会记录到日志中；disable 则表示关闭 SELinux。其二是 SELINUXTYPE，表示系统启动时应该载入的策略集。系统默认使用 targeted 集，所以本书也使用此集作为讲解内容。在实际应用中，通常无须修改 SELINUXTYPE 设置。需要特别说明的是，修改此文件后需要重新启动系统才能使修改的设置生效。

注意：对于大部分用户而言，宽容模式允许操作、记录日志的特点可以用于 SELinux 的故障排除，因此这是必须掌握的内容。

2. SELinux 相关的命令

SELinux 还附带了一些命令，利用这些命令可以了解和设置 SELinux 的状态。这些命令及其用法如示例 14-2 所示。

【示例 14-2】

```
#查看当前 SELinux 的运行状态
[root@localhost ~]# getenforce
Enforcing
#Enforcing 表示强制模式，Permissive 表示宽容模式

#切换 SELinux 的状态
[root@localhost ~]# setenforce 0
#参数 1 表示切换到强制模式，0 表示切换到宽容模式
#需要注意 setenforce 只能在强制模式和宽容模式之间切换，不能关闭 SELinux

#查看 SELinux 运行状态
[root@localhost ~]# sestatus
SELinux status:                 enabled
SELinuxfs mount:                /sys/fs/selinux
SELinux root directory:         /etc/selinux
Loaded policy name:             targeted
Current mode:                   permissive
Mode from config file:          enforcing
Policy MLS status:              enabled
Policy deny_unknown status:     allowed
Memory protection checking:     actual (secure)
Max kernel policy version:      33
```

14.1.4　SELinux 安全上下文

如前所述，SELinux 是一个非常复杂的系统，限于篇幅，本书无法一一介绍。目前 SELinux 使用最多的莫过于 SELinux contexts 和管理布尔值（Managing Boolean），因此本书将这两部分作为重点介绍。

SELinux contexts 通常称为安全上下文，也经常简称为上下文。在运行 SELinux 的系统上，所有的进程和文件都被标记上与安全有关的信息，这就是安全上下文。查看用户、进程和文件的命令都带有一个选项 "Z"，可以通过此选项查看安全上下文，如示例 14-3 所示。

【示例 14-3】

```
#查看当前用户的上下文
[user@localhost ~]$ id -Z
unconfined_u:unconfined_r:unconfined_t:s0-s0:c0.c1023

#查看文件的上下文
[root@localhost ~]# ls -Zl
-rw-r--r--. root root unconfined_u:object_r:admin_home_t:s0 acc
-rw-------. root root system_u:object_r:admin_home_t:s0 anaconda-ks.cfg
-rw-r--r--. root root system_u:object_r:admin_home_t:s0 initial-setup-ks.cfg
...
```

```
#查看进程的上下文
[root@localhost ~]# ps -Z
LABEL                                PID TTY          TIME CMD
unconfined_u:unconfined_r:unconfined_t:s0-s0:c0.c1023 2694 pts/0 00:00:00 bash
unconfined_u:unconfined_r:unconfined_t:s0-s0:c0.c1023 3098 pts/0 00:00:00 ps
```

在示例 14-3 中列举了系统默认为用户、文件和进程时分配的上下文值。上下文一共由 5 部分组成，中间以冒号分隔，这 5 部分的说明如下：

- user：指示登录系统的用户类型，如 system_u 等。多数本地进程属于自由进程（unconfined），而系统配置文件、共享库等文件都属于系统用户（system）。
- role：指定文件、进程和用户的用途，如 object_r、system_r 等。
- type：表示主体、客体的类型，在 SELinux 中规定了进程域能访问的文件类型，大多数策略都是基于 type 实现的。
- sensitivity：一个扩展选项，由组织定义的分层安全级别，由 0~15 组成，其中 s0 的级别最低。每个对象只能有一个级别，默认使用 s0。
- category：对于特定组织划分不分层的分类，一个对象可以有多个 category，从 c0 到 c1023，共有 1024 个分类。

虽然安全上下文一共由 5 部分组成，但实际上有些版本中只标示了前 3 个部分，也有些版本只标示了前 4 个部分。无论标示了多少个部分，只有第三部分起作用。第三部分在文件中称为类型，在进程中称为域。

系统在安装时，SELinux 会为系统中的每个文件打上安全上下文标记。可以通过命令 semanage 查看系统中默认使用的安全上下文，如示例 14-4 所示。

【示例 14-4】

```
[root@localhost ~]# semanage fcontext -l | head -20
SELinux fcontext            type              Context

/.*                         all files         system_u:object_r:default_t:s0
/[^/]+                      regular file      system_u:object_r:etc_runtime_t:s0
/a?quota\.(user|group)      regular file      system_u:object_r:quota_db_t:s0
/nsr(/.*)?                  all files         system_u:object_r:var_t:s0
/sys(/.*)?                  all files         system_u:object_r:sysfs_t:s0
/xen(/.*)?                  all files         system_u:object_r:xen_image_t:s0
/mnt(/[^/]*)?               directory         system_u:object_r:mnt_t:s0
/mnt(/[^/]*)?               symbolic link     system_u:object_r:mnt_t:s0
/bin/.*                     all files         system_u:object_r:bin_t:s0
/dev/.*                     all files         system_u:object_r:device_t:s0
...
```

从上面的输出可以看到，Red Hat Enterprise Linux 9 的安全上下文划分得很精细，类型非常多，定义也非常明确。对于普通用户而言，默认的安全上下文无须修改。

文件的上下文是可以修改的，通常使用 chcon 命令来修改。如果系统执行重新标记安全上下文或执行恢复上下文操作，那么 chcon 命令的改变将会失效。chcon 命令的使用方法如示例 14-5 所示。

【示例 14-5】

```
#使用 chcon 命令修改文件 acc 的安全上下文类型
[root@localhost ~]# ls -Zl acc
-rw-r--r--. root root unconfined_u:object_r:admin_home_t:s0 acc
[root@localhost ~]# chcon -t httpd_cache_t acc
[root@localhost ~]# ls -Zl acc
-rw-r--r--. root root unconfined_u:object_r:httpd_cache_t:s0 acc

#使用 restorecon 命令恢复文件 acc 的安全上下文
[root@localhost ~]# restorecon -v acc
restorecon reset /root/acc context
unconfined_u:object_r:httpd_cache_t:s0->unconfined_u:object_r:admin_home_t:s0
[root@localhost ~]# ls -Z acc
-rw-r--r--. root root unconfined_u:object_r:admin_home_t:s0 acc
```

使用 restorecon 命令时，会自动查询该文件应该具备的安全上下文，然后恢复文件的安全上下文。还有一个容易被忽视的问题是，由于 Linux 系统总是先执行 DAC 检查再执行 MAC 检查，因此如果在标准 Linux 访问控制检查环节被拒绝，那么就没有必要再进行 MAC 检查了。

14.1.5 SELinux 管理布尔值

SELinux 可以用来实现对文件的访问，也可以用来实现对各种网络服务的访问控制。SELinux 安全上下文主要用来控制进程对文件的访问，而管理布尔值主要用来实现对网络服务的访问控制。

管理布尔值是一个针对服务的访问策略。针对不同的网络服务，管理布尔值为它设置了一个开关，用于精确地对服务的某个选项进行保护。查看系统中的管理布尔值的设置可以使用命令 getsebool 实现，如示例 14-6 所示。

【示例 14-6】

```
#查看系统中所有管理布尔值的设置
[root@localhost ~]# getsebool -a
abrt_anon_write --> off
abrt_handle_event --> off
abrt_upload_watch_anon_write --> on
antivirus_can_scan_system --> off
antivirus_use_jit --> off
auditadm_exec_content --> on
authlogin_nsswitch_use_ldap --> off
authlogin_radius --> off
authlogin_yubikey --> off
awstats_purge_apache_log_files --> off
boinc_execmem --> on
…
#查看所有关于 FTP 的设置
[root@localhost ~]# getsebool -a | grep ftp
ftpd_anon_write --> off
ftpd_connect_all_unreserved --> off
ftpd_connect_db --> off
ftpd_full_access --> off
ftpd_use_cifs --> off
ftpd_use_fusefs --> off
```

```
ftpd_use_nfs --> off
ftpd_use_passive_mode --> off
httpd_can_connect_ftp --> off
httpd_enable_ftp_server --> off
tftp_anon_write --> off
tftp_home_dir --> off
#查看关于 httpd 的设置
[root@localhost ~]# getsebool -a | grep http
httpd_anon_write --> off
httpd_builtin_scripting --> on
httpd_can_check_spam --> off
httpd_can_connect_ftp --> off
httpd_can_connect_ldap --> off
httpd_can_connect_mythtv --> off
httpd_can_connect_zabbix --> off
httpd_can_network_connect --> off
...
```

如果要修改某个管理布尔值的设置，可以使用 setsebool 命令来实现，如示例 14-7 所示。

【示例 14-7】

```
#设置 ftpd 匿名用户可以上传
[root@localhost ~]# getsebool -a | grep ftpd_anon_write
ftpd_anon_write --> off
#数字 1 表示开启，0 表示关闭
[root@localhost ~]# setsebool ftpd_anon_write 1
[root@localhost ~]# getsebool -a | grep ftpd_anon_write
ftpd_anon_write --> on

#以上设置将在重启后失效，要使重启后也生效则可使用 P 选项
[root@localhost ~]# setsebool -P ftpd_anon_write 1
#也可使用等号
[root@localhost ~]# setsebool -P ftpd_anon_write=1
```

14.1.6　SELinux 故障排除

对于普通用户而言，要完全掌握 SELinux 是一件非常困难的事。为了解决 SELinux 配置的问题，系统为 SELinux 准备了完善的日志机制，并且还安装了一些详尽的说明、故障排除工具。利用故障排除工具可以非常轻易地配置 SELinux。

1. 利用日志进行故障排除

在 SELinux 运行过程中，如果发生了拒绝事件，那么这个事件会被一个名叫 setroubleshoot 的工具捕获。setroubleshoot 工具会根据事件生成一条日志并保存到/var/log/messages，日志中包含了事件的说明、解决方法等内容。用户可以根据此日志查看详细说明和解决方法。这种利用日志进行故障排除的方法最为常用。

默认情况下，Red Hat Enterprise Linux 9 已经安装了 setroubleshoot 工具集，无须额外安装。查看安装的 setroubleshoot 可以使用以下命令：

```
[root@localhost ~]# rpm -aq | grep setroubleshoot
setroubleshoot-plugins-3.3.14-4.el9.noarch
```

```
setroubleshoot-server-3.3.28-3.el9_0.x86_64
```

setroubleshoot-plugins-3.3.14-4.el9.noarch 可以根据 messages 文件中的日志来查找由 setroubleshoot 产生的日志，然后根据日志来进行判断：

```
#查找由 setroubleshoot 产生的日志
[root@localhost ~]# grep setroubleshoot /var/log/messages
  Oct  3 20:20:35 localhost setroubleshoot[61353]: SELinux is preventing
/usr/sbin/smbd from write access on the 文件 smbd.pid. 如需要完整的 SELinux 信息，请
运行 sealert -l 3cad76e6-1fa7-4de8-a4a9-47592513c8d1
```

从上面的日志中可以看到，这条日志是因为 SELinux 阻止 smbd 而产生的，具体信息可运行命令 sealert -l 3cad76e6-1fa7-4de8-a4a9-47592513c8d1 来了解。下一步运行提示的命令，从命令的输出中了解更多详细情况：

```
[root@localhost ~]# sealert -l 3cad76e6-1fa7-4de8-a4a9-47592513c8d1
SELinux is preventing /usr/sbin/smbd from write access on the 文件
samba-bgqd.pid.

*****  插件 samba_share (85.5 置信度) 建议
******************************

如果你想允许 smbd 有 write 权限访问 samba-bgqd.pid 相关内容
则需要更改 'samba-bgqd.pid' 中的标记
命令如下:
# semanage fcontext -a -t samba_share_t 'samba-bgqd.pid'
# restorecon -v 'samba-bgqd.pid'

*****  插件 catchall_boolean (13.8 置信度) 建议
******************************

如果你想允许 samba 有读写权限
则必须启用 'samba_export_all_rw' 布尔值告知 SELinux 此情况

命令如下:
setsebool -P samba_export_all_rw 1

*****  插件 catchall (2.16 置信度) 建议
************************************

如果你确定 smbd 允许 write 访问 samba-bgqd.pid file 文件
则应该将这个情况作为 bug 进行报告
可以生成本地策略模块以允许此访问
暂时允许此访问权限的执行命令如下:
# ausearch -c 'smbd' --raw | audit2allow -M my-smbd
# semodule -X 300 -i my-smbd.pp


更多信息:
源环境 (Context)            system_u:system_r:smbd_t:s0
目标环境                    unconfined_u:object_r:var_run_t:s0
目标对象                    samba-bgqd.pid [ file ]
源                         smbd
源路径                      /usr/sbin/smbd
端口                        <Unknown>
```

```
        主机                     localhost.localdomain
        源 RPM 软件包              samba-4.15.5-108.el9_0.x86_64
        目标 RPM 软件包
        SELinux 策略 RPM
selinux-policy-targeted-34.1.29-1.el9_0.2.noarch
        本地策略 RPM
selinux-policy-targeted-34.1.29-1.el9_0.2.noarch
        Selinux 已启用            True
        策略类型                  targeted
        强制模式                  Enforcing
        主机名                    localhost.localdomain
        平台                      Linux localhost.localdomain
                                 5.14.0-70.13.1.el9_0.x86_64 #1 SMP PREEMPT Thu Apr
                                 14 12:42:38 EDT 2022 x86_64 x86_64
        警报计数                  4
        第一个                    2022-10-03 20:20:32 CST
        最后一个                  2022-10-03 20:21:09 CST
        本地 ID                   3cad76e6-1fa7-4de8-a4a9-47592513c8d1

        原始核查信息
        type=AVC msg=audit(1664799669.935:981): avc:  denied  { write } for  pid=61583
comm="samba-bgqd" name="samba-bgqd.pid" dev="tmpfs" ino=2610
scontext=system_u:system_r:smbd_t:s0
tcontext=unconfined_u:object_r:var_run_t:s0 tclass=file permissive=0


        type=SYSCALL msg=audit(1664799669.935:981): arch=x86_64 syscall=openat
success=no exit=EACCES a0=ffffff9c a1=7ffe4eb935b0 a2=841 a3=1a4 items=0
ppid=61579 pid=61583 auid=4294967295 uid=0 gid=0 euid=0 suid=0 fsuid=0 egid=0
sgid=0 fsgid=0 tty=(none) ses=4294967295 comm=samba-bgqd
exe=/usr/libexec/samba/samba-bgqd subj=system_u:system_r:smbd_t:s0 key=(null)

        Hash: smbd,smbd_t,var_run_t,file,write
```

从上面命令中可以看到这条日志产生的详细原因、时间及解决方法等内容。此时如果用户已充分了解此事件的危害性并决意让 SELinux 不再阻止此事件，则可按命令输出中的提示执行命令 setsebool -P samba_export_all_rw 1。

除了上面的布尔值事件外，因安全上下文而拒绝的事件也可以使用此方法进行故障排除，例如下面这条事件消息：

```
    [root@localhost ~]# grep setroubleshoot /var/log/messages
    Jun  6 20:51:22 localhost setroubleshoot: SELinux is preventing httpd from
getattr access on the file /var/www/html/test.html. For complete SELinux messages.
run sealert -l bacb56f5-9a2e-40bc-b84f-1ad89784d03f
    [root@localhost ~]# sealert -l bacb56f5-9a2e-40bc-b84f-1ad89784d03f
    SELinux is preventing httpd from getattr access on the file
/var/www/html/test.html.

    *****  Plugin restorecon (99.5 confidence) suggests
***********************

    If you want to fix the label.
    /var/www/html/test.html default label should be httpd_sys_content_t.
    Then you can run restorecon.
```

```
   Do
   # /sbin/restorecon -v /var/www/html/test.html

   ***** Plugin catchall (1.49 confidence) suggests
   ***************************

   If you believe that httpd should be allowed getattr access on the test.html
file by default.
   Then you should report this as a bug.
   You can generate a local policy module to allow this access.
   Do
   allow this access for now by executing:
   # ausearch -c 'httpd' --raw | audit2allow -M my-httpd
   # semodule -i my-httpd.pp


   Additional Information:
   Source Context              system_u:system_r:httpd_t:s0
   Target Context              unconfined_u:object_r:admin_home_t:s0
   Target Objects              /var/www/html/test.html [ file ]
   Source                      httpd
   Source Path                 httpd
   Port                        <Unknown>
   Host                        localhost.localdomain
   Source RPM Packages
   Target RPM Packages
   Policy RPM                  selinux-policy-3.13.1-102.el9.noarch
   Selinux Enabled             True
   Policy Type                 targeted
   Enforcing Mode              Enforcing
   Host Name                   localhost.localdomain
   Platform                    Linux localhost.localdomain
                               #5.14.0-70.13.1.el9_0.x86_64
   #1 SMP PREEMPT Thu Apr 14 12:42:38 EDT 2022 x86_64 x86_64

   Alert Count                 52
   First Seen                  2022-06-04 21:56:24 CST
   Last Seen                   2022-06-06 20:51:08 CST
   Local ID                    bacb56f5-9a2e-40bc-b84f-1ad89784d03f
```

从上面的消息中可以看到/var/www/html/test.html 的安全上下文不正确，从而导致被 SELinux 拒绝访问，解决方法是执行命令/sbin/restorecon -v /var/www/html/test.html。

2. 用好宽容模式

SELinux 还有一种特殊的宽容模式。在宽容模式下，SELinux 不会拒绝主体的请求，但同样也会产生日志。宽容模式通常用在调试软件的过程中。调试过程可能因很多原因导致软件工作不正常，此时利用宽容模式就可以减少故障检查点，等软件正常后再来检查 SELinux 的问题。需要注意的是，调试时建议使用命令 setenforce 1 切换到宽容模式，而不是修改配置文件。如果调试完成后忘记修改配置文件，那么可能会带来严重的安全问题。

14.2　SELinux 的图形工具

在 Red Hat Enterprise Linux 中有一些 SELinux 图形工具。当用户处于图形界面时，如果 setroubleshoot 捕获到 SELinux 事件，那么就会弹出一个警报信息，显示在桌面最下方，如图 14.3 所示。

新 SELinux 安全性警报　AVC 拒绝信息，点击图标查看

图 14.3　SELinux 安全性警报

此时应该先安装故障排除工具，在图形界面中依次单击【活动】|【应用】命令，查找并且安装 SELinux 故障排除工具，如图 14.4 所示。

图 14.4　SELinux 故障排除工具

安装好后，用户可以单击警报信息或在桌面的左上角依次单击【活动】|【显示应用程序】|【SELinux 故障排除工具】命令，此时将弹出【SELinux 警报浏览器】界面，如图 14.5 所示。

图 14.5　【SELinux 警报浏览器】界面

在【SELinux 警报浏览器】界面中可以看到所有收到的警报信息，此时可以单击【故障排除

按钮来查看排除故障的建议，如图 14.6 所示；也可以单击【通知管理员】按钮来给 root 用户发送邮件；还可以单击【详情】按钮来查看关于此警报的详细情况，如图 14.7 所示。

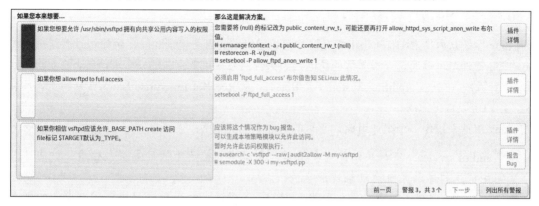

图 14.6　排除故障的建议

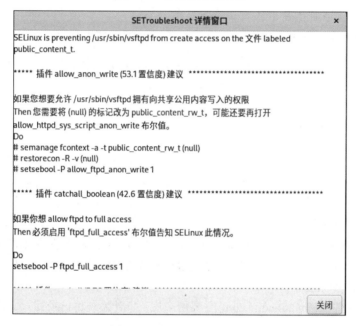

图 14.7　SELinux 警报详情

在【SELinux 警报浏览器】界面中还可忽略、删除警报信息。单击右下角的【列出所有警报】按钮，还可以查看所有发出的警报并进行批量查看。SELinux 警报浏览器的操作比较简单，读者可自行尝试操作，此处不再赘述。

14.3　Linux 安全审计工具

系统管理员不可能随时守候在计算机面前，关注系统的每个运行情况，这时需要利用一些工具，例如日志等。日志一般用来记录异常情况，但是对文件级别的访问记录无计可施，这时就需要利用另一项功能——安全审计工具。本节就介绍 Linux 系统中的安全审计工具的使用技巧。

14.3.1 Linux 审计系统简介

Linux 系统从内核 2.6 版开始正式支持文件访问级别的日志记录功能，例如记录系统调用和文件访问等。管理员可以通过查阅文件的访问日志来评估系统可能存在的安全漏洞等，这项功能称为 Linux 审计系统（Linux Auditing System）。Red Hat 从 Red Hat Enterprise Linux 5 开始正式预装此功能，用户可以直接使用。

Linux 审计系统由多个组件组成，常见的组件和工具如下：

- auditd.service：审计系统的守护进程，负责将内核产生的日志写入磁盘。这些日志是由应用程序和系统活动触发产生的。
- auditctl：控制内核审计系统的各种接口、生成日志的变量以及决定跟踪事件的规则。
- aureport：从审计日志中提取内容并生成个性报告。该报告易于被脚本读取，从而使其他应用程序可以利用该报告进行工作。
- ausearch：查询日志的工具，可以使用不同的规则查询日志。

除了以上这些组件和工具外，常见的还有后台守护进程 audispd、启动时加载的规则文件 /etc/audit/audit.rules 等，读者可以阅读相关文档进行了解。

14.3.2 配置审计服务

Linux 审计系统有 3 个配置文件：其一是后台守护进程配置文件 /etc/audisp/audispd.conf；其二是 audit 的配置文件 /etc/audit/auditd.conf，audit 的功能是将审计系统产生的记录写入文件中，因此 auditd.conf 是一个比较关键的配置文件；其三是规则文件 /etc/audit/audit.rules，此文件中写入的是具体的审计规则，将在系统启动时被加载。

后台守护进程配置文件 /etc/audisp/audispd.conf 主要对守护进程事件进行高度的规范，例如对事件调度队列长度、队列溢出等行为进行配置。通常只有需要处理大量的事件时才对此文件进行配置，否则文件无须额外配置。

audit 的配置文件 /etc/audit/auditd.conf 主要用来规范审计系统将记录写入文件时的行为，默认的配置如下：

```
[root@localhost audit]# cat auditd.conf
#
# This file controls the configuration of the audit daemon
#
#日志配置选项，配置日志文件的位置、格式等
local_events = yes
write_logs = yes
log_file = /var/log/audit/audit.log
log_group = root
log_format = RAW
#写入日志文件时的行为，写入规则、日志文件最大容量等
flush = INCREMENTAL_ASYNC
freq = 50
max_log_file = 8
```

```
num_logs = 5
priority_boost = 4
disp_qos = lossy
dispatcher = /sbin/audispd
name_format = NONE
##name = mydomain
max_log_file_action = ROTATE
space_left = 75
space_left_action = SYSLOG
action_mail_acct = root
admin_space_left = 50
admin_space_left_action = SUSPEND
disk_full_action = SUSPEND
disk_error_action = SUSPEND
use_libwrap = yes
##tcp_listen_port =
tcp_listen_queue = 5
tcp_max_per_addr = 1
##tcp_client_ports = 1024-65535
tcp_client_max_idle = 0
enable_krb5 = no
krb5_principal = auditd
##krb5_key_file = /etc/audit/audit.key
distribute_network = no
```

在此配置文件中，用户需要特别关注的是磁盘空间的相关设置（配置项为 disk_full_action）、日志文件长度 max_log_file 和 max_log_file_action（日志文件达到最大容量后的操作）等。如果预期产生的日志文件比较少，则不必修改此文件中的相关配置。

14.3.3 配置审计规则

不可能对系统中的所有行为都进行审计，因为这需要消耗巨大的资源，会让系统负重不堪，因此默认情况下审计系统并没有添加规则。在此情况下，审计系统只会对系统的关键性事件进行记录，如用户登录事件。要改变记录的事件就需要为审计系统添加规则。

添加审计规则有两种方法：第一种是使用命令 auditctl，利用这种方法添加的规则会立即生效，但重新启动系统后会失效；第二种是将审计规则写入文件 /etc/audit/audit.rules，此方法添加的规则只有重新启动系统或重启服务 auditd.service 后才会生效。

1. auditctl 命令

auditctl 命令可以用来为审计系统添加审计规则，其常见的选项如下：

- e：表示临时禁用或启用审计功能，0 表示临时禁用，1 表示启用，2 表示锁定审核配置。
- F：建立规则域，可用的域有名称、操作、值。审计系统有许多规则域，可以使用命令 man auditctl 查阅手册了解。
- a：将规则追加到链表。
- S：表示系统调用号和名字。
- w：表示加入一个文件系统对象的监视器。

- D/d：删除所有/当前指定的规则和监视器。
- s：查看当前状态。
- k：设置审计规则上的关键字，关键字作为该选项的参数。
- p：设置需要监视的文件权限。
- l：查看规则列表。

auditctl 命令的使用方法较多，也比较复杂，常见的应用如示例 14-8 所示。

【示例 14-8】

```
#查看当前状态
[root@localhost ~]# auditctl -s
enabled 1
failure 1
pid 697
rate_limit 0
backlog_limit 64
lost 0
backlog 0
loginuid_immutable 0 unlocked
#添加一条监视 uid 号为 1000 的用户的系统调用
[root@localhost ~]# auditctl -a always,exit -S open -F uid=1000
#查看规则列表
[root@localhost ~]# auditctl -l
-a always,exit -S open -F uid=1000
#删除规则
[root@localhost ~]# auditctl -d always,exit -S open -F uid=1000
#查看指定用户打开的文件
[root@localhost ~]# auditctl -a always,exit -S open -F auid=1000
#查看不成功的系统调用
[root@localhost ~]# auditctl -a exit,always -S open -F success!=0
#查看某个进程的系统调用
[root@localhost ~]# auditctl -a entry,always -S all -F pid=4992
#监视文件/etc/group 被修改权限的记录
[root@localhost ~]# auditctl -w /etc/group -p rwax
#清除所有规则
[root@localhost ~]# auditctl -D
```

需要说明的是，auditctl 命令添加的规则将在系统或服务重启后失效，如果希望规则继续生效，那么可以将规则添加到 audit.rules 文件中。

2. 审计规则文件 audit.rules

在系统启动时，审计系统会自动从审计规则文件/etc/audit/audit.rules 中读取审计规则，并初始化审计系统。鉴于审计规则十分复杂，而普通用户又未必能完全掌握，因此系统特别规定文件/etc/audit/audit.rules 中的内容须由/etc/audit/rules.d/audit.rules 文件的内容生成。因此，需要先将审计规则写入文件/etc/audit/rules.d/audit.rules，然后由系统自动生成可靠的 audit.rules。

要用好审计系统是非常难的，因为很多用户可能并不知道系统中哪些"重要环节"应该被审计。使用时，只需要将对应的预设规则文件覆盖到/etc/audit/rules.d/audit.rules，然后重新启动系统即可。与此同时，也可以读取文件/usr/share/doc/audit/rules/README 了解关于规则文件的更多内容。

14.3.4 分析审计日志

默认情况下，审计系统产生的日志存放在文件/var/log/audit/audit.log 中。用户可以直接读取此文件了解系统运行的详情，但此文件中的内容与日志不同，对普通用户非常不友好。下面是一个审计日志的片段：

```
type=SYSCALL msg=audit(1497964384.362:249): arch=c000003e syscall=159
success=yes exit=0 a0=7fffe4348120 a1=2710 a2=0 a3=59491f60 items=0 ppid=1 pid=775
auid=4294967295 uid=991 gid=988 euid=991 suid=991 fsuid=991 egid=988 sgid=988
fsgid=988 tty=(none) ses=4294967295 comm="chronyd" exe="/usr/sbin/chronyd"
subj=system_u:system_r:chronyd_t:s0 key="time-change"
    type=SYSCALL msg=audit(1497964384.362:250): arch=c000003e syscall=159
success=yes exit=0 a0=7fffe4348130 a1=2710 a2=0 a3=59491f60 items=0 ppid=1 pid=775
auid=4294967295 uid=991 gid=988 euid=991 suid=991 fsuid=991 egid=988 sgid=988
fsgid=988 tty=(none) ses=4294967295 comm="chronyd" exe="/usr/sbin/chronyd"
subj=system_u:system_r:chronyd_t:s0 key="time-change"
    type=SYSCALL msg=audit(1497964384.362:251): arch=c000003e syscall=159
success=yes exit=0 a0=7fffe4348280 a1=59491f60 a2=0 a3=59491f60 items=0 ppid=1
pid=775 auid=4294967295 uid=991 gid=988 euid=991 suid=991 fsuid=991 egid=988
sgid=988 fsgid=988 tty=(none) ses=4294967295 comm="chronyd"
exe="/usr/sbin/chronyd" subj=system_u:system_r:chronyd_t:s0 key="time-change"
```

在以上审计中记录的是 3 个系统的调用信息，但读取起来非常费劲。为此建议使用 aureport 命令来生成报告，然后从报告中获取信息，aureport 命令的使用方法如示例 14-9 所示。

【示例 14-9】

```
#列出在指定时间范围内的事件统计
[root@localhost ~]# aureport -ts 8:00 -te 17:30

Summary Report
======================
Range of time in logs: 2022年06月27日 18:02:56.191 - 2022年10月05日 10:41:16.686
Selected time for report: 2022年10月05日 08:00:00 - 2022年10月05日 17:30:00
Number of changes in configuration: 7
Number of changes to accounts, groups, or roles: 0
Number of logins: 1
Number of failed logins: 0
Number of authentications: 5
Number of failed authentications: 1
Number of users: 2
Number of terminals: 7
Number of host names: 3
Number of executables: 9
Number of commands: 6
Number of files: 2
Number of AVC's: 0
Number of MAC events: 1
Number of failed syscalls: 0
Number of anomaly events: 0
Number of responses to anomaly events: 0
Number of crypto events: 6
Number of integrity events: 0
```

```
Number of virt events: 0
Number of keys: 0
Number of process IDs: 18
Number of events: 136
...
#生成所有关于可执行文件的报告
[root@localhost ~]# aureport -x | less

Executable Report
===================================
# date time exe term host auid event
===================================
1. 2022年06月27日 18:02:56 /usr/lib/systemd/systemd ? ? -1 5
2. 2022年06月27日 18:02:56 /usr/lib/systemd/systemd ? ? -1 6
3. 2022年06月27日 18:02:56 /usr/sbin/auditctl (none) ? -1 7
4. 2022年06月27日 18:02:56 /usr/sbin/auditctl (none) ? -1 8
5. 2022年06月27日 18:02:56 /usr/sbin/auditctl (none) ? -1 9
6. 2022年06月27日 18:02:56 /usr/lib/systemd/systemd ? ? -1 10
7. 2022年06月27日 18:02:56 /usr/lib/systemd/systemd-update-utmp ? ? -1 11
8. 2022年06月27日 18:02:56 /usr/lib/systemd/systemd ? ? -1 12
9. 2022年06月27日 18:02:56 /usr/lib/systemd/systemd ? ? -1 13
10. 2022年06月27日 18:02:56 /usr/lib/systemd/systemd ? ? -1 14
11. 2022年06月27日 18:02:56 /usr/lib/systemd/systemd ? ? -1 15
12. 2022年06月27日 18:02:56 /usr/lib/systemd/systemd ? ? -1 23
13. 2022年06月27日 18:02:56 /usr/lib/systemd/systemd ? ? -1 24
14. 2022年06月27日 18:02:56 /usr/lib/systemd/systemd ? ? -1 26
15. 2022年06月27日 18:02:56 /usr/lib/systemd/systemd ? ? -1 27
16. 2022年06月27日 18:02:56 /usr/lib/systemd/systemd ? ? -1 28
17. 2022年06月27日 18:02:56 /usr/lib/systemd/systemd ? ? -1 29
18. 2022年06月27日 18:02:56 /usr/lib/systemd/systemd ? ? -1 30
19. 2022年06月27日 18:02:57 /usr/lib/systemd/systemd ? ? -1 31
20. 2022年06月27日 18:02:57 /usr/lib/systemd/systemd ? ? -1 32
...
#生成可执行文件的摘要
[root@localhost ~]# aureport -x --summary

Executable Summary Report
===============================
total  file
===============================
6116  /usr/bin/pgrep
6053  /usr/sbin/aureport
3546  /usr/lib/systemd/systemd
2250  /usr/bin/python2.7
2189  /usr/bin/gnome-shell
1813  /usr/sbin/xtables-multi
1412  /usr/bin/cpio
1107  /usr/bin/bash
750   /usr/sbin/sysctl
...
#生成所有用户失败事件的摘要
[root@localhost ~]# aureport -u --failed --summary -i

Failed User Summary Report
============================
```

```
   total  auid
   ===========================
   161  unset
   30   user
   14   root
```
#生成用户登录事件的摘要
[root@localhost ~]# aureport --login --summary -i

```
Login Summary Report
=============================
total  auid
===========================
32  root
2   user
```
#生成所有文件访问失败的摘要
[root@localhost ~]# aureport -f -i --failed --summary

```
Failed File Summary Report
===========================
total  file
===========================
66  /var/www/html/test.html
24  /var/www/html/hello.html
13  gdm
8   /proc/thread-self/attr/exec
4   /proc/thread-self/attr/current
4   /var/lib/sss/mc/initgroups
...
```
#生成所有账号修改的摘要
[root@localhost ~]# aureport -m

```
Account Modifications Report
====================================================
# date time auid addr term exe acct success event
====================================================
1. 2022年06月27日 18:08:17 -1 ? ? /usr/sbin/useradd liu yes 131
2. 2022年06月27日 18:08:17 -1 ? ? /usr/sbin/useradd liu yes 132
3. 2022年06月27日 18:08:17 -1 ? ? /usr/sbin/useradd liu yes 133
4. 2022年06月27日 18:08:17 -1 ? ? /usr/sbin/useradd liu yes 134
5. 2022年06月27日 18:08:17 -1 ? ? /usr/sbin/useradd ? yes 135
6. 2022年06月27日 18:08:17 -1 ? ? /usr/sbin/usermod ? yes 137
7. 2022年08月03日 00:59:46 1000 ? ? /usr/sbin/useradd user1 yes 427
8. 2022年08月03日 00:59:46 1000 ? ? /usr/sbin/useradd user1 yes 428
9. 2022年08月03日 00:59:46 1000 ? ? /usr/sbin/useradd ? yes 429
10. 2022年08月03日 00:59:46 1000 ? ? /usr/bin/passwd ? yes 431
11. 2022年08月03日 00:59:46 1000 ? ? /usr/bin/chage ? yes 433
12. 2022年10月03日 18:07:37 1000 ? ? /usr/sbin/useradd gnome-initial-setup no 390
13. 2022年10月03日 20:17:48 1000 localhost.localdomain pts/1 /usr/sbin/groupadd users no 960
14. 2022年10月03日 20:17:56 1000 localhost.localdomain pts/1 /usr/sbin/useradd test1 yes 961
15. 2022年10月03日 20:17:56 1000 localhost.localdomain pts/1 /usr/sbin/useradd ? yes 962
16. 2022年10月03日 20:18:04 1000 localhost.localdomain pts/1
```

```
/usr/sbin/useradd test2 yes 963
    17. 2022 年 10 月 03 日 20:18:04 1000 localhost.localdomain pts/1
/usr/sbin/useradd ? yes 964
    #查询所有用户登录的摘要
    [root@localhost ~]# aureport -l

    Login Report
    ============================================
    # date time auid host term exe success event
    ============================================
    1. 2022 年 08 月 02 日 07:51:24 1000 192.168.237.1 /dev/pts/1 /usr/sbin/sshd yes
187
    2. 2022 年 08 月 02 日 23:22:49 1000 192.168.237.1 /dev/pts/2 /usr/sbin/sshd yes
295
    3. 2022 年 08 月 03 日 00:31:14 1000 192.168.237.1 /dev/pts/1 /usr/sbin/sshd yes
213
    4. 2022 年 08 月 03 日 08:06:25 1000 192.168.237.1 /dev/pts/2 /usr/sbin/sshd yes
492
    5. 2022 年 08 月 04 日 00:18:33 1000 192.168.237.1 /dev/pts/1 /usr/sbin/sshd yes
647
    6. 2022 年 08 月 04 日 00:44:16 1000 192.168.237.1 /dev/pts/2 /usr/sbin/sshd yes
139
    7. 2022 年 08 月 04 日 00:47:11 1000 192.168.237.1 /dev/pts/0 /usr/sbin/sshd yes
110
    8. 2022 年 10 月 03 日 16:40:30 1000 192.168.153.1 /dev/pts/1 /usr/sbin/sshd yes
165
    9. 2022 年 10 月 03 日 18:04:19 1000 192.168.153.1 /dev/pts/2 /usr/sbin/sshd yes
264
    10. 2022 年 10 月 03 日 20:14:27 1000 192.168.153.1 ssh /usr/sbin/sshd yes 957
    11. 2022 年 10 月 04 日 10:03:09 1000 192.168.153.1 /dev/pts/3 /usr/sbin/sshd yes
1638
    12. 2022 年 10 月 05 日 10:22:20 1000 192.168.153.1 /dev/pts/1 /usr/sbin/sshd yes
2158
    …
    #生成所有查询的审计文件的报告和所包含的时间范围
    [root@localhost ~]# aureport -t

    Log Time Range Report
    =====================
    /var/log/audit/audit.log: 2022 年 06 月 27 日 18:02:56.191 - 2022 年 10 月 05 日
10:43:42.038
    …
```

aureport 命令可以非常方便地查询审计系统的信息，但它也是一个非常复杂的工具，此处仅仅列举了它的一些常见用法，更多的用法可查阅联机文档或其他资料。

14.4 小　　结

作为服务器操作系统的 Linux 会比 Windows 面临更多的风险，因为很多时候这些系统会直接暴露在公网上。Linux 系统下的 SELinux 机制可以更好地防御风险，甚至可以防御一些未知的攻击，因此配置 SELinux 是一项必备的运维技能。审计系统是 Linux 系统中的一个安全机制，主要用于对文件级别的访问进行审计，因此审计系统也是管理员必须掌握的内容。

14.5 习　　题

一、填空题

1. SELinux 防御风险的方法共有两种，分别是＿＿＿＿＿和＿＿＿＿＿。

2. 安全上下文由多个部分组成，其中最重要的是＿＿＿＿＿。

二、选择题

关于系统安全机制描述错误的是（　　）。

    A. 管理布尔值相当于是对系统中的某些行为进行控制

    B. 审计系统可以查看谁访问了网络服务

    C. SELinux 可以在一定程度上防御未知的攻击

    D. 适当的防火墙策略对系统安全非常有利

第 15 章

系统管理工具 Webmin

对于不熟悉 Linux 系统的人而言，要完成一个 Linux 系统的管理和维护是非常困难的。为解决此问题，一些组织开始推出简化管理的工具，Webmin 就是其中之一。本章将介绍如何使用 Webmin 工具管理 Linux。

本章涉及的主要知识点有：

- 下载并安装 Webmin
- Webmin 的配置
- 使用 Webmin 完成 Linux 系统配置
- Webmin 安全性建议

15.1 Webmin 的简介

所有类 UNIX 系统都有一个特点，就是配置服务和系统都是通过配置文件的方式进行的，Linux 也不例外，无论是系统设置还是网络服务，都是通过配置文件来进行配置的。正因为如此，许多 Linux 的学习者非常头疼，要熟悉如此多的配置文件不是一朝一夕就能做到的，这时可以尝试使用 Webmin。

Webmin 是一个类 UNIX 系统下的系统管理工具，内置了一个 HTTP 服务，管理员可以通过浏览器访问 Webmin，并通过它完成系统管理任务。除此之外，Webmin 还具有以下优点：

- 目前 Webmin 支持市面上绝大多数类 UNIX 系统，包括 Red Hat Enterprise Linux、AIX、HPUX、Unixware、Solaris 等。
- 用户可以利用使用 HTTPS 协议（SSL 上的 HTTP）的 Web 浏览器来访问远程服务器上的 Webmin，并通过 Webmin 来管理 Linux 系统。
- 支持多国语言，如法语、中文、日文等。

- 支持 SSL 加密和访问控制，提高了安全性。
- 模块化的架构，可以让用户编写属于自己的 Webmin 配置模块。

除此之外，Webmin 还有许多其他特点，如可修改的界面风格、服务器群支持等。目前 Webmin 的功能十分齐全，可以胜任大部分 Linux 管理工作，几乎涵盖 Linux 的所有方面：常规方面可以管理用户等，服务器方面可以管理 Apache、DNS、共享文件等。

15.2 Webmin 的安装和防火墙设置

Red Hat Enterprise Linux 9 系统在安装时不会安装 Webmin，并且光盘中也不包含 Webmin 软件包，因此用户要使用 Webmin 就需要手动安装并配置。

15.2.1 安装 Webmin

可以从 Webmin 官方网站下载最新的 Webmin。编写本书时，Webmin 的最新版本是 2.000，本小节将介绍如何安装 Webmin 2.000。

由于 Webmin 2.000 有专门针对 Red Hat 系统的 RPM 安装包，因此可以直接下载安装包：

```
[root@localhost soft]# 
wget https://prdownloads.sourceforge.net/webadmin/webmin-2.000-1.noarch.rpm
--2022-10-08 08:53:24--
https://prdownloads.sourceforge.net/webadmin/webmin-2.000-1.noarch.rpm
正在解析主机 prdownloads.sourceforge.net (prdownloads.sourceforge.net)...
204.68
            .111.105
正在连接 prdownloads.sourceforge.net
(prdownloads.sourceforge.net)|204.68.111.105|:443... 已连接。
已发出 HTTP 请求，正在等待回应... 301 Moved Permanently
位置:
https://downloads.sourceforge.net/project/webadmin/webmin/2.000/webmin-2.000-1.noarch.rpm [跟随至新的 URL]
    --2022-10-08 08:53:25--
https://downloads.sourceforge.net/project/webadmin/webmin/2.000/webmin-2.000-1.noarch.rpm
    正在解析主机 downloads.sourceforge.net (downloads.sourceforge.net)...
204.68.111
                    .105
    正在连接 downloads.sourceforge.net
(downloads.sourceforge.net)|204.68.111.105|:443... 已连接。
    已发出 HTTP 请求，正在等待回应... 302 Found
    位置:
https://nchc.dl.sourceforge.net/project/webadmin/webmin/2.000/webmin-2.000-1.noarch.rpm [跟随至新的 URL]
    --2022-10-08 08:53:27--
```

```
https://nchc.dl.sourceforge.net/project/webadmin/webmin
/2.000/webmin-2.000-1.noarch.rpm
    正在解析主机 nchc.dl.sourceforge.net (nchc.dl.sourceforge.net)...
140.110.96.69,
2001:e10:ffff:1f02::17
    正在连接 nchc.dl.sourceforge.net
(nchc.dl.sourceforge.net)|140.110.96.69|:443...
已连接。
    已发出 HTTP 请求，正在等待回应... 200 OK
    长度：40311212 (38M) [application/octet-stream]
    正在保存至："webmin-2.000-1.noarch.rpm"

webmin-2.000-1.noar 100%[===================>]  38.44M  4.82MB/s  用时 9.2s

2022-10-08 08:53:37 (4.16 MB/s) - 已保存 "webmin-2.000-1.noarch.rpm"
[40311212/4
0311212])
```

下载完成后，可以使用 rpm 命令直接安装：

```
#从光盘安装依赖软件包
[root@localhost soft]# cd /media/AppStream/Packages
[root@localhost Packages]# rpm -ivh perl-Filter-1.60-4.el9.x86_64.rpm
perl-encoding-3.00-462.el9.x86_64.rpm  perl-open-1.12-479.el9.noarch.rpm

#安装 Webmin
[root@localhost Packages]# cd ~/soft/
[root@localhost soft]# rpm -ivh /root/webmin/webmin-2.000-1.noarch.rpm
警告：/root/webmin/webmin-2.000-1.noarch.rpm: 头 V4 DSA/SHA1 Signature, 密钥 ID
1
1f63c51: NOKEY
Verifying...                          ################################# [100%]
准备中...                             ################################# [100%]
正在升级/安装...
   1:webmin-2.000-1                   ################################# [100%].
```

从上面的信息可以看出，Webmin 已经安装完成。

Webmin 是一个使用 Perl 语言编写的程序，安装成功后会在系统中添加一个名为 webmin.service 的系统服务，启动此服务即可开启 Webmin。除此之外，还有一个主要配置文件 /etc/webmin/miniserv.conf，配置文件的详细情况将在后续章节中介绍。

15.2.2　防火墙设置

默认情况下，Webmin 安装完成后就可以在本地通过浏览器访问了，但是如果想要在网络中的计算机上访问，就还需要设置防火墙。Webmin 的监听端口为 10000，因此需要打开 10000 端口：

```
#查看接口所属的区域
[root@localhost ~]# firewall-cmd --get-zone-of-interface=ens38
public
#在 public 上开启端口 10000/tcp
[root@localhost ~]# firewall-cmd --permanent --zone=public
--add-port=10000/tcp
```

```
success
#重新载入并查看规则
[root@localhost ~]# firewall-cmd --reload
success
[root@localhost ~]# firewall-cmd --zone=public --list-all
public (active)
  target: default
  icmp-block-inversion: no
  interfaces: ens38
  sources:
  services: dhcpv6-client ssh
  ports: 10000/tcp
  protocols:
  masquerade: no
  forward-ports:
  sourceports:
  icmp-blocks:
  rich rules:
```

接下来就可以在网络中的计算机上打开浏览器，使用地址 https://IP:10000 访问 Webmin 并管理系统了。

15.3 使用 Webmin

安装完 Webmin，就可以直接使用浏览器来访问它并用它来管理系统了，本节主要介绍如何访问 Webmin 以及如何设置它的基本配置。

15.3.1 登录 Webmin

Linux 系统下，许多经浏览器访问的管理软件都经常会存在一个问题：使用基于 IE 内核的浏览器访问时界面不能正常显示。因此建议使用 Firefox、Chrome 等非 IE 浏览器访问，访问时直接使用 https://IP:10000 即可，如图 15.1 所示。

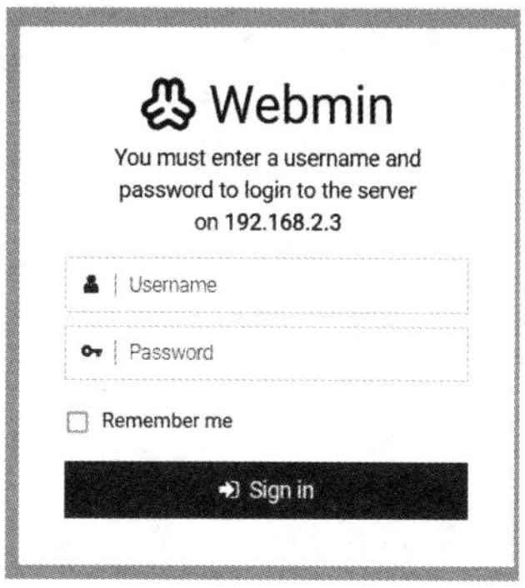

图 15.1 通过 Firefox 访问 Webmin

注意：由于 Webmin 使用的是自签名证书，因此浏览器会提示证书风险，此时只需忽略即可正常访问。Firefox 需要在证书风险提示后面单击【高级】按钮，并将 Webmin 添加到例外中才可正常访问。

Webmin 支持本地认证，因此登录时应使用系统中的 root 用户和密码。在登录界面输入用户名和密码，单击【Sign in】按钮即可成功登录，如图 15.2 所示。

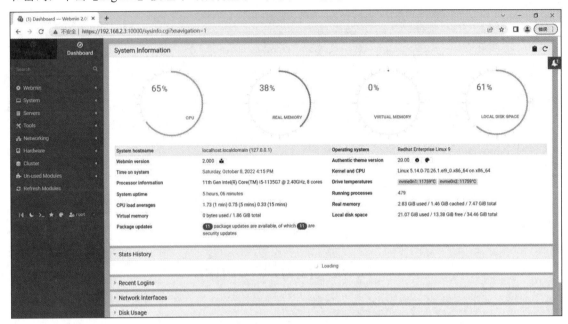

图 15.2　Webmin 主界面

在 Webmin 主界面的左侧是 Webmin 的管理任务选项，利用这些选项可以管理 Linux 系统；右侧是当前系统的基本概况，如系统负载、主机名、操作系统类型等。

15.3.2　Webmin 的语言选择和主题配置

Webmin 使用英文作为默认语言，可以修改为中文。修改方法是登录 Webmin，在主界面左侧的任务列表中依次单击【Webmin】|【Change Language and Theme】选项，此时主界面右侧将显示修改语言和界面风格页面，如图 15.3 所示。

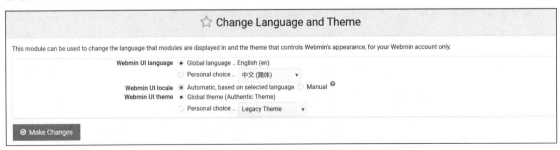

图 15.3　修改语言和界面风格页面

在图 15.3 中，单击【Webmin UI Language】选项组中的【Personal choice】单选按钮，在后面的下拉列表中选中【中文简体】，然后单击【Make Changes】按钮。接下来 Webmin 会自动修改全局语言设置，并重新启动 Webmin，等重启完成后刷新页面就可以看到中文界面的 Webmin。

如果觉得默认的 Webmin 不够友好，还可以更换主题风格，在图 15.3 中单击【Webmin UI theme】选项组中的【Personal choice】单选按钮，然后在后面的下拉列表中选择需要使用的 Webmin 主题，最后单击【Make Changes】按钮即可，刷新后生效。

Webmin 有一个专用于修改各类设置的页面，可以在 Webmin 主界面左侧依次单击【Webmin】|【Webmin 配置】选项打开，如图 15.4 所示。

图 15.4　Webmin 设置页面

通过访问 Webmin 设置页面，可以进行多方面的设置，例如 IP 访问控制、Webmin 主题、模块重新分类、升级等。这些设置都比较简单，读者可自行尝试，此处不再赘述。

15.3.3　Webmin 的配置文件

Webmin 的配置文件是/etc/webmin/miniserv.conf，其内容如下：

```
[root@localhost ~]# cat /etc/webmin/miniserv.conf
port=10000
root=/usr/libexec/webmin
mimetypes=/usr/libexec/webmin/mime.types
addtype_cgi=internal/cgi
realm=Webmin Server
logfile=/var/webmin/miniserv.log
errorlog=/var/webmin/miniserv.error
pidfile=/var/webmin/miniserv.pid
logtime=168
ssl=1
no_ssl2=1
no_ssl3=1
ssl_honorcipherorder=1
no_sslcompression=1
env_WEBMIN_CONFIG=/etc/webmin
env_WEBMIN_VAR=/var/webmin
```

```
atboot=1
logout=/etc/webmin/logout-flag
listen=10000
denyfile=\.pl$
log=1
blockhost_failures=5
blockhost_time=60
syslog=1
ipv6=1
session=1
premodules=WebminCore
server=MiniServ/2.000
userfile=/etc/webmin/miniserv.users
keyfile=/etc/webmin/miniserv.pem
passwd_file=/etc/shadow
passwd_uindex=0
passwd_pindex=1
passwd_cindex=2
passwd_mindex=4
passwd_mode=0
preroot=authentic-theme
passdelay=1
login_script=/etc/webmin/login.pl
logout_script=/etc/webmin/logout.pl
failed_script=/etc/webmin/failed.pl
cipher_list_def=1
error_handler_401=401.cgi
error_handler_403=403.cgi
error_handler_404=404.cgi
nolog=\/stats\.cgi\?xhr\-stats\=general
logouttimes=
```

这个配置文件中的内容非常多，但是大多数情况下并不需要修改此文件，其中常见的需要关注的配置项如下：

- port=10000：HTTP 的监听端口。
- root=/usr/libexec/webmin：Webmin 的根目录。
- logfile、errorlog：Webmin 工作时产生的日志和错误日志文件位置。
- ssl=1：表示 HTTP 是否提供 SSL 加密，1 表示启用，0 表示禁用。
- keyfile：HTTP 使用的密钥。
- userfile：用于存放 HTTP 的用户名和密码。
- login_script、logout_script、failed_script：用于处理用户登录、退出和失败时的脚本文件。

其中需要注意的是 port=10000，通常建议修改此值以确保安全。

15.4 主要模块介绍

在 Webmin 中有许多设置项，这些设置项大多数时候称为模块，这些模块被分为 Webmin、系统、服务器、其他、网络、硬件和集群等几大类。用户登录 Webmin 之后，这些分类将显示在主界面左侧，用户可以单击打开分类来查看模块。本节将简单介绍如何利用这些模块配置系统或系统中的服务。

15.4.1 系统类模块

在 Webmin 中，系统类模块可以用来修改系统的设置，如用户密码、磁盘限额、PAM 认证、日志轮询等。其中各模块名称的详情如表 15.1 所示。

表15.1 系统类模块

模 块 名	说 明
Bootup and ShutDown	查看服务的启动选项，重启、关闭系统
Change Passwords	修改系统用户密码
Filesystem Backup	创建文件系统备份
Log File Rotation	日志文件轮询（转存）
MIME Type Programs	MIME 类型程序设置（相当于设置打开文件的默认程序）
PAM Authentication	PAM 认证设置（PAM 是一个可插入的认证模块）
Scheduled Commands	预定命令（at 任务调度）
Software Package Updates	软件包更新
使用手册	可用于在线查看手册页
定时自动作业 Cron	自动任务设置、添加自动任务（类似 Windows 中的计划任务）
用户与群组	用户和组管理
磁盘和网络文件系统	挂载点管理
磁盘限额	设置磁盘限额，即限制用户的磁盘空间
系统日志	系统日志设置、查看日志，即/etc/rsyslog.conf 中的相关设置
软件包	软件包管理，可以使用的方式有 RPM、YUM 等
进程管理器	查看、管理系统进程

以上这些系统模块的使用都非常简单，与系统管理过程类似，此处不再赘述。

15.4.2 服务器类模块

服务器类模块主要用来配置各类服务器，例如 Apache 服务器、BIND DNS 服务器、Postfix 邮件服务器、vsftpd 文件服务器等。需要注意的是，系统新安装的服务器软件并不会在服务器类模块中显示，而是显示在 Un-used Modules 类中。

服务器类模块中有许多模块，其用法大致相同，本书将以 SSH Server 模块为例介绍如何使用服务器类模块。在 Webmin 主界面左侧依次选择【服务器】|【SSH Server】选项，此时将在主界面右侧显示 SSH Server 模块的索引页面，如图 15.5 所示。

图 15.5　SSH Server 模块索引页面

SSH Server 模块将服务的配置文件分为验证、网络、访问控制等几类，模块下方的【应用变更】和【停！】按钮分别用于应用修改的配置和停止服务。此时只需单击对应的图标就可以进入相关设置，以验证类配置为例，如图 15.6 所示。

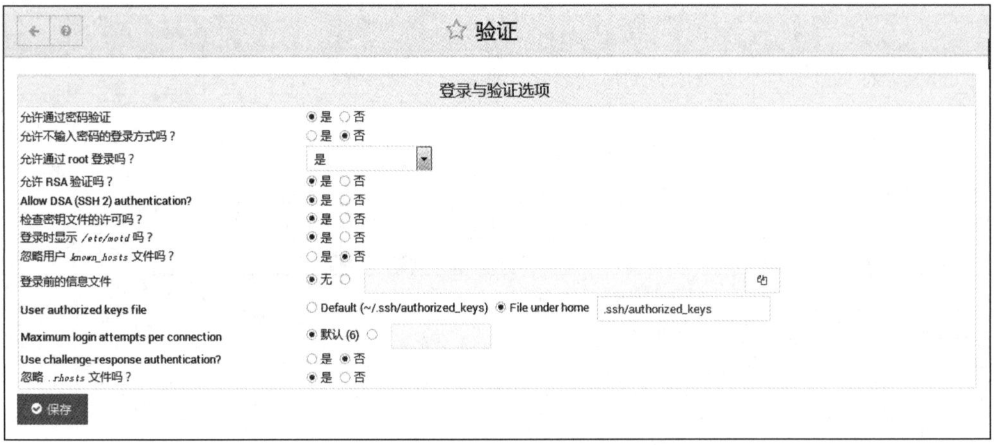

图 15.6　验证类配置选项

在验证类配置选项中，配置文件中的相关设置选项和当前设置都已经显示了出来，用户只需选择相关选项即可进行设置，非常方便。设置完成后单击【保存】按钮就可以将相关设置保存到配置文件，在索引页面单击【应用变更】按钮就可以让修改的配置项生效。

虽然 Webmin 为服务器的配置提供了比较简单的方式，但是仍然建议读者熟悉配置文件，对所有配置项及对应的功能有所了解，以备不时之需。

15.4.3　网络类模块

网络类模块主要用来配置系统中的网络和与网络相关的服务，例如 Firewalld、带宽监测、Kerberos 认证、NFS、TCP Wrappers、网络配置等，其中有些服务涉及大量专业知识，例如 Kerberos 认证、TCP Wrappers 等，读者可先了解相关知识后再对这些服务进行配置。

此处以配置系统网络为例介绍其用法。在 Webmin 主界面左侧依次选择【网络】|【网络配置】选项，此时将在主界面右侧显示网络配置模块的索引页面，如图 15.7 所示。

图 15.7　网络配置索引页面

单击【网络接口】图标即可打开网络接口列表。在网络接口列表中将显示系统中的所有接口、接口当前的状态等信息，单击接口名称就可以进入【编辑活动接口】页面，如图 15.8 所示。

图 15.8　【编辑活动接口】页面

在【编辑活动接口】页面的配置接口的 IP 地址、子网掩码等，然后单击【保存】按钮即可。

配置完接口的 IP 地址、子网掩码等参数后，还需要指定默认网关、DNS 地址。配置默认网关可以在网络配置索引页面中单击【路由和网关】图标，会弹出【路由和网关】配置页面，如图 15.9 所示。

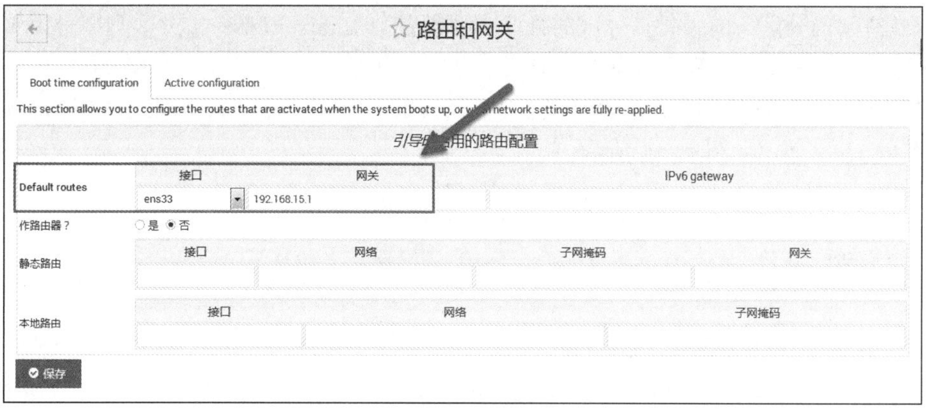

图 15.9　配置路由和网关

在【Default routes】（默认路由）后面选择要配置的接口，然后在网关中输入正确的网关地址，最后单击【保存】按钮即可。

要配置 DNS 地址，在网络配置索引页面单击【DNS 客户】图标，将弹出【DNS 客户】页面，如图 15.10 所示。

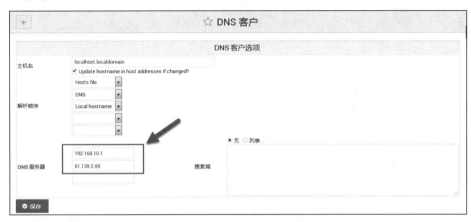

图 15.10 【DNS 客户】页面

在【DNS 服务器】中填写 DNS 地址（最多可填入 3 个），然后单击【保存】按钮即可。

网络配置结束后，在网络配置索引页面单击【Apply Configuration】（应用配置）按钮，即可让配置生效。需要注意的是，修改 IP 地址并应用后，Webmin 可能无法访问，此时需要使用新地址才能访问。

15.4.4　硬件类模块

硬件类模块主要用来管理系统中的硬件和硬件支持服务，例如打印机、iSCSI Client（用于添加 iSCSI 存储）、磁盘阵列管理、SMART Drive Status（用于监测本地磁盘，需要磁盘支持）、本地磁盘分区等。如果读者学习过相关的知识，那么一定可以配置这些简单的模块。此处以配置一个级别为 5 的磁盘阵列为例来介绍硬件类模块的用法。

在利用 Webmin 创建磁盘阵列之前，要确认系统中存在创建磁盘阵列所需的磁盘分区。磁盘分区必须是空闲的分区，同时磁盘分区的分区类型设置为 Linux（fdisk 中分区类型号为 83），那么 Webmin 就可以在创建阵列时自动检查到磁盘分区。

在 Webmin 主界面左侧依次选择【硬件】|【Linux 磁盘阵列】选项，此时主界面右侧将显示【Linux RAID】页面，如图 15.11 所示。

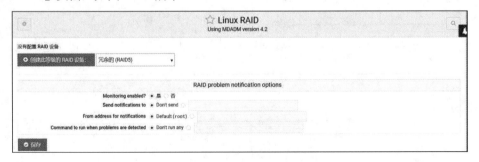

图 15.11　Linux RAID 页面

在下拉列表中选择需要创建的磁盘阵列级别,然后单击【创建此等级的 RAID 设备】按钮,此时将弹出【创建 RAID 设备】页面,如图 15.12 所示。

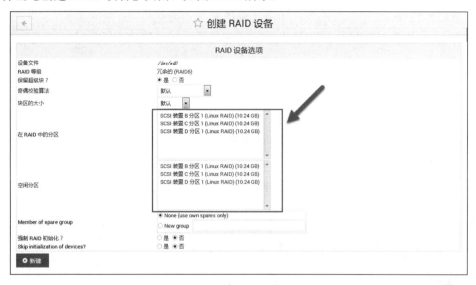

图 15.12 【创建 RAID 设备】页面

在图 15.12 中,Webmin 成功地检测到空闲的分区 sdb1、sdc1 和 sdd1,此时需要按住 Ctrl 键并依次单击需要添加到阵列中的设备。在本例中按住 Ctrl 键,并依次单击【在 RAID 中的分区】列表框中所列出的 3 个分区,然后单击【新建】按钮即可创建磁盘阵列设备。创建完成后,模块将显示新建的 RAID 设备/dev/md0,如图 15.13 所示。

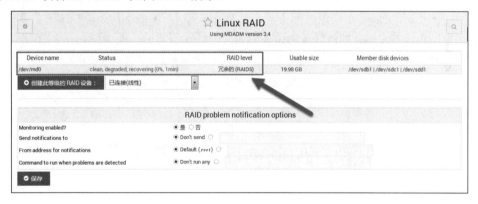

图 15.13 【Linux RAID】页面中的新设备

创建完磁盘阵列之后,新阵列将会有一个同步的过程,同步过程完成之后就可以像使用分区一样使用阵列设备/dev/md0。

15.4.5 其他类模块

其他类模块类似于系统中的工具菜单,主要是提供了一些可供使用的工具,常见的工具及说明如下:

- command shell：让用户能够从网页上执行命令。
- File Manager：在网页上显示的文件管理器。
- HTTP Tunnel：一个内嵌在 Webmin 中的网页浏览器。
- Java 文件管理器：用 Java 编写的网页文件管理器（需要浏览器支持 Java）。
- Perl 模块：用于上传和安装 Webmin 模块的工具。
- Protected Web Directories：用于管理受保护的 Web 目录。
- Text Login：可以在网页上使用的终端。
- Upload and Download：从本地上传或由 Linux 系统下载文件。
- 创建命令：创建一个网页上可用的命令。
- 系统和服务器的状态：用于查看 Linux 系统上的服务、服务监视、服务状态等。

其他类模块是对 Webmin 功能的重要补充，一般情况下很少用到，但用好其中的某些模块能提高管理效率，例如 Java 文件管理器、系统和服务器的状态等。

15.4.6 集群和 Un-used Modules 类模块

集群类模块主要用于将几台 Linux 系统上的 Webmin 组成集群，集群类中的 Cluster Webmin Servers、Cluster Users and Groups 和 Cluster Usermin Servers 这几个模块主要用于构建集群。Cluster Software Packages、Cluster Shell Commands、Cluster Cron Jobs、Cluster Copy Files、Cluster Change Passwords 是集群应用，分别应用于集群化的软件包管理、网页命令执行、cron 任务调度、文件复制及集群密码修改。由于集群应用相对较少，因此本书不进行深入讲解，感兴趣的读者可以阅读相关文档。

如果系统中没有安装某个功能或服务，自然就无法使用 Webmin 管理对应的功能和服务。Webmin 会自动将没有安装功能或服务的模块归为一个特殊的类 Un-used Modules，但这并不意味着这些模块不能启用。当系统中重新安装了对应的功能或服务后，可以在 Un-used Modules 中找到对应的模块直接使用。当系统重启后，模块将会从 Un-used Modules 类中移除，重新添加到正确的类中。

15.5 Webmin 的安全性建议

Webmin 是一个非常强大的工具，无论是系统管理还是网络服务管理，都能大幅度减少管理员的工作量。正如一把双刃剑，用得好可以极大地方便管理员；若被黑客操控，则系统中的所有信息都会被黑客掌握，损失将不可估量。

为应对安全性问题，Webmin 在设计上也采取了一些措施，例如采用 HTTPS 保障通信过程不被窃听等。但这还不够，为此本书提出以下建议：

- Webmin 默认采用 10000/TCP 端口，如果黑客发现此端口开放，无疑告诉黑客此系统中装有 Webmin，因此建议修改此端口。
- 限制访问 Webmin 的源地址。利用防火墙限制访问 Webmin 的源地址可以有效地减少风险。
- Webmin 默认使用系统用户登录，因此系统用户的密码应该足够长（建议 10 位以上）且有一定的复杂性。
- 建议关闭 Webmin 以避免不必要的麻烦，管理员需要使用时再重新打开 Webmin。

除了以上建议之外，还建议定期为系统用户更换密码，保障用户和密码的安全。

15.6　Red Hat Enterprise Linux Web 控制台

Red Hat Enterprise Linux Web 控制台是一个 Red Hat Enterprise Linux Web 界面，用于管理和监控本地系统，以及网络环境中的 Linux 服务器，功能与 Webmin 类似，但是比 Webmin 的内容要少。安装启用方式如下：

```
#安装
[root@localhost soft]# dnf install cockpit
#启动服务
[root@localhost soft]# systemctl enable --now cockpit.socket
#允许防火墙
[root@localhost soft]# firewall-cmd --add-service=cockpit --permanent
[root@localhost soft]# firewall-cmd --reload
```

访问时直接使用 https://IP:9090 即可，如图 15.14 所示。

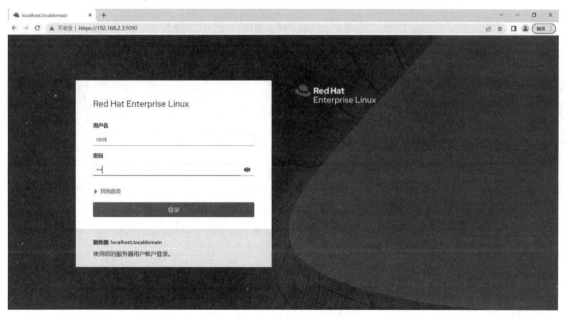

图 15.14　Red Hat Enterprise Linux Web 控制台登录界面

使用 Red Hat Enterprise Linux 的系统用户账号登录，登录成功后界面如图 15.15 所示。接下来就可以使用 Web 对系统进行配置，内容和 Webmin 类似。

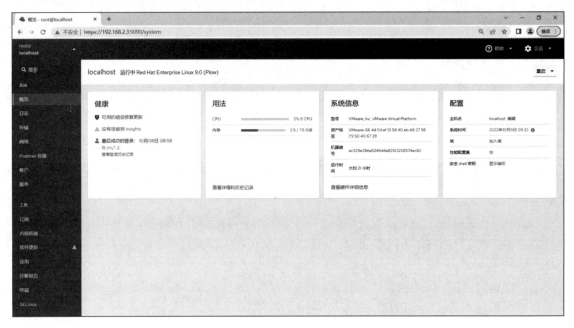

图 15.15　Red Hat Enterprise Linux Web 控制台界面

15.7　小　　结

Linux 系统的配置需要相当多的专业知识，对于知识不足的管理员来说，Webmin 是一个不错的选择。本章简单介绍了 Webmin 的基本特点、功能、模块说明和安全性建议等。对于许多新手而言，可能还不知道众多模块中的一些专业术语，因此建议先掌握更多的专业知识，对配置文件有一定的了解后再使用 Webmin 进行管理。

15.8　习　　题

一、填空题

1. Webmin 采用了多种安全措施，在访问安全上采用了更安全的＿＿＿＿＿＿协议。
2. 当系统没有安装某项功能时，其对应的设置模块会被分类到＿＿＿＿＿＿中。

二、选择题

以下描述不正确的是（　　）。

　　A. 使用防火墙策略可以加强 Webmin 的安全性
　　B. 经常修改 root 用户的密码是一个好习惯
　　C. 为防止 Webmin 的安全性，可以将其端口修改为 110
　　D. 限制 Webmin 的访问来源对提高 Webmin 的安全有帮助

第 16 章

Linux 虚拟化配置

Red Hat Enterprise Linux 9 采用基于内核的虚拟系统（Kernel based Virtual Machine，KVM）作为虚拟化解决方案。通过虚拟化技术，可以充分利用服务器的硬件资源，实现资源的集中管理和共享。

本章主要涉及的知识点有：

- KVM 虚拟化技术概述
- 安装虚拟化软件包
- 安装虚拟机
- 管理虚拟机
- 存储管理
- KVM 的安全
- 容器级虚拟化 Docker

16.1　KVM 虚拟化技术概述

在 20 世纪 60 年代，IBM 就提出了虚拟化技术。虚拟化技术可以使基础架构发挥最大的功能，为用户节约大量的成本。KVM 是第一个集成到主流 Linux 内核中的虚拟化技术，在 Red Hat Enterprise Linux 9 中，KVM 已经成为系统内置的核心模块。本节将对 Red Hat Enterprise Linux 9 中的 KVM 虚拟化技术进行介绍。

16.1.1　基本概念

KVM 采用软件方式实现了供虚拟机使用的许多核心硬件设备，并提供相应的驱动程序，这些仿真的硬件设备是实现虚拟化的关键技术。仿真的硬件设备是完全采用软件方式实现的虚拟设备，并不要求相应的设备一定真实存在。仿真的驱动程序既可以使用实际的物理设备，也可以使用虚拟设备。仿真的驱动程序是虚拟机和系统内核之间的一个中介，内核负责管理实际的物理设备，KVM则负责设备级的指令。

用户可以通过 libvirt API 及其工具 virt-manager 和 virsh 管理虚拟机。

libvirt 是一组提供了多种语言接口的 API，为各种虚拟化技术提供了一套方便、可靠的编程接口。它不仅支持 KVM，也支持 Xen、LXC、OpenVZ 以及 VirtualBox 等其他虚拟化技术。利用 libvirt API，用户可以创建、配置、监控、迁移或者关闭虚拟机。Red Hat Enterprise Linux 9 支持 libvirt 以及基于 libvirt 的各种管理工具，例如 virsh 和 virt-manager 等。

virsh 是一个基于 libvirt 的命令行工具。利用 virsh，用户可以完成所有的虚拟机管理任务，包括创建和管理虚拟机、查询虚拟机的配置和运行状态等。virsh 工具包含在 libvirt-client 软件包中。

尽管基于命令行的 virsh 的功能非常强大，但是在易用性上仍然比较差，用户需要记忆大量的参数和选项。为了解决这个问题，开发出了 virt-manager。virt-manager 是一套基于图形界面的虚拟化管理工具。同样，virt-manager 也是基于 libvirt API 的，所以用户可以使用 virt-manager 来完成虚拟机的创建、配置和迁移。此外，virt-manager 还支持管理远程虚拟机。

16.1.2　硬件要求

并不是所有的 CPU 都支持 KVM 虚拟化技术，实现 KVM 虚拟机技术的基本硬件要求如表 16.1 所示。

表16.1　支持KVM虚拟化技术的基本硬件要求

硬　　件	基　本　要　求	建　议　配　置
Intel 64 CPU	具有 Intel VT 和 Intel 64 扩展特性	多核或者多个 CPU
AMD 64 CPU	具有 AMD-V 和 AMD 扩展特性	多核或者多个 CPU

用户可以通过以下命令检查当前的 CPU 是否支持 KVM 虚拟化：

```
[root@localhost ~]# egrep '(vmx|svm)' /proc/cpuinfo
    flags           : fpu vme de pse tsc msr pae mce cx8 apic sep mtrr pge mca cmov
pat pse36 clflush mmx fxsr sse sse2 ss syscall nx pdpe1gb rdtscp lm constant_tsc
arch_perfmon nopl xtopology tsc_reliable nonstop_tsc cpuid tsc_known_freq pni
pclmulqdq vmx ssse3 fma cx16 pcid sse4_1 sse4_2 x2apic movbe popcnt
tsc_deadline_timer aes xsave avx f16c rdrand hypervisor lahf_lm abm 3dnowprefetch
cpuid_fault invpcid_single ssbd ibrs ibpb stibp ibrs_enhanced tpr_shadow vnmi ept
vpid ept_ad fsgsbase tsc_adjust bmi1 avx2 smep bmi2 invpcid avx512f avx512dq rdseed
adx smap clflushopt clwb avx512cd sha_ni avx512bw avx512vl xsaveopt xsavec xsaves
arat pku ospke avx512_vpopcntdq md_clear flush_l1d arch_capabilities
    vmx flags       : vnmi invvpid ept_x_only ept_ad tsc_offset vtpr mtf ept vpid
unrestricted_guest ple ept_mode_based_exec
```

如果输出的结果中包含 vmx，就表示采用 Intel 虚拟化技术；如果包含 svm，就表示采用 AMD 虚拟化技术；如果没有任何输出，就表示当前的 CPU 不支持 KVM 虚拟化技术。

16.2 安装虚拟化软件包

KVM 虚拟化软件包中包含 KVM 内核模块、KVM 管理器以及虚拟化管理 API，用于管理虚拟机以及相关的硬件设备。本节介绍如何在 Red Hat Enterprise Linux 9 中安装虚拟化软件包。

要在 Red Hat Enterprise Linux 9 上面使用虚拟化技术，需要安装多个软件包，用户可以使用 yum 命令逐个安装所需要的软件包，也可以使用软件包组的方式来安装虚拟化组件。下面分别介绍这两种安装方法。

16.2.1 通过 yum 命令安装虚拟化软件包

在 Red Hat Enterprise Linux 9 安装完成后，系统会要求用户注册到 Red Hat，注册完成后就可以使用 YUM 工具安装软件包。如果 Red Hat Enterprise Linux 9 无法连接到互联网，也可以通过安装光盘建立 YUM 源的方式使用 YUM 工具安装软件包。安装光盘建立 YUM 源的方法如示例 16-1 所示。

【示例 16-1】

```
#假定光盘已经挂载到目录/media 下
#新建文件 rhel.repo
[root@localhost ~]# cat /etc/yum.repos.d/rhel.repo
[rhel-dvd-baseos]
#源名称
name=RHEL-9.0-DVD-BaseOS
#源路径指向/media
baseurl=file:///run/media/liu/RHEL-9-0-0-BaseOS-x86_64/BaseOS/
#启用源时指定参数 1
enable=1
#启用软件包 gpg 验证及指定 gpg 密钥的位置
gpgcheck=1
gpgkey=file:///run/media/liu/RHEL-9-0-0-BaseOS-x86_64/BaseOS/

[rhel-dvd-AppStream]
#源名称
name=RHEL-9.0-DVD-AppStream
#源路径指向/media
baseurl=file:///run/media/liu/RHEL-9-0-0-BaseOS-x86_64/AppStream/
#启用源时指定参数 1
enable=1
#启用软件包 gpg 验证及指定 gpg 密钥的位置
gpgcheck=1
gpgkey=file:///run/media/liu/RHEL-9-0-0-BaseOS-x86_64/AppStream/
```

注意，使用光盘建立的 YUM 源无法获得最新的软件包，这仅仅是对使用 rpm 命令安装软件包的一种升级。

要在 Red Hat Enterprise Linux 9 上面使用虚拟化技术，至少需要安装 qemu-kvm 和 qemu-img 两个软件包。这两个软件包提供了 KVM 虚拟化环境以及磁盘镜像的管理功能。用户可以使用以下命令来安装这两个软件包：

```
[root@localhost ~]# yum install qemu-kvm qemu-img
```

16.2.2 以软件包组的方式安装虚拟化软件包

尽管通过 yum 命令安装虚拟化软件包非常方便，但是用户需要了解到底要安装哪些软件包，如果漏掉一些软件包，则可能导致系统无法正常运行。因此，Red Hat Enterprise Linux 9 提供了相关的软件包组，用户只要安装这些软件包组即可。表 16.2 列出了与虚拟化有关的软件包组。

表16.2 虚拟化软件包组

软件包组	说明	必需的软件包
Virtualization Client	安装和管理虚拟机的客户端工具	virt-install、virt-manager、virt-top、virt-viewer
Virtualization Platform	提供访问和控制虚拟机的接口	libvirt、virtwho
Virtualization Tools	提供离线管理虚拟机镜像的工具	libguestfs

用户可以通过以下命令安装软件包组：

```
yum groupinstall groupname
```

在上面的命令中，groupinstall 子命令表示安装软件包组，groupname 则是软件包组的名称。例如，下面的命令安装 Virtualization Client、Virtualization Platform 以及 Virtualization Tools 这 3 个软件包组：

```
[root@localhost ~]# yum groupinstall "Virtualization Client" "Virtualization Platform" "Virtualization Tools"
```

在 Red Hat Enterprise Linux 中，许多软件包组名称中都包含空格，在这种情况下，需要使用双引号将软件包组名称引起来。

安装完成之后，用户可以通过 lsmod 命令验证 KVM 模块是否被成功加载：

```
[root@localhost ~]# lsmod | grep kvm
kvm_intel             170181  0
kvm                   554609  1 kvm_intel
irqbypass              13503  1 kvm
```

如果得到以上输出结果，就表示 KVM 模块已经被成功加载。

另外，用户还可以通过 virsh 命令来验证 libvirtd 服务是否正常启动：

```
[root@localhost ~]# virsh -c qemu:///system list
 Id    Name                           State
----------------------------------------------------
```

如果已经成功启动，就会输出以上结果；如果出现错误，就表示 libvirtd 服务没有成功启动。

16.3 安装虚拟机

KVM 支持多种操作系统类型的虚拟机，用户可以通过 virt-manager 图形界面或者 virt-install 命令行工具来创建、配置、安装或者维护虚拟机。本节主要介绍如何通过 virt-manager 图形界面来安装 Linux 以及 Windows 虚拟机。

16.3.1 安装 Linux 虚拟机

下面介绍如何通过 virt-manager 图形界面来安装一台 Red Hat Enterprise Linux 9.0 虚拟机，操作步骤如下：

步骤01 在 virt-manager 图形界面中单击【活动】|【显示应用程序】|【虚拟系统管理器】命令，打开【虚拟系统管理器】界面，如图 16.1 所示。

步骤02 单击工具栏上面的 ■ （创建新虚拟机）按钮，打开【新建虚拟机】界面，如图 16.2 所示。首先选择新虚拟机的安装方式，本例中选择【本地安装介质】安装，选择完成后单击【前进】按钮。

图 16.1 【虚拟系统管理器】界面

步骤03 接下来创建新虚拟机向导，会要求用户选择安装介质的位置，如图 16.3 所示。如果使用物理光驱进行安装，此时需要将光盘放入光驱，选择【使用 CD-ROM 或 DVD】选项即可。在本例中，安装介质选择【使用 ISO 映像】，手动输入 ISO 文件路径或单击【浏览】按钮找到 ISO 文件。选择完 ISO 文件后，向导会自动检查 ISO 文件并选择合适的操作系统类型及版本。自动检测失败后，用户可以手动输入需要安装的系统类型。检查操作系统类型及版本没有问题后，单击【前进】按钮，进入下一步。

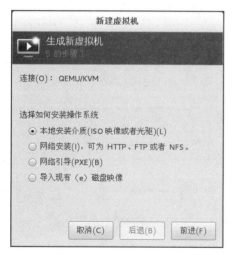

图 16.2 【新建虚拟机】界面   图 16.3 输入安装源路径

步骤04 设置内存和 CPU。用户可以根据宿主机的内存和 CPU 情况，以及自己的需要来为虚拟机设置适当的内存大小和虚拟 CPU 的个数，如图 16.4 所示。设置完成之后，单击【前进】按钮，进入下一步。

步骤05 设置虚拟机磁盘，如图 16.5 所示。用户可以为虚拟机创建一个新的虚拟磁盘，也可以使用现有的虚拟磁盘。在创建新的虚拟磁盘的时候，需要提供虚拟磁盘的大小。在本例中，选择创建一个新的虚拟磁盘，并设置其大小为 10GB。设置完成之后，单击【前进】按钮，进入下一步。

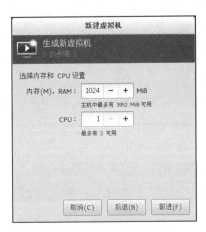 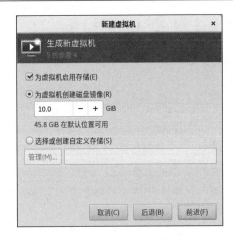

图 16.4　设置内存和 CPU　　　　　图 16.5　设置虚拟磁盘

步骤 06 接下来是一个安装概要，包含虚拟机名称、操作系统的类型、安装方式、内存大小、虚拟 CPU 个数以及虚拟磁盘的大小和路径等，如图 16.6 所示。此时可以按需要为虚拟机命名，也可以在【选择网络】中选择网络连接方式。如果用户需要在安装前修改虚拟机的配置，则可以勾选【在安装前自定义配置】复选框。配置完成直接单击【完成】按钮，开始安装。

步骤 07 等待操作系统安装完成，如图 16.7 所示。

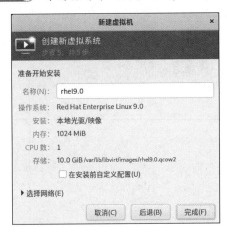 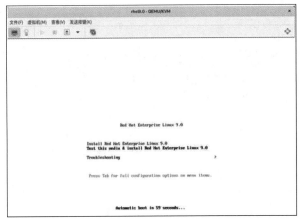

图 16.6　安装概要　　　　　图 16.7　安装操作系统

由于接下来的安装过程与普通的物理机上面的安装过程完全相同，因此不再详细介绍，读者可以参考相关的书籍来了解如何安装各种 Linux 操作系统的虚拟机。

16.3.2　安装 Windows 虚拟机

KVM 支持各种 Windows 操作系统，包括 Windows XP、Windows 2003、Windows 7、Windows 8、Windows 10 以及 Windows 2008 等。本节以 Windows 10 为例来说明如何在 virt-manager 图形界面中安装 Windows 虚拟机，操作步骤如下：

步骤 01 在 virt-manager 图形界面中单击【活动】|【显示应用程序】|【系统工具】|【虚拟系统管理器】命令，打开【虚拟系统管理器】界面，如图 16.8 所示。

图 16.8 【虚拟系统管理器】界面

步骤 02 单击工具栏上面的 ■（创建虚拟机）按钮，打开虚拟机创建向导，选择【本地安装介质】方式安装，如图 16.9 所示。选择完成后单击【前进】按钮，进入下一步。

步骤 03 安装介质选择【使用 ISO 映像】，输入安装光盘 ISO 映像路径或单击【浏览】按钮，从本地文件系统中查找 ISO 映像，如图 16.10 所示。

步骤 04 选择完 ISO 光盘映像后，注意向导可能无法正确监测到操作系统的类型及版本，此时可以在操作系统类型后面的下拉列表中选择【Windows】，在版本中选择【Microsoft Windows 10】，如图 16.10 所示。完成后单击【前进】按钮，进入下一步。

图 16.9 设置安装方式 　　　　 图 16.10 选择安装介质和操作系统类型

步骤 05 接下来向导会要求用户选择新虚拟机的内存大小及虚拟 CPU 数量，如图 16.11 所示。选择完成后单击【前进】按钮。

步骤 06 接下来向导会要求用户为新虚拟机添加磁盘，如图 16.12 所示。设置完成之后，单击【前进】按钮，进入下一步。

图 16.11 选择内存大小和 CPU 数量 　　　　 图 16.12 选择磁盘

步骤 07 安装概要。为新虚拟机输入名称并检查安装概要列出的各项参数，如果确定没有问题，单击【完成】按钮，开始安装，如图 16.13 所示。

步骤 08 等待操作系统安装完成，如图 16.14 所示。

图 16.13　安装概要

图 16.14　开始安装操作系统

16.4　管理虚拟机

通常情况下，系统管理员可以通过虚拟机管理器来完成虚拟机的日常管理，例如修改虚拟 CPU 的数量、重新分配内存以及更改硬件配置等。除此之外，系统管理员还可以使用命令行工具来完成虚拟机的维护。本节介绍如何通过这两种方式来管理虚拟机。

16.4.1　虚拟机管理器的简介

在安装虚拟机的时候，已经使用过虚拟机管理器，本节将对虚拟机管理器进行详细的介绍。

虚拟机管理器是一套图形界面的虚拟机管理工具，通过它，系统管理员可以非常方便地管理虚拟机。启动虚拟机管理器的方法有以下两种。

（1）通过在命令行中输入以下命令来启动：

[root@localhost data]# virt-manager

（2）通过在图形界面上单击【活动】|【显示应用程序】|【系统工具】|【虚拟系统管理器】命令来启动。

虚拟系统管理器的主界面如图 16.15 所示。

在图 16.15 中，顶部是菜单栏，接下来是工具栏，对虚拟机的所有操作都可以通过菜单栏和工具栏来完成。主界面的下面以表格的形式列出了所有的虚拟机。表格分为两列：第 1 列是主机名称及其当前的状态，第 2 列以波幅的形式显示当前虚拟机的 CPU 利用率。

图 16.15　虚拟系统管理器主界面

如果想要管理某个虚拟机，可以双击该主机所在的行；也可以右击该主机所在的行，然后在快捷菜单中选择【打开】命令。之后就可以进入该主机的控制台界面了。图 16.16 显示了一台 Red Hat Enterprise Linux 虚拟机的控制台界面。

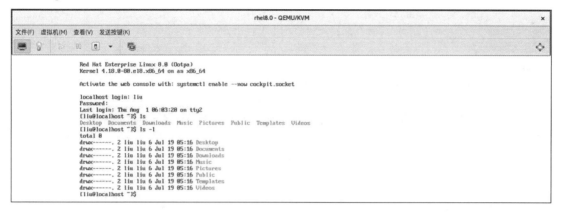

图 16.16　Red Hat Enterprise Linux 虚拟机控制台界面

16.4.2　查询或者修改虚拟机硬件配置

用户可以通过虚拟机控制台来查询和修改虚拟机的硬件配置。在虚拟机控制台的工具栏中选择 （显示虚拟硬件详情）按钮，打开虚拟机的虚拟硬件配置窗口，如图 16.17 所示。

在图 16.17 中，窗口的左侧是虚拟硬件名称，右侧是该硬件的相关配置信息。虚拟机控制台列出了主要的虚拟硬件，如 CPU、内存、引导选项、磁盘、光驱、网卡、鼠标、显卡以及 USB 口等。

单击左侧的【概况】选项，窗口右侧会列出该虚拟机的硬件配置概括，包括名称、状态、管理程序的类型和硬件架构等。

单击左侧的【性能】选项，窗口右侧会显示与性能有关的信息，包括 CPU 的利用率、内存的利用率、磁盘 I/O 以及网络 I/O 等，如图 16.18 所示。

图 16.17　虚拟机虚拟硬件详细信息

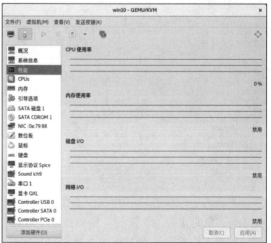

图 16.18　虚拟机性能图表

单击左侧的【CPUs】选项，窗口右侧显示当前的虚拟 CPU 配置情况，如图 16.19 所示。用户可以修改虚拟 CPU 的个数。

选择【内存】选项，用户可以修改虚拟机的内存大小，如图 16.20 所示。

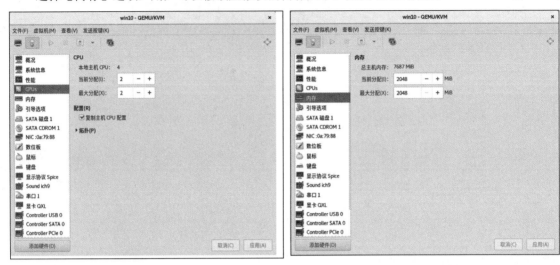

图 16.19　虚拟 CPU 配置　　　　　　　　图 16.20　设置内存

选择【引导选项】选项，用户可以修改与虚拟机引导有关的选项，例如修改引导顺序等，如图 16.21 所示。

选择【SATA 磁盘 1】选项，可以设置与磁盘有关的参数，如图 16.22 所示。

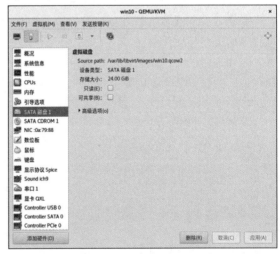

图 16.21　修改引导选项　　　　　　　　图 16.22　修改磁盘参数

其他选项的查看或者修改与上面介绍的基本相同，不再赘述。当用户修改了参数之后，需要单击右下角的【应用】按钮，使得修改生效。

如果用户需要添加其他的虚拟硬件，则可以在左侧列表的下方单击【添加硬件】按钮，打开【添加新虚拟硬件】窗口，如图 16.23 所示。选择所需的硬件类型，然后配置相关的参数，单击【完成】按钮，即可完成添加操作。

图 16.23　添加新虚拟硬件

16.4.3　管理虚拟网络

KVM 维护着一组虚拟网络供虚拟机使用。虚拟机管理器提供了虚拟网络的管理功能。用户可以在虚拟机管理器的主界面中单击 KVM 服务器列表中相应的服务器，选择菜单中的【编辑】|【连接详情】命令，即可打开该 KVM 服务器的详细信息窗口，如图 16.24 所示。

图 16.24 中共包含 4 个选项卡，分别是【概述】【虚拟网络】【存储】和【网络接口】。其中【概述】选项卡显示了当前服务器的基本信息，并且以图表的形式显示其性能。【虚拟网络】选项卡用来显示和配置当前服务器中的虚拟网络，如图 16.25 所示。【存储】选项卡用来管理存储池，此部分内容将在稍后介绍。【网络接口】选项卡用来管理服务器的网络接口。

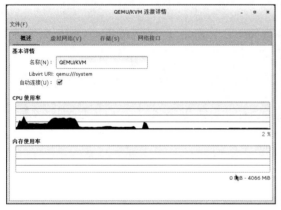

图 16.24　KVM 服务器详细信息

图 16.25　虚拟网络选项

下面详细介绍虚拟网络的管理。在窗口的左边列出了所有的虚拟网络，右边则显示了当前虚拟网络的配置信息，包括虚拟网络的名称、设备、状态、是否自动启动以及 IPv4 的相关参数等。除此之外，还可以在此界面中添加一个新的虚拟网络，添加步骤如下：

步骤01　单击左下角的 ➕（添加网络）按钮，打开虚拟网络添加向导，如图 16.26 所示。在【网络名称】文本框中输入新网络名称，然后单击【前进】按钮，进入下一步。

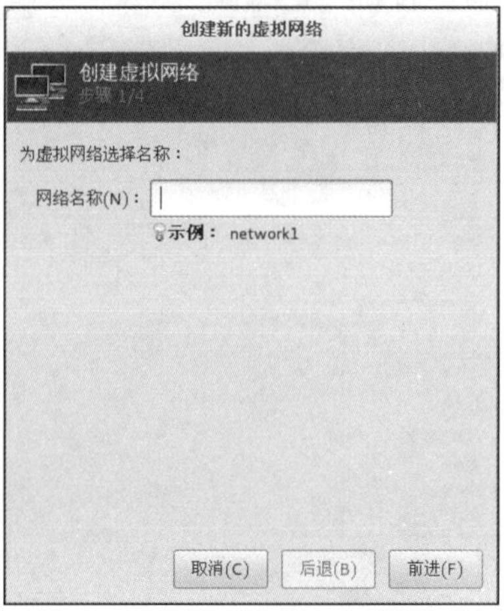

图 16.26　设置虚拟网络名称

步骤 02　选择 IPv4 地址空间。用户可以从私有 IP 地址中选择部分 IP 地址段作为虚拟机的 IP 地址空间，例如 10.0.0.0/8、172.16.0.0/12 或者 192.168.0.0/16。在本例中，选择 192.168.100.0/24 作为虚拟机的 IP 地址空间，如图 16.27 所示。同时，还可以启用 DHCP，为 DHCP 设置可分配的 IP 地址范围。完成后单击【前进】按钮，进入下一步。

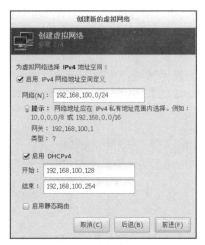

图 16.27　选择 IPv4 地址空间

步骤 03　选择 IPv6 地址空间，如图 16.28 所示。目前大部分网络仍然采用 IPv4，IPv6 用得较少，因此可根据实际情况进行设置。完成后单击【前进】按钮，进入下一步。

步骤 04　选择虚拟网络与物理网络的连接方式，如图 16.29 所示。一共有两个选项，第一个为【隔离的虚拟网络】，如果选择该方式，则 KVM 服务器中连接到该虚拟网络的虚拟机将位于一个独立的虚拟网络中，虚拟机之间可以相互访问，但是不能访问外部网络。第二个选项为【转发到物理网络】，如果用户选择该方式，则需要指定转发的目的地，即任意物理设备或者某个特定的物理设备；另外，用户还需要指定转发模式，即 NAT 或者路由方式。在本例中，选择转发到任意物理设备，采用 NAT 方式。单击【完成】按钮，此虚拟网络创建完成。

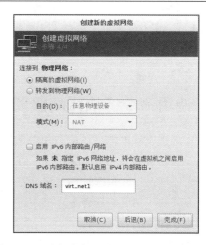

图 16.28　IPv6 设置　　　　图 16.29　选择虚拟网络与物理网络的连接方式

当创建完成之后，在当前 KVM 服务器的详细信息窗口的【虚拟网络】选项卡中，可以看到刚刚创建的虚拟网络，如图 16.30 所示。从中可以看到，名称为 virt_net1 的虚拟网络已经处于活动状态。

图 16.30　查看虚拟网络状态

如果用户不需要某个虚拟网络了，就可以在图 16.30 所示的窗口中选中该虚拟网络，然后单击下面的 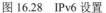（停止网络）按钮，再单击（删除）按钮，即可将它删除。

16.4.4　管理远程虚拟机

除了访问和管理本地 KVM 系统中的虚拟机之外，利用虚拟机管理器，用户还可以管理远程 KVM 系统中的虚拟机。在虚拟机管理器的窗口中，单击【文件】|【添加连接】命令，打开【添加连接】对话框，如图 16.31 所示。从图 16.31 中可知，虚拟机管理器可以连接 KVM、Xen 等虚拟化平台。

对于 Red Hat Enterprise Linux 9.0 而言，在【管理程序】文本框中需要选择【QEMU/KVM】选项。勾选【连接到远程主机】

图 16.31　连接到远程 KVM 系统

复选框，在【方法】下拉菜单中选择【SSH】选项，在【用户名】文本框中输入建立连接的用户名，一般为 root，在【主机名】文本框中输入远程 KVM 系统的 IP 地址，单击【连接】按钮，即可连接到远程的 KVM 系统，同时该 KVM 系统的虚拟机也会显示出来。

16.4.5 使用命令行执行高级管理

尽管使用虚拟机管理器可以很方便地通过图形界面管理虚拟机，但是这需要 Red Hat Enterprise Linux 9.0 支持图形界面才可以。实际上，在大部分情况下，Red Hat Enterprise Linux 服务器并不一定安装了桌面环境；另外，系统管理员通常是通过终端以 SSH 的方式连接到 Red Hat Enterprise Linux 服务器进行管理。在这些场合下，都不可以通过虚拟机管理器来管理虚拟机。

virsh 软件包提供了一组基于命令行的工具来管理虚拟机。virsh 包含许多命令，用户可以通过 virsh help 命令查看这些命令。下面分别介绍如何通过命令行来完成常用的虚拟机操作。

1. 创建虚拟机

用户可以通过 virt-install 命令来创建一个新的虚拟机。该命令的基本语法如下：

```
virt-install --name NAME --ram RAM STORAGE INSTALL [options]
```

其中，--name 参数用来指定虚拟机的名称，--ram 参数用来指定虚拟机的内存大小，STORAGE 参数是指虚拟机的存储设备，INSTALL 参数代表安装的相关选项。virt-install 命令的选项非常多，常用选项如下：

- --vcpus：指定虚拟机的虚拟 CPU 配置，例如--vcpus 5 表示指定 5 个虚拟 CPU，--vcpus 5,maxcpus=10 表示指定当前默认虚拟 CPU 为 5 个、最大为 10 个。通常虚拟 CPU 个数不能超过物理 CPU 个数。
- --cdrom：指定安装介质为光驱，例如--cdrom /dev/hda 表示指定安装介质位于光驱 /dev/hda。
- --location：指定其他的安装源，例如 nfs:host:/path\http://host/path 或者 ftp://host/path。
- --os-type：指定操作系统类型，例如 Linux、UNIX 或者 Windows。
- --os-variant：指定操作系统的子类型，例如 fedora6、rhel5、solaris10、win2k 或者 winxp 等。
- --disk：指定虚拟机的磁盘，可以是一个已经存在的虚拟磁盘或者新的虚拟磁盘，例如--disk path=/my/existing/disk。
- --network：指定虚拟机使用的虚拟网络，例如--network network=my_libvirt_virtual_net。
- --graphics：图形选项，例如--graphics vnc 表示使用 VNC 图形界面、--graphics none 表示不使用图形界面。

示例 16-2 的命令创建一个名称为 winxp 的虚拟机，其操作系统为 Windows XP。

【示例 16-2】

```
[root@localhost ~]# virt-install --name winxp --hvm --ram 1024 --disk
/var/lib/libvirt/images/winxp.img,size=10 --network network:default --os-variant
winxp --cdrom /root/winxp.iso
    WARNING Graphics requested but DISPLAY is not set. Not running virt-viewer.
```

```
WARNING  No console to launch for the guest, defaulting to --wait -1

Starting install...
Allocating 'winxp.img'                                  |  10 GB     00:00
Creating domain...                                      |   0 B      00:00
Domain installation still in progress. Waiting for installation to complete.
```

图形安装界面会自动打开，如图 16.32 所示。

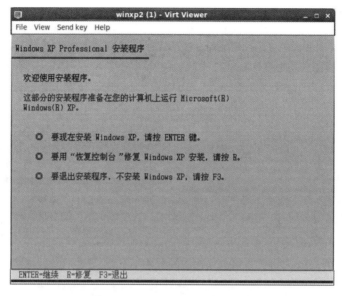

图 16.32　Windows XP 安装界面

2. 查看虚拟机

用户可以通过 virsh 命令查看虚拟机的状态，如示例 16-3 所示。

【示例 16-3】

```
[root@localhost ~]# virsh -c qemu:///system list
 Id    Name                           State
----------------------------------------------------
 7     winxp                          running
```

在上面的输出结果中，Name 表示虚拟机的名称，State 表示虚拟机的状态。

3. 关闭虚拟机

virsh 的子命令 shutdown 可以关闭指定的虚拟机。例如示例 16-4 的命令关闭名称为 winxp 的虚拟机。

【示例 16-4】

```
[root@localhost ~]# virsh shutdown winxp
Domain winxp is being shutdown
```

4. 启动虚拟机

与 shutdown 子命令相对应，start 子命令可以启动某个虚拟机，如示例 16-5 所示。

【示例 16-5】

```
[root@localhost ~]# virsh start winxp
Domain winxp started
```

5. 监控虚拟机

virt-top 命令类似于 top 命令，用来动态监控虚拟机的状态。在命令行中直接输入 virt-top 命令即可启动，其界面如图 16.33 所示。

在图 16.33 所示的界面中，用户按 1 键，可以切换到 CPU 使用统计界面，如图 16.34 所示；按 2 键，可以切换到网络接口状态界面，如图 16.35 所示。

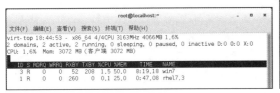 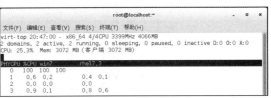

图 16.33　virt-top 主界面　　　　　　　　图 16.34　CPU 使用统计界面

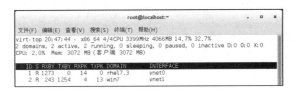

图 16.35　网络接口状态界面

6. 列出所有的虚拟机

virsh 的 list 子命令可以列出所有的虚拟机，无论它是否启动，如示例 16-6 所示。

【示例 16-6】

```
[root@localhost ~]# virsh list --all
 Id    Name                           State
----------------------------------------------------
 1     rhel9.0                        running
 2     win10                          running
```

16.5　存 储 管 理

虚拟机可以安装在宿主机的本地存储设备中，例如本地磁盘、LVM 卷组或者文件系统中的目录等，这些称为本地存储池。另外，虚拟机还可以安装在网络存储设备中，例如 FC SAN、IP SAN 以及 NFS 等，这些称为网络存储池。本地存储池不支持虚拟机的迁移，而网络存储池支持虚拟机的迁移。存储池由 libvirt 管理，默认情况下，libvirt 使用 /var/lib/libvirt/images 目录作为存储池。本节将对 KVM 的存储管理进行介绍。

16.5.1 创建基于磁盘的存储池

KVM 可以将一个物理磁盘设备作为存储池。创建基于磁盘的存储池的操作步骤如下：

步骤 01 在 KVM 服务器的连接详情对话框中，切换到【存储】选项卡，窗口的左边列出了当前所有的存储池，如图 16.36 所示。

图 16.36　存储池管理

步骤 02 单击左下角的 ⊕（添加池）按钮，打开【添加新存储池】窗口，在【名称】文本框中输入存储池的名称，例如 newpool，在【类型】下拉列表中选择【disk:网络磁盘设备】选项，如图 16.37 所示。完成后单击【前进】按钮，进入下一步。

步骤 03 在【目标路径】文本框中输入磁盘设备所在的目录，默认为/dev，然后在【源路径】文本框中输入使用的硬盘名称，或单击【浏览】按钮，浏览并选择磁盘设备。勾选【构建池】复选框，以格式化磁盘存储池，如图 16.38 所示。设置完成之后，单击【完成】按钮，完成存储池的创建。

图 16.37　选择存储池名称和类型

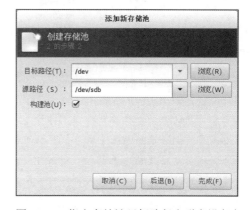

图 16.38　指定存储池目标路径和磁盘设备名

16.5.2 创建基于磁盘分区的存储池

KVM 的存储池可以创建在一个已经创建文件系统的磁盘分区上面。假设/dev/sdc1 是一个已经存在的磁盘分区，其文件系统为 ext4，在该文件系统上创建一个存储池的操作步骤如下：

步骤01 在 KVM 服务器的连接详情对话框中，切换到【存储】选项卡，窗口的左边列出了当前所有的存储池，如图 16.36 所示。

步骤02 单击左下角的 ➕（添加池）按钮，打开【添加新存储池】窗口。在【名称】文本框中输入存储池名称，例如 sdc1，在【类型】下拉列表中选择【fs:预先格式化的块设备】选项，如图 16.39 所示。完成后单击【前进】按钮，进入下一步。

步骤03【目标路径】已由系统完成选择，接下来需要在【源路径】文本框中输入磁盘分区的路径/dev/sdc1，或者单击【浏览】按钮，浏览并选择/dev/sdc1，如图 16.40 所示。设置完成后单击【完成】按钮，完成存储池的创建。

图 16.39　创建基于分区的存储池

图 16.40　选择磁盘分区路径

16.5.3 创建基于目录的存储池

存储池还可以建立在某个目录下。假设存在一个名称为/data 的目录，在该目录下创建存储池的操作步骤如下：

步骤01 在 KVM 服务器的连接详情对话框中，切换到【存储】选项卡，窗口的左边列出了当前所有的存储池，如图 16.36 所示。

步骤02 单击左下角的 ➕（添加池）按钮，打开【添加新存储池】窗口。在【名称】文本框中输入存储池名称，例如 data，在【类型】下拉列表中选择【dir:文件系统目录】选项，如图 16.41 所示。完成后单击【前进】按钮，进入下一步。

步骤03 在【目标路径】文本框中输入目标目录的路径，或者单击右边的【浏览】按钮，浏览并选择该目录，如图 16.42 所示。设置完成后单击【完成】按钮，完成存储池的创建。

图 16.41 创建基于目录的存储池　　　　图 16.42 选择目标路径

16.5.4 创建基于 LVM 的存储池

Red Hat Enterprise Linux 9.0 的 LVM 拥有非常大的灵活性，通过 LVM，用户可以动态扩展文件系统的大小。KVM 支持将存储池建立在 LVM 上。假设存在一个名称为 vg0 的逻辑卷组，如下所示：

```
[root@localhost ~]# vgdisplay
  --- Volume group ---
  VG Name               vg0
  System ID
  Format                lvm2
  Metadata Areas        1
  Metadata Sequence No  1
  VG Access             read/write
  VG Status             resizable
  MAX LV                0
  Cur LV                0
  Open LV               0
  Max PV                0
  Cur PV                1
  Act PV                1
  VG Size               14.43 GiB
  PE Size               4.00 MiB
  Total PE              3694
  Alloc PE / Size       0 / 0
  Free  PE / Size       3694 / 14.43 GiB
  VG UUID               SGg1xU-QZvi-eQky-RMIu-musC-DR7q-3Hjf8h
```

在该卷组上创建存储池的操作步骤如下：

步骤 01　在 KVM 服务器的连接详情对话框中，切换到【存储】选项卡，窗口的左边列出了当前所有的存储池，如图 16.36 所示。

步骤 02　单击左下角的 + （添加池）按钮，打开【添加新存储池】窗口。在【名称】文本框中输入存储池的名称，例如 lvm_vg0，在【类型】下拉列表中选择【logical:LVM 卷组】选项，如图 16.43 所示。完成后单击【前进】按钮，进入下一步。

步骤 03　在【目标路径】文本框中输入卷组名称/dev/vg0，或者单击【浏览】按钮，浏览文件系统并选择/dev/vg0，如图 16.44 所示。对于已经存在的卷组，可以忽略【源路径】选项。单击【完成】按钮，完成存储池的创建。

图 16.43　创建基于 LVM 的存储池　　　图 16.44　选择卷组作为目标路径

16.5.5　创建基于 NFS 的存储池

KVM 的存储池不仅支持在本地创建，还支持在一些网络中创建，例如 NFS 或者 IP SAN 等。在 NFS 上创建 KVM 存储池的操作步骤如下：

步骤 01　在 KVM 服务器的连接详情对话框中，切换到【存储】选项卡，窗口的左边列出了当前所有的存储池，如图 16.36 所示。

步骤 02　单击左下角的 ➕（添加池）按钮，打开【添加新存储池】窗口。在【名称】文本框中输入存储池的名称，例如 nfs_data，在【类型】下拉列表中选择【netfs:网络导出的目录】选项，如图 16.45 所示。完成后单击【前进】按钮，进入下一步。

步骤 03　【目标路径】已由系统自动填写，通常不必修改。在【主机名】文本框中输入 NFS 服务器的 IP 地址，在【源路径】文本框中输入共享目录的路径，如图 16.46 所示。设置完成后单击【完成】按钮，完成存储池的创建。

图 16.45　创建基于 NFS 的存储池　　　图 16.46　选择 NFS 服务器和共享目录

16.6 KVM 安全管理

在 KVM 系统中，由于所有的虚拟机都位于宿主机中，因此宿主机的安全非常重要。如果宿主机的安全措施比较薄弱，那么所有虚拟机的安全性无论怎么加强，都将是薄弱的，所以，KVM 系统的安全管理非常重要。本节将从 SELinux 和防火墙两个方面来介绍 KVM 的安全管理。

16.6.1 SELinux

默认情况下，SELinux 要求所有虚拟机的镜像文本都必须位于/var/lib/libvirt/images/及其下级目录中。如果用户将虚拟机镜像文件放到了文件系统的其他位置，那么 SELinux 会禁止宿主系统加载该镜像文件。同样，如果使用了 LVM 逻辑卷、磁盘、分区以及 IP SAN 等存储池，也需要适当地设置 SELinux 上下文属性才可以正常使用。

上一节已经介绍过，用户可以通过几种方式来创建存储池，下面以目录为例来说明如何设置 SELinux 上下文。

（1）建立存储池的目录。

```
[root@localhost Desktop]# mkdir -p /data/kvm/images
```

（2）为了安全性，更改目录的所有者，并设置权限。

```
[root@localhost Desktop]# chown -R root:root /data/kvm/images/
[root@localhost Desktop]# chmod 700 /data/kvm/images/
```

（3）配置 SELinux 上下文。

```
[root@localhost Desktop]# semanage fcontext -a -t virt_image_t /data/kvm/images/
```

以上命令主要用于打开 SELinux 设定，不然虚拟机无法访问存储文件。

注意：如果没有 semanage，需要安装 policycoreutils-python 软件包。

设置完成之后，用户就可以在/data/kvm/images 目录中创建存储池了。

16.6.2 防火墙

防火墙是另外一个影响系统安全的因素。在宿主机系统中，必须根据虚拟机中启用的网络服务适当地设置防火墙，否则外部网络无法访问虚拟机。在设置防火墙的时候，应该注意以下端口。

- 确保 SSH 的服务端口 22 是开放的，便于利用 SSH 连接到远程主机进行管理。
- KVM 虚拟机在迁移的时候会使用 49152~49216 这一段 TCP/UPD 端口，因此如果需要迁移虚拟机，那么这些端口也必须开放。

16.7 小　　结

本章主要介绍了 Red Hat Enterprise Linux 9 中虚拟化的相关知识以及虚拟机的相关操作，包括安装、管理、安全等。目前虚拟化技术已经深入各类企业，在虚拟化基础上可以方便地部署各类系统，并建立很多应用，例如云服务以及后续要学习的 Docker 等，因此学好虚拟化是一个非常重要的任务。

16.8 习　　题

一、填空题

1. 启动虚拟机管理器的方法有两种：_____ 和 _____。
2. 要在 Red Hat Enterprise Linux 9 上使用虚拟化技术，至少需要安装 _____ 和 _____ 这两个软件包。

二、选择题

以下描述不正确的是（　　）。

  A. 要在 Red Hat Enterprise Linux 9 上使用虚拟化技术，需要安装多个软件包，用户可以使用 yum 命令逐个安装所需要的软件包，也可以使用软件包组的方式来安装虚拟化组件
  B. 在 KVM 系统中，并不是所有的虚拟机都位于宿主机中
  C. 除了访问和管理本地 KVM 系统中的虚拟机之外，利用虚拟机管理器，用户还可以管理远程 KVM 系统中的虚拟机
  D. 在 KVM 虚拟机中分配的 CPU 数量不能大于物理机的 CPU 数量

第 17 章

Docker 容器级虚拟化

Docker 是 Docker 公司开发的基于 Apache 2.0 协议的开源软件,它可以把应用和环境打包到一起进行部署,比如把 Red Hat Enterprise Linux 9 和 MySQL 打包到一个 Docker 镜像里面,然后就可以像运行一个程序一样来启动它。

Docker 的目标是加强部署环境的一致性,缩短从开发、测试、部署到上线运行的时间。让开发的应用程序具备可移植性,易于构建。Docker 本身是服务器-客户端架构,服务器在后台运行,一般称之为 Docker 引擎;客户端用来连接服务器,一般称之为 Docker 命令。这样我们既可以在本地操作 Docker,也可以在其他机器上通过远程访问来操作 Docker。

本章主要涉及的知识点有:

- Docker 三大概念——镜像、仓库、容器
- Docker 安装
- Docker 基础使用命令
- Docker 搭建 LNMP 实战
- Docker Compose 介绍

17.1 Docker 三大概念——镜像、仓库、容器

1. Docker 镜像

Docker 镜像是把应用程序和运行环境打包在一起的文件。我们可以编写 Docker file 来告诉 Docker 如何把环境和应用打包到一起,形成一个镜像文件。

2. Docker 仓库

Docker 仓库是一台存放 Docker 镜像的服务器。我们可以把开发好的镜像上传到仓库中,也可

以从仓库中拉取我们做好的镜像或者其他人共享出来的镜像。仓库分为官方仓库和私有仓库。官方仓库叫作 Docker Hub，访问官方网站注册账号就可以使用了。私有仓库我们可以自己搭建。

3. Docker 容器

Docker 容器是启动之后的镜像实体。从仓库中拉取镜像后就可以通过镜像来启动容器了。一个镜像可以启动多个容器，就像我们可以打开多个记事本一样。

17.2　安装 Docker

Docker 的安装比较简单，可以按照以下步骤来进行安装。

步骤 01　检查 Docker 内核版本。

安装 Docker 要求 Linux 的内核版本在 3.10 以上，Red Hat Enterprise Linux 9 满足这个要求，可以用 uname –r 命令来检查一下。

```
[root@localhost ~]# uname -r
5.14.0-70.13.1.el9_0.x86_64
```

步骤 02　添加 YUM 仓库。这里使用 YUM 的方式来安装 Docker。

我们在 /etc/yum.repos.d 下面添加一个 docker.repo 的文件。

```
[root@localhost ~]# yum install -y yum-utils
```

然后添加下面的文本内容（注意，由于目前 RHEL9 比较新，还没有对应的库，因此暂时使用 CentOS 代替）：

```
[root@localhost ~]# yum-config-manager \
    --add-repo \
    https://download.docker.com/linux/centos/docker-ce.repo
```

步骤 03　使用 yum 命令安装 Docker。

添加好 Docker 的 repo 以后，就可以通过下面的命令来安装 Docker 了：

```
[root@localhost ~]# yum --allowerasing install docker-ce docker-ce-cli containerd.io docker-compose-plugin
```

步骤 04　启动 Docker 并验证是否安装成功。

安装完成以后，可以使用 systemctl 命令启动 Docker 引擎：

```
systemctl start docker.service
```

或者

```
[root@localhost ~]# service docker start
Redirecting to /bin/systemctl start docker.service
```

验证是否安装成功：

```
[root@localhost ~]# docker version
Client: Docker Engine - Community
 Version:           20.10.18
 API version:       1.41
 Go version:        go1.18.6
 Git commit:        b40c2f6
 Built:             Thu Sep  8 23:12:02 2022
 OS/Arch:           linux/amd64
 Context:           default
 Experimental:      true

Server: Docker Engine - Community
 Engine:
  Version:          20.10.18
  API version:      1.41 (minimum version 1.12)
  Go version:       go1.18.6
  Git commit:       e42327a
  Built:            Thu Sep  8 23:09:37 2022
  OS/Arch:          linux/amd64
  Experimental:     false
 containerd:
  Version:          1.6.8
  GitCommit:        9cd3357b7fd7218e4aec3eae239db1f68a5a6ec6
 runc:
  Version:          1.1.4
  GitCommit:        v1.1.4-0-g5fd4c4d
 docker-init:
  Version:          0.19.0
  GitCommit:        de40ad0
```

如果 Docker 服务器不能启动，可以更新一下再重新启动：

```
yum update
```

步骤 05 设置 Docker 开机启动。

使用 systemctl 命令来设置开机启动 Docker 引擎：

```
[root@localhost ~]# systemctl enable docker
Created symlink from /etc/systemd/system/multi-user.target.wants/docker.service to /usr/lib/systemd/system/docker.service.
```

输入 reboot 命令重新启动 RHEL9：

```
[root@localhost ~]# reboot
```

这次换成使用 docker info 命令来查看 Docker 信息：

```
[root@localhost ~]# docker info
Client:
 Context:    default
 Debug Mode: false
 Plugins:
  app: Docker App (Docker Inc., v0.9.1-beta3)
  buildx: Docker Buildx (Docker Inc., v0.9.1-docker)
  compose: Docker Compose (Docker Inc., v2.10.2)
```

```
     scan: Docker Scan (Docker Inc., v0.17.0)

 Server:
  Containers: 0
   Running: 0
   Paused: 0
   Stopped: 0
  Images: 0
  Server Version: 20.10.18
  Storage Driver: overlay2
   Backing Filesystem: xfs
   Supports d_type: true
   Native Overlay Diff: true
   userxattr: false
  Logging Driver: json-file
  Cgroup Driver: systemd
  Cgroup Version: 2
  Plugins:
   Volume: local
   Network: bridge host ipvlan macvlan null overlay
   Log: awslogs fluentd gcplogs gelf journald json-file local logentries splunk syslog
  Swarm: inactive
  Runtimes: io.containerd.runc.v2 io.containerd.runtime.v1.linux runc
  Default Runtime: runc
  Init Binary: docker-init
  containerd version: 9cd3357b7fd7218e4aec3eae239db1f68a5a6ec6
  runc version: v1.1.4-0-g5fd4c4d
  init version: de40ad0
  Security Options:
   seccomp
    Profile: default
   cgroupns
  Kernel Version: 5.14.0-70.13.1.el9_0.x86_64
  Operating System: Red Hat Enterprise Linux 9.0 (Plow)
  OSType: linux
  Architecture: x86_64
  CPUs: 8
  Total Memory: 7.479GiB
  Name: localhost.localdomain
  ID: URQO:C4RW:JHI2:DPVF:5MHT:GZ4N:SY3T:CBTT:Z42V:24HY:A6DU:25MA
  Docker Root Dir: /var/lib/docker
  Debug Mode: false
  Registry: https://index.docker.io/v1/
  Labels:
  Experimental: false
  Insecure Registries:
   127.0.0.0/8
  Live Restore Enabled: false
```

17.3　Docker 仓库和加速器

Docker 仓库其实跟 SVN 仓库、GIT 仓库比较类似，主要是用来存放 Docker 镜像文件的。Docker 官方搭建的仓库叫作 Docker Hub，我们也可以自己搭建私有仓库。

我们可以从 Docker 仓库中下载需要的镜像文件，但是由于显而易见的网络原因，拉取镜像的过程非常耗时，严重影响使用 Docker 的体验。此时需要使用加速器来加快镜像的下载。这里推荐 daocloud 提供的加速器。打开下面的网址：

```
https://www.daocloud.io/mirror#accelerator-doc
```

按照文档执行下面的命令配置加速器：

```
curl -sSL https://get.daocloud.io/daotools/set_mirror.sh | sh -s http://f1361db2.m.daocloud.io

[root@localhost ~]# curl -sSL https://get.daocloud.io/daotools/set_mirror.sh | sh -s http://f1361db2.m.daocloud.io
docker version >= 1.12
{"registry-mirrors": ["http://f1361db2.m.daocloud.io"]}
Success.
You need to restart docker to take effect: sudo systemctl restart docker
...
```

上述还没有支持 Red Hat Enterprise Linux 9，可以通过手动添加的方式新增 mirror 到系统。创建或修改 /etc/docker/daemon.json 文件，修改为如下形式：

```
{
    "registry-mirrors": [
        "http://hub-mirror.c.163.com",
        "https://docker.mirrors.ustc.edu.cn",
        "https://registry.docker-cn.com"
    ]
}
```

配置完之后记得重新启动 Docker 引擎：

```
[root@localhost ~]# systemctl restart docker
[root@localhost ~]# docker info
...
Registry Mirrors:
  http://hub-mirror.c.163.com/
  https://docker.mirrors.ustc.edu.cn/
  https://registry.docker-cn.com/
 Live Restore Enabled: false
```

17.4 Docker 的基础命令

Docker 的基础命令不是很多，本节以 MySQL 镜像为例来看看如何使用 docker 命令拉取 MySQL 镜像，并成功运行在我们的机器上。

17.4.1 搜索镜像

使用 docker search 命令搜索 MySQL 镜像：

```
[root@localhost ~]# docker search mysql
NAME            DESCRIPTION                                     STARS    OFFICIAL    AUTOMATED
mysql           MySQL is a widely used, open-source relati...   7007     [OK]
mariadb         MariaDB is a community-developed fork of M...   2247     [OK]
```

在这里，我们看到有两个镜像：一个是 MySQL 的官方镜像，一个是 MariaDB 的官方镜像。

17.4.2 拉取镜像

拉取 MySQL 5.7 官方镜像到本地：

```
[root@localhost ~]# docker pull mysql:5.7
5.7: Pulling from library/mysql
...
```

每一个镜像提交的时候都有一个标签，如果我们没有指定标签，默认会拉取最后一次的 MySQL 镜像版本，也就是 latest 标签对应的 MySQL。这里我们指定版本为 5.7。

17.4.3 查看本地镜像列表

查看本地镜像列表：

```
[root@localhost ~]# docker images |grep mysql
mysql              5.7             563a026a1511      4 weeks ago         372MB
```

可以看到 MySQL 是镜像的名称，5.7 是镜像的版本，563a026a1511 是镜像的 ID，372MB 是镜像的大小。

17.4.4 运行容器

先建立好 MySQL 的相关目录。这里先介绍一个通用的概念，Docker 运行容器以后，会给容器分配一个唯一的标识（ID）来标识这个容器。我们也可以给容器定义名称，如果有多台 MySQL 服务器，可以把名字设置为 mysql001、mysql002，这里笔者只是做一个示范，就定义为 mysql。有了 ID 和名字以后，基本的启动、停止等操作就可以使用 ID 或者名字来操作对应的容器了。

提示：ID 可以略写，只要能够与其他容器 ID 或者名字进行区分即可。

比如 ID 为 c8deda4a889aa635ffd673191c58fb6d1e89cf561dad20234e6a7c1232cf114d，实际操作的时候可以简写为 docker start c8d 等。

（1）创建 mysql 的配置文件目录：

```
mkdir -p /opt/mysql/conf
```

（2）创建 mysql 的日志文件目录：

```
mkdir -p /opt/mysql/logs
```

（3）创建数据文件目录：

```
mkdir -p /opt/mysql/data
```

（4）进入配置好的 mysql 目录文件夹：

```
[root@localhost mysql]# cd /opt/mysql/
```

（5）启动容器：

```
[root@localhost mysql]# docker run -p 3306:3306 --name mysql -v
$PWD/conf:/etc/mysql/conf.d -v $PWD/logs:/logs -v $PWD/data:/var/lib/mysql -e
MYSQL_ROOT_PASSWORD=keep -d mysql:5.7
    c8deda4a889aa635ffd673191c58fb6d1e89cf561dad20234e6a7c1232cf114d
```

参数说明：

- -p：参数表示程序启动的端口号，这里将容器的 3306 端口映射到主机的 3306 端口。
- --name：为运行的这个容器命名，这里的名称是 mysql。
- -v：是挂载虚拟卷，这里把创建的 3 个目录都挂载到容器内部对应的 3 个目录里面。
- -e：初始化 root 密码。
- -d：deamon 运行。

最后的 mysql:5.7 表示运行的是 mysql 镜像的 5.7 版本。c8deda4a889aa635ffd673191c58fb6d1e89cf561dad20234e6a7c1232cf114d s 是容器的 ID。

（6）查看容器：

```
[root@localhost mysql]# docker ps
CONTAINER ID        IMAGE         COMMAND                  CREATED STATUS       PORTS                              NAMES
c8deda4a889a        mysql:5.7     "docker-entrypoint..."   2 minutes ago        Up 2 minutes        0.0.0.0:3306->3306/tcp, 33060/tcp   mysql
```

17.4.5 停止容器

可以使用名称停止容器：

```
[root@localhost mysql]# docker stop mysql
mysql
```

也可以使用 ID 来停止容器：

```
[root@localhost ~]# docker stop c8deda4a889a
```

17.4.6 重新运行容器

首先查看总共有哪些容器：

```
[root@localhost mysql]# docker ps -a
CONTAINER ID     IMAGE         COMMAND                 CREATED         STATUS                     PORTS     NAMES
c8deda4a889a     mysql:5.7     "docker-entrypoint..."  4 minutes ago   Exited (0) 56 seconds ago            mysql
```

然后使用名字或者 ID 重新启动容器：

```
[root@localhost mysql]# docker start mysql
mysql
```

再次查看是否启动：

```
[root@localhost mysql]# docker ps
CONTAINER ID     IMAGE         COMMAND                 CREATED          STATUS        PORTS                               NAMES
c8deda4a889a     mysql:5.7     "docker-entrypoint..."  31 minutes ago   Up 4 seconds  0.0.0.0:3306->3306/tcp, 33060/tcp   mysql
```

也可以使用 restart 命令重启：

```
[root@localhost mysql]# docker restart mysql
mysql
```

17.4.7 连接 MySQL 数据库

要使用 MySQL 自己的客户端连接 mysql，前提是要连接到容器的 bash：

```
[root@localhost mysql]# docker exec -it mysql bash
root@42355706919d:/# mysql
```

进入到 bash 以后，直接使用 MySQL 客户端命令进行连接：

```
root@42355706919d:/# mysql -pkeep
...

Type 'help;' or '\h' for help. Type '\c' to clear the current input statement.

mysql> create database qa;
Query OK, 1 row affected (0.09 sec)

mysql> show databases;
+--------------------+
| Database           |
+--------------------+
| information_schema |
| mysql              |
| performance_schema |
| qa                 |
| sys                |
+--------------------+
```

```
5 rows in set (0.01 sec)
```

在这里首先创建了一个数据库 qa，然后查看现在系统里有多少个数据库。使用 Windows 工具连接到 mysql 容器（见图 17.1），打开 mysql 容器，可以看到 qa 数据库在列表中，如图 17.2 所示。

图 17.1　连接 mysql 容器

图 17.2　查看 mysql 容器

17.4.8 开机自动启动容器

开机自动启动容器，可以在使用 docker run 命令启动容器时加上 --restart 参数来进行设置：

```
docker run -p 3306:3306 --name --restart=always mysql -v
$PWD/conf:/etc/mysql/conf.d -v $PWD/logs:/logs -v $PWD/data:/var/lib/mysql -e
MYSQL_ROOT_PASSWORD=keep -d mysql:5.7
```

如果启动的时候没有加上 --restart 参数，也可以进行补充：

```
docker update --restart=always mysql
```

其中，mysql 是容器的名称。

17.4.9 删除容器

删除容器之前，需要先停止这个容器：

```
[root@localhost mysql]# docker stop mysql
mysql
```

再执行 rm 命令，这里可以是容器的名称，也可以是容器的 ID。

```
[root@localhost mysql]# docker rm mysql
mysql
```

17.4.10 删除镜像

删除镜像之前，需要先删除所有使用该镜像的容器。

删除前查看现在已经有的镜像：

```
[root@localhost ~]# docker images
REPOSITORY      TAG         IMAGE ID        CREATED         SIZE
mysql           5.7         563a026a1511    4 weeks ago     372MB
mysql           latest      6a834f03bd02    4 weeks ago     484MB
```

因为 MySQL 5.7 的镜像下面还需要使用，所以这里删除 MySQL 的最后版本：

```
[root@localhost ~]# docker rmi 6a83
Untagged: mysql:latest
Untagged: mysql@sha256:59e5ff6c9d6177d4b98432d055233502451da5c32c3481055b41942785df9e77
Deleted: sha256:6a834f03bd02bb88cdbe0e289b9cd6056f1d42fa94792c524b4fddc474dab628
Deleted: sha256:7c5fa90085d2a84db64c17365d10f5b53a5aa706268f638a907d1201e1bed152
Deleted: sha256:6d0978f641c5d7d23caf78f1c9684a012e2ae57d470ece8445762c3477680de7
Deleted: sha256:2f28bef8ce4a6d89c30b7ace59cfc5b588326c2557512ca407a30a757e536fbd
Deleted: sha256:310bec32d59e1c6c90a0f4c626f82e4af855d2e62e08b5c57537024eb8913662
Deleted: sha256:4156c6921920d628b3d2fcb90a9a42aae34aeb8a5ad633b360410c8b4d19f8be
```

这样镜像就删除完成了，再次运行 docker images 命令，会发现 latest 镜像已经没有了。

17.5　Docker 搭建 LNMP 实战

LNMP 指的是一个基于 Linux 的 Nginx、PHP、MySQL 整体框架。在搭建 LNMP 之前，先介绍 Docker 里面的 link 概念。

每次启动容器的时候，实际上 IP 是容器的路由器自动分配的，也就是不固定的。这样的话，如果另外一个容器 B 想访问容器 A 的服务，因为不知道 IP 地址，就会造成无法访问的问题。可以使用容器的 link 命令让容器之间通过名字来访问。

为了实战演示方便，笔者设定这次的容器名称分别为 rc-mysql、rc-phpfpm、rc-nginx。rc 代表候选发布版本的意思。

17.5.1　Docker 运行 MySQL

（1）建立 rc-mysql 对应的目录文件夹：

```
mkdir -p /opt/rc-mysql
cd /opt/rc-mysql/
mkdir -p /opt/rc-mysql/conf
mkdir -p /opt/rc-mysql/logs
mkdir -p /opt/rc-mysql/data
```

（2）拉取镜像：

```
docker pull mysql:5.7
```

（3）启动容器，名称设置为 rc-mysql：

```
cd /opt/rc-mysql/
docker run -d -p 3306:3306 --name rc-mysql --restart=always -v $PWD/conf:/etc/mysql/conf.d -v $PWD/logs:/logs -v $PWD/data:/var/lib/mysql -e MYSQL_ROOT_PASSWORD=keep  mysql:5.7
```

（4）修改数据库访问权限：

```
[root@localhost html]# docker exec -it rc-mysql /bin/bash
root@84f2a62d03ea:/# mysql -pkeep
Type 'help;' or '\h' for help. Type '\c' to clear the current input statement.

mysql> grant all privileges  on *.* to root@'%' identified by "keep";
Query OK, 0 rows affected, 1 warning (0.01 sec)

mysql> flush privileges;
Query OK, 0 rows affected (0.01 sec)
```

17.5.2　Docker 运行 PHP-FPM

这里需要与 MySQL 容器 rc-mysql 建立连接，可以使用 link 命令来实现这个连接。连接的命令为--link name:alias。其中 name 是源容器的名称，alias 是要连接的这个容器的别名。

（1）建立 rc-phpfpm 对应的目录文件夹：

```
mkdir -p /opt/www/html
```

（2）拉取 PHP-FPM 和启动 PHP-FPM 在 9000 端口：

```
docker pull php:7.0-fpm
cd /opt/www
docker run -d -p 9000:9000 --name rc-phpfpm --restart=always -v $PWD/html:/var/www/html --link rc-mysql:rc-mysql php:7.0-fpm
```

（3）准备好测试 PHP 文件。

进入 html 目录：

```
cd /opt/www/html
vim index.php
```

输入内容：

```
<?php phpinfo(); ?>
```

保存。

（4）安装 MySQL 模块。

```
[root@localhost html]# docker exec -ti rc-phpfpm /bin/bash
root@15a2c5d150d9:/var/www/html# docker-php-ext-install pdo_mysql
Configuring for:
PHP Api Version:         20151012
...
Libraries have been installed in:
   /usr/src/php/ext/pdo_mysql/modules
...
```

17.5.3　Docker 运行 Nginx

Docker 运行 Nginx：

```
docker pull nginx

cd /opt/www/
docker run -d -p 80:80 --name rc-nginx -v $PWD/html:/var/www/html --link rc-phpfpm:rc-phpfpm nginx
```

修改/etc/nginx.conf 配置文件，让 PHP 文件能够被 PHP-FPM 解析。因为容器里面没有 vi 或者 vim 命令，所以我们把配置文件复制出来修改一下：

```
docker cp  rc-nginx:/etc/nginx/nginx.conf /opt/nginx/nginx.conf
```

使用 vim 修改：

```
server {
    listen       80;
        server_name  localhost;
```

```
            charset utf-8;
        location ~ \.php$ {
            root            /var/www/html;
            fastcgi_index   index.php;
            fastcgi_pass    rc-phpfpm:9000;  # --link进来的容器名称
            fastcgi_param   SCRIPT_FILENAME $document_root$fastcgi_script_name;
            include         fastcgi_params;
        }
    }
```

修改以后，再复制回去：

```
docker cp /opt/nginx/nginx.conf rc-nginx:/etc/nginx/nginx.conf
```

重新启动容器：

```
docker restart rc-nginx
```

测试 PHP 连接 MySQL：

```
<?php
try {
    $con = new PDO('mysql:host=rc-mysql;dbname=sys', 'root', 'keep');
    $con->query('SET NAMES UTF8');
    $res = $con->query('select * from version');
    while ($row = $res->fetch(PDO::FETCH_ASSOC)) {
        echo "sys_version:{$row['sys_version']}
mysql_version:{$row['mysql_version']}";
    }
} catch (PDOException $e) {
    echo '错误原因：' . $e->getMessage();
}
?>
```

17.6　认识 Docker Compose

　　Docker Compose 由 Python 编写，是一个用来定义和运行复杂应用的 Docker 工具。我们搭建的 LNMP 环境通常由多个容器组成，每次都需要启动多个容器。Docker Compose 可以通过一个配置文件来管理多个 Docker 容器，它允许用户通过一个单独的 docker-compose.yml 模板文件（YAML 格式）来定义一组相关联的应用容器为一个项目（project）。在这个配置文件中，所有的容器通过 services 来定义，然后使用 docker-compose 脚本来启动、停止、重启应用和应用中的服务以及所有依赖服务的容器，非常适合组合使用多个容器进行开发的场景。

17.6.1　安装 Docker Compose

直接使用 YUM 命令安装：

```
[root@localhost ~]# sudo yum install -y python-pip
...
已安装：
```

```
        python3-pip-21.2.3-6.el9.noarch.rpm
完毕!
[root@localhost ~]# sudo pip install -U docker-compose
Collecting docker-compose
...
```

查看 Docker Compose 版本：

```
[root@localhost ~]# docker-compose version
docker-compose version 1.29.2, build unknown
docker-py version: <module 'docker.version' from
'/usr/local/lib/python3.9/site-packages/docker/version.py'>
CPython version: 3.9.10
OpenSSL version: OpenSSL 3.0.1 14 Dec 2021
```

17.6.2　使用 Docker Compose 搭建 LNMP 实战

（1）建立 lnmp 目录，在下面创建 mysql 的文件夹：

```
mkdir -p /opt/compose/lnmp
mkdir -p /opt/compose/lnmp/mysql
mkdir -p /opt/compose/lnmp/mysql/conf
mkdir -p /opt/compose/lnmp/mysql/data
mkdir -p /opt/compose/lnmp/mysql/logs
```

（2）编写 Docker Compose 的 YAML 文件。

在/opt/compose/lnmp 下面编写 docker-compose.yml 文件。

```
[root@localhost lnmp]# vim docker-compose.yml
version: "1"
services:
  mysql:
    hostname: mysql
    image: mysql:5.7
    environment:
      - TZ=Asia/Shanghai
    ports:
      - 3306:3306
    networks:
      - lnmp
    volumes:
      - ./mysql/conf:/etc/mysql/conf.d
      - ./mysql/data:/var/lib/mysql
      - ./mysql/logs:/logs
    environment:
      MYSQL_ROOT_PASSWORD: keep
networks:
  lnmp:
```

在 services 中定义了 mysql 服务，hostname 名字为 mysql。

（3）启动 Docker Compose：

```
[root@localhost lnmp]# docker-compose up -d
Recreating lnmp_mysql_1 ... done
```

（4）停止 Docker Compose：

```
[root@localhost lnmp]# docker-compose down
Stopping lnmp_mysql_1 ... done
Removing lnmp_mysql_1 ... done
Removing network lnmp_lnmp
```

（5）添加 PHP。

在 services 下面添加 PHP 对应的配置：

```
services:
  php:
    image: php:7.0-fpm
    networks:
      - lnmp
    ports:
      - 9000:9000
    volumes:
      - ./www/html:/var/www/html
    environment:
      - TZ=Asia/Shanghai
```

（6）添加 Nginx：

```
services:
  php:
    ...
  nginx:
    image: nginx:1.13
    networks:
      - lnmp
    ports:
      - 80:80
    volumes:
      - .///www/html:/var/www/html
      - ./nginx/nginx.conf:/etc/nginx/nginx.conf
      - ./nginx/conf.d/default.conf:/etc/nginx/conf.d/default.conf
    environment:
      - TZ=Asia/Shanghai
    links:
      - php
```

（7）重新启动 Docker Compose 就完成了。

17.7 小 结

Docker 已经成为容器的主流，本章主要介绍了它的简单使用，并通过实战方式让读者可以亲自上手，体验 Docker。虽然在本章中简单介绍了 Docker，但是 Docker 本身是一个庞大的系统，如要熟练使用还需阅读相关书籍进一步掌握使用技巧。

17.8 习　　题

一、填空题

1. 查看 Docker 版本的两种方法：_____ 和 _____ 。
2. 查看容器详细信息的命令：_____ 。

二、选择题

1. 什么是 Docker？（　　）
   A. 虚拟机
   B. 半虚拟化技术
   C. 开源的应用容器引擎

2. Docker 与 KVM 虚拟化技术的区别是？（　　）
   A. Docker 容器启动快，资源占用小，操作系统级虚拟化技术
   B. KVM 容器启动快，资源占用小，操作系统级虚拟化技术
   C. 没区别

第 18 章

Kubernetes 集群搭建

Kubernetes 是容器技术快速发展的产物,它的出现使得大规模的服务器的运维变得更便捷、更简单。目前,国内外大部分的主流云服务提供商都提供了对 Kubernetes 的支持,包括国外的谷歌、微软、亚马逊以及国内的腾讯和阿里巴巴。因此,了解和掌握 Kubernetes 相关技术是目前 Red Hat Enterprise Linux 运维人员的必备技能。

本章首先介绍 Kubernetes 的基础知识,然后介绍如何在 Red Hat Enterprise Linux 上面快速搭建一个可用的 Kubernetes 集群。

本章主要涉及的知识点有:

- Kubernetes 集群
- 安装 Kubernetes 所需要的软硬件环境
- 部署 Master 节点
- 部署 Node 节点
- 集群检测
- 通过 Dashboard 管理集群

18.1 Kubernetes 集群

Docker 技术的应用使得人们可以快速地部署自己的应用,并且提高了应用的可移植性。但是当容器的数量达到一定的规模时,如何有效地管理这些容器就成为系统运维人员所面临的巨大问题,此时就需要使用 Kubernetes 集群。

18.1.1 什么是 Kubernetes

Kubernetes 这个词来自于希腊语,其含义为舵手或者飞行员,这个词非常形象地描述出了

Kubernetes 的核心功能。

简单地讲，Kubernetes 是一套自动化容器运维的开源平台，这些运维操作包括部署、调度和节点集群间扩展。Kubernetes 是建立在 Docker 技术之上的，Docker 是 Kubernetes 内部使用的低级别的组件，而 Kubernetes 则是管理 Docker 容器的工具。如果把 Docker 的容器比作飞机，那么 Kubernetes 则是飞机场、飞行员或者调度员。

18.1.2 Kubernetes 集群能解决什么问题

Kubernetes 是一个自动化部署、伸缩和操作应用程序容器的开源平台。使用 Kubernetes，用户可以快速、高效地管理应用程序。Kubernetes 的应用，可以满足用户以下需求：

- 快速精准地部署应用程序。
- 即时伸缩用户的应用程序。
- 为每个应用定制所需资源量。

Kubernetes 具有以下明显优势：

- 可移动：支持公有云、私有云、混合云、多态云。
- 可扩展：模块化、插件化、可挂载、可组合。
- 自修复：自动部署、自动重启、自动复制、自动伸缩。

Kubernetes 能在实体机或虚拟机集群上调度和运行程序容器，而且 Kubernetes 也能让开发者斩断联系着实体机或虚拟机的"锁链"，从以主机为中心的架构跃至以容器为中心的架构，该架构最终提供给开发者诸多内在的优势和便利。Kubernetes 为基础架构提供真正的、以容器为中心的开发环境。

此外，Kubernetes 满足了一系列产品内运行程序的普通需求，诸如：

- 服务发现和负载均衡。
- 存储编排。
- 自动部署和回滚。
- 自动完成装箱计算。
- 自我修复。
- 密钥与配置管理。
- 负载均衡。

18.1.3 Kubernetes 体系架构

在 Kubernetes 集群中，节点分为 Master 和 Node 两种，其中 Master 节点主要负责整个集群的管理和任务调度；Node 节点又称为工作节点，主要负责各种计算任务。Kubernetes 的体系架构如图 18.1 所示。

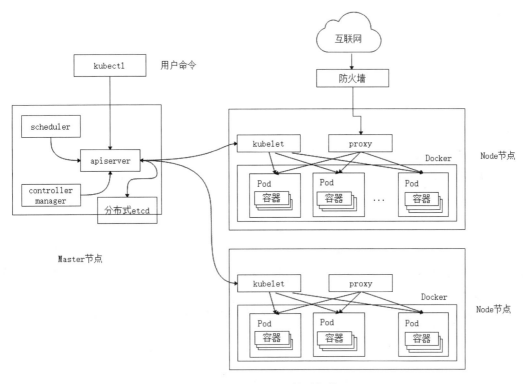

图 18.1 Kubernetes 体系架构

从图 18.1 可以看出,无论是 Master 节点还是普通的 Node 节点,上面都运行着多个服务组件。Kubernetes 主要由以下几个核心组件组成。

1. Kubernetes API Server

该组件提供了 Kubernetes 集群中所有资源操作的唯一入口,用户创建或者删除集群中的资源都要通过 Kubernetes API Server(即图 18.1 中的 apiserver)提供的各种 REST 接口。Kubernetes API Server 的存在使得集群资源的管理与关系数据库操作非常相似。除了资源管理之外,Kubernetes API Server 还提供了认证、授权、访问控制、API 注册和发现等功能。该组件运行在 Master 节点上面。

2. controller manager

controller manager 负责维护集群的状态,例如故障检测、自动扩展、滚动更新等。该组件也运行在 Master 节点上面。

3. scheduler

scheduler 负责集群中各种资源的调度,按照预定的调度策略将 Pod 调度到相应的节点上面。scheduler 也运行在 Master 节点上面。

4. etcd

etcd 是一个分布式数据库系统,它保存了整个集群的状态,即集群的各种配置选项都存储在一个 etcd 实例中。etcd 支持两种部署方式,可以运行在 Master 节点上面,作为 Master 节点的一部分,也可以是外部 etcd 集群。

5. kubelet

kubelet 是 Node 节点上面非常重要的组件，它负责管理 Pod 和 Pod 中的容器，维护容器的生命周期，同时也负责镜像、存储卷以及网络的管理。kubelet 运行在每个 Node 节点上面。

6. kube-proxy

该组件负责当前节点上面的内部服务发现和负载均衡。kube-proxy 管理服务的访问入口，包括集群内 Pod 到服务的访问和集群外的访问服务，例如 Cluster IP 就是通过 kube-proxy 实现的。kube-proxy 负责 Pod 网络代理，它会定时从 etcd 服务获取信息来制定相应的策略，并维护网络规则和四层负载均衡工作。kube-proxy 运行在每个 Node 节点上面。

7. Pod

在 Kubernetes 集群中，Pod 是所有业务类型的基础，也是 Kubernetes 管理的最小计算单位，它是一个或多个容器的组合。这些容器共享存储、网络、命名空间，以及运行规范。在 Pod 中，所有容器都被统一安排和调度，并运行在共享的上下文中。对于具体应用而言，Pod 是它们的逻辑主机，Pod 包含业务相关的多个应用容器。

除了以上几个核心组件之外，每个节点上当然都要运行 Docker。Docker 来负责所有具体的镜像下载和容器运行。

18.2 环境准备

在正式安装 Kubernetes 之前，用户需要根据自己的实际需求准备软硬件环境，主要包括节点数量、操作系统类型以及存储设备等。

18.2.1 硬件配置

Kubernetes 可以在多种软硬件平台上面部署，同时也支持物理机和虚拟机部署，如果是在生产环境中安装，则建议用户使用物理机作为节点；如果只是为了体验或者测试，则可以使用虚拟机作为节点。

在本例中，我们使用 3 台虚拟机作为节点，其中 1 台作为 Master 节点，另外 2 台作为 Node 节点。各个节点的具体硬件配置和 IP 地址分配如表 18.1 所示。

表18.1 节点硬件配置及IP地址

主 机 名	IP 地 址	角 色	CPU	内 存	磁 盘
master	192.168.2.3	Master	≥2 核	≥2GB	≥20GB
node1	192.168.2.4	Node	≥2 核	≥2GB	≥20GB
node2	192.168.2.5	Node	≥2 核	≥2GB	≥20GB

18.2.2 设置主机名

由于在注册各个工作节点时，Kubernetes 会将节点的主机名发送给 Master 节点的 apiserver，因此，集群中的节点的主机名不能重复。为了便于标识各个节点，用户应该尽量根据节点的功能为每个节点指定有意义的主机名。

在 Red Hat Enterprise Linux 中，设置主机名可以使用 hostnamectl 命令完成，该命令的基本语法如下：

```
hostnamectl {COMMAND}
```

其中 COMMAND 参数为子命令，其中设置主机名使用 set-hostname 子命令，语法如下：

```
set-hostname name
```

参数 name 为要设置的主机名。

接下来需要为 3 个节点分别指定主机名，这个操作需要在 3 个节点上面分别执行，操作方法如示例 18-1、示例 18-2 和示例 18-3 所示。

【示例 18-1】

```
[root@localhost ~]# hostnamectl set-hostname master
[root@master ~]# hostname
master
```

以上命令在 master 节点上面执行。

【示例 18-2】

```
[root@localhost ~]# hostnamectl set-hostname node1
[root@node1 ~]# hostname
node1
```

以上命令在 node1 节点上面执行。

【示例 18-3】

```
[root@localhost ~]# hostnamectl set-hostname node2
[root@node2 ~]# hostname
```

以上命令在 node2 节点上面执行。

其中 hostname 命令可以显示当前主机的主机名。

18.2.3 设置主机名解析

设置好了各个节点的主机名，现在每个节点还只是能够识别自己的主机名，不能识别集群中其他节点的主机名。为了使得集群中的各个主机能够相互识别各自的主机名，需要配置主机名的解析，实现主机名到 IP 地址的转换。

在 Red Hat Enterprise Linux 中，配置文件/etc/hosts 保存了本地主机名和 IP 地址的对应关系。该文件为文本文件，可以直接修改，添加相应的记录就可以了。由于 3 台主机都需要配置相同的主机名解析记录，因此 3 台主机的设置命令完全相同。设置主机名解析的方法如示例 18-4 所示。

【示例 18-4】

```
[root@master ~]# cat << EOF >>/etc/hosts
```

```
192.168.2.3 master
192.168.2.4 node1
192.168.2.5 node2
EOF
```

以上命令需要在 3 个节点上面分别执行，示例 18-4 只演示了在 master 节点上面的执行过程。

cat 命令的功能是合并多个文件，并且输出在屏幕上面，通常用来显示文本文件的内容。"<<"和 ">>" 为 Linux 重定向操作符，箭头指向的方向即为重定向的方向。EOF 为定界符，前后两个定界符之间为要处理的文本。因此上述命令的功能是将 EOF 之间的文本作为 cat 命令的输入内容，然后将 cat 命令的输出重定向到 /etc/hosts 文件中，从而实现了 /etc/hosts 文件的修改。

设置完成之后，3 个节点之间就可以通过主机名访问了。示例 18-5 演示了在 master 节点上面通过 ping 命令测试是否可以通过主机命令访问 node1 和 node2。

【示例 18-5】

```
[root@master ~]# ping node1
PING node1 (192.168.2.4) 56(84) bytes of data.
64 bytes from node1 (192.168.2.4): icmp_seq=1 ttl=64 time=0.887 ms
64 bytes from node1 (192.168.2.4): icmp_seq=2 ttl=64 time=0.192 ms
64 bytes from node1 (192.168.2.4): icmp_seq=3 ttl=64 time=0.232 ms
64 bytes from node1 (192.168.2.4): icmp_seq=4 ttl=64 time=0.198 ms
^C
--- node1 ping statistics ---
4 packets transmitted, 4 received, 0% packet loss, time 67ms
rtt min/avg/max/mdev = 0.192/0.377/0.887/0.295 ms
[root@master ~]# ping node2
PING node2 (192.168.2.5) 56(84) bytes of data.
64 bytes from node2 (192.168.2.5): icmp_seq=1 ttl=64 time=0.303 ms
64 bytes from node2 (192.168.2.5): icmp_seq=2 ttl=64 time=0.321 ms
64 bytes from node2 (192.168.2.5): icmp_seq=3 ttl=64 time=0.201 ms
^C
--- node2 ping statistics ---
3 packets transmitted, 3 received, 0% packet loss, time 50ms
rtt min/avg/max/mdev = 0.201/0.275/0.321/0.052 ms
```

从上面的输出结果可以得知，master 节点已经可以通过 node1 和 node2 这两个主机名访问其余两个节点。在 node1 和 node2 这两个节点上面进行测试，也可以得到相同的结果，不再重复演示。

18.2.4　关闭防火墙、SELinux 和交换分区

由于 Kubernetes 本身有着比较复杂的虚拟化网络，节点的防火墙会影响各组件之间的网络通信，因此需要关闭所有节点上面的防火墙。SELinux 本身是为了增强 Linux 的安全性，但是它也会影响 Kubernetes 的组件的运行，所以所有节点的 SELinux 服务也需要关闭。如果节点的交换分区启用，某些 Kubernetes 组件也会启动失败，因此所有节点的交换分区也必须关闭。

示例 18-6 只演示了在 master 节点上的操作，用户需要自己在 node1 和 node2 上面执行相同的命令，所有节点的命令是完全相同的。

【示例 18-6】

```
[root@master ~]# systemctl stop firewalld
[root@master ~]# systemctl disable firewalld
Removed /etc/systemd/system/multi-user.target.wants/firewalld.service.
Removed /etc/systemd/system/dbus-org.fedoraproject.FirewallD1.service.
[root@master ~]# setenforce 0
[root@master ~]# cd /etc/selinux/
[root@master selinux]# sed -i 's/SELINUX=enforcing/SELINUX=disabled/g' config
[root@master ~]# swapoff -a
[root@master ~]# sed -i '/ swap / s/^\(.*\)$/#\1/g' /etc/fstab
```

第 1 条和第 2 条命令分别用来停止 firewalld 服务和禁用 firewalld 服务。第 3 条命令临时禁用 SELinux。第 4 条和第 5 条命令通过修改/etc/selinux/config 配置文件永久禁用 SELinux，其中的 sed 命令是一个功能非常强大的文本处理命令，关于该命令的使用方法不再详细说明，读者可以参考 Linux 的命令手册。第 6 条命令通过 swapoff 禁用交换分区。第 7 条命令修改 Linux 的文件系统配置文件/etc/fstab 禁止挂载交换分区。

18.2.5　配置内核参数

由于 kube-proxy 的服务发现是通过 iptables 实现的，所以在所有节点上面都需要配置网络参数，使得各个节点上面的网桥在转发数据包时，也交由 iptables 的相应链来处理，简单说就是将桥接的 IPv4 流量传递到 iptables 链。内核参数的配置方法如示例 18-7 所示。

【示例 18-7】

```
[root@master ~]# cat >/etc/sysctl.d/k8s.conf <<EOF
net.bridge.bridge-nf-call-ip6tables =1
net.bridge.bridge-nf-call-iptables =1
EOF
```

以上命令的功能是创建一个新的配置文件/etc/sysctl.d/k8s.conf，然后将 EOF 之间的 2 行规则追加到该文件中。

再使用以下命令使得上面的配置生效：

```
[root@master ~]# sysctl --system
* Applying /usr/lib/sysctl.d/18-default-yama-scope.conf ...
kernel.yama.ptrace_scope = 0
* Applying /usr/lib/sysctl.d/50-coredump.conf ...
kernel.core_pattern = |/usr/lib/systemd/systemd-coredump %P %u %g %s %t %c %h %e
* Applying /usr/lib/sysctl.d/50-default.conf ...
kernel.sysrq = 16
kernel.core_uses_pid = 1
kernel.kptr_restrict = 1
net.ipv4.conf.all.rp_filter = 1
net.ipv4.conf.all.accept_source_route = 0
net.ipv4.conf.all.promote_secondaries = 1
net.core.default_qdisc = fq_codel
fs.protected_hardlinks = 1
fs.protected_symlinks = 1
* Applying /usr/lib/sysctl.d/50-libkcapi-optmem_max.conf ...
```

```
net.core.optmem_max = 81920
* Applying /usr/lib/sysctl.d/50-pid-max.conf ...
kernel.pid_max = 4194304
* Applying /etc/sysctl.d/99-sysctl.conf ...
* Applying /etc/sysctl.d/k8s.conf ...
* Applying /etc/sysctl.conf .
```

以上示例只是在 master 节点上面执行,node1 和 node2 这两个 Node 节点也需要执行同样的命令,不再重复介绍。

18.2.6 配置国内软件源

默认情况下,Red Hat Enterprise Linux 使用国外的软件源来安装软件包,通常情况下,软件包的下载速度会比较慢。为了加快下载速度,可以修改 Red Hat Enterprise Linux 的软件源配置文件,改为国内的镜像站点。

Red Hat Enterprise Linux 在国内的镜像站点有很多,例如阿里云官方镜像站、网易开源镜像站、腾讯软件源以及清华大学开源软件镜像站等,用户可以根据自己的网络情况选择不同的站点。

示例 18-8 以 master 节点为例,演示如何配置国内的软件源镜像,在其余两个 Node 节点上面需要进行同样的操作。

【示例 18-8】

```
[root@master ~]# yum install -y wget
[root@master ~]# mkdir /etc/yum.repos.d/bak && mv /etc/yum.repos.d/*.repo /etc/yum.repos.d/bak
[root@master ~]# wget -O /etc/yum.repos.d/RHEL-Base.repo https://mirror.tuna.tsinghua.edu.cn/redhat/rhel/rhel-9-beta/rhel-9-beta.repo
[root@master ~]# wget -O /etc/yum.repos.d/CentOS-Base.repo http://mirrors.cloud.tencent.com/repo/centos8_base.repo
```

第 1 条命令是安装 wget 下载工具,该工具没有包含在默认的软件包中。第 2 条命令的功能是备份当前 Red Hat Enterprise Linux 的默认的软件源配置文件,将它转移到名称为 bak 的目录中。第 3、4 条命令是通过 wget 工具从清华大学开源软件镜像站和腾讯软件源上面下载配置文件,并且保存为 .repo 文件。

除了 CentOS 本身的软件源之外,还需要配置 Kubernetes 和 Docker 的国内软件源。示例 18-9 演示了配置 Kubernetes 的国内软件源的方法。

【示例 18-9】

```
[root@master ~]# cat <<EOF >/etc/yum.repos.d/kubernetes.repo
[kubernetes]
name=Kubernetes
baseurl=https://mirrors.aliyun.com/kubernetes/yum/repos/kubernetes-el7-x86_64/
enabled=1
gpgcheck=1
repo_gpgcheck=1
gpgkey=https://mirrors.aliyun.com/kubernetes/yum/doc/yum-key.gpg https://mirrors.aliyun.com/kubernetes/yum/doc/rpm-package-key.gpg
EOF
```

在示例 18-9 中，使用阿里云的 Kubernetes 镜像站点作为安装源。

Docker 的国内软件源的配置方法如示例 18-10 所示。

【示例 18-10】

```
[root@master ~]#wget https://download.docker.com/linux/centos/docker-ce.repo -O /etc/yum.repos.d/docker-ce.repo
```

在上面的命令中，将阿里云的 Docker 镜像站点作为安装源。

上面所有的软件源都配置完成之后，还需要清理本地的软件包缓存：

```
[root@master ~]# yum clean all && yum makecache
```

18.3 软件安装

接下来开始正式安装各种软件包，主要有 Docker 和 Kubernetes 的各种管理工具。以下操作需要在所有的节点上面执行，此处以 master 节点为例介绍各种组件的安装方法，读者还需在其余节点上面执行同样的操作。

18.3.1 安装 Docker 引擎

首先在 master 节点上面安装 Docker 引擎，如示例 18-11 所示。

【示例 18-11】

```
[root@master ~]# yum install -y docker-ce
```

安装完成之后，使用以下命令启用 Docker，并启动 Docker 服务：

```
[root@master ~]# systemctl enable docker
Created symlink /etc/systemd/system/multi-user.target.wants/docker.service → /usr/lib/systemd/system/docker.service.
[root@master ~]# systemctl start docker
```

然后查看 Docker 服务状态：

```
[root@master ~]# systemctl status docker
● docker.service - Docker Application Container Engine
     Loaded: loaded (/usr/lib/systemd/system/docker.service; enabled; vendor preset: disabled)
     Active: active (running) since Sun 2022-10-09 10:51:24 CST; 2s ago
TriggeredBy: ● docker.socket
       Docs: https://docs.docker.com
   Main PID: 110312 (dockerd)
      Tasks: 13
     Memory: 95.4M
        CPU: 766ms
     CGroup: /system.slice/docker.service
             └─110312 /usr/bin/dockerd -H fd:// --containerd=/run/containerd/containerd.sock

10月 09 10:51:23 master dockerd[110312]:
```

```
time="2022-10-09T10:51:23.846994131+08:00" level=info msg="ccResolverWrapper:
sending update to cc: {[{unix:///run/containerd/containerd.sock  <nil>
    10月 09 10:51:23 master dockerd[110312]:
time="2022-10-09T10:51:23.847018642+08:00" level=info msg="ClientConn switching
balancer to \"pick_first\"" module=grpc
    10月 09 10:51:23 master dockerd[110312]:
time="2022-10-09T10:51:23.859163787+08:00" level=info msg="[graphdriver] using
prior storage driver: overlay2"
    10月 09 10:51:23 master dockerd[110312]:
time="2022-10-09T10:51:23.863214790+08:00" level=info msg="Loading containers:
start."
    10月 09 10:51:24 master dockerd[110312]:
time="2022-10-09T10:51:24.379761871+08:00" level=info msg="Default bridge (docker0)
is assigned with an IP address 172.17.0.0/16. Daemon option --b>
    10月 09 10:51:24 master dockerd[110312]:
time="2022-10-09T10:51:24.519721401+08:00" level=info msg="Loading containers:
done."
    10月 09 10:51:24 master dockerd[110312]:
time="2022-10-09T10:51:24.622598593+08:00" level=info msg="Docker daemon"
commit=e42327a graphdriver(s)=overlay2 version=20.10.18
    10月 09 10:51:24 master dockerd[110312]:
time="2022-10-09T10:51:24.622909866+08:00" level=info msg="Daemon has completed
initialization"
    10月 09 10:51:24 master systemd[1]: Started Docker Application Container Engine.
    10月 09 10:51:24 master dockerd[110312]:
time="2022-10-09T10:51:24.668632567+08:00" level=info msg="API listen on
/run/docker.sock"
```

以上输出表示 Docker 服务已经正常启动。

18.3.2 安装 Kubernetes 组件

接下来安装 Kubernetes 的管理工具，如示例 18-12 所示。

【示例 18-12】

```
[root@master ~]# yum install -y kubelet-1.23.6 kubeadm-1.23.6 kubectl-1.23.6
```

其中，kubelet 负责与其他节点通信以及本节点 Pod 和容器生命周期的管理；kubeadm 是 Kubernetes 的自动化部署工具，用来降低部署难度，提高部署效率；kubectl 是 Kubernetes 集群管理工具。

18.4 部署 Master 节点

安装完所需要的软件包之后，接下来就是集群的部署。这个过程分为两个步骤，首先是 Master 节点的部署，然后是其余的工作节点的部署。首先需要完成的是 Master 节点的部署。

18.4.1 初始化集群

集群的初始化只需要在 Master 节点上面进行，初始化命令为 kubeadm，初始化的方法如示例 18-13 所示，注意初始化中版本号要与下载的版本匹配。

【示例 18-13】

```
[root@master ~]# kubeadm init --kubernetes-version=1.23.6
--apiserver-advertise-address=192.168.2.3 --image-repository
registry.aliyuncs.com/google_containers --service-cidr=192.1.0.0/16
--pod-network-cidr=192.244.0.0/16
    [init] Using Kubernetes version: v1.23.6
    [preflight] Running pre-flight checks
    [preflight] Pulling images required for setting up a Kubernetes cluster
    [preflight] This might take a minute or two, depending on the speed of your internet
connection
    [preflight] You can also perform this action in beforehand using 'kubeadm config
images pull'
    [certs] Using certificateDir folder "/etc/kubernetes/pki"
    [certs] Generating "ca" certificate and key
    [certs] Generating "apiserver" certificate and key
    [certs] apiserver serving cert is signed for DNS names [kubernetes
kubernetes.default kubernetes.default.svc kubernetes.default.svc.cluster.local
master] and IPs [192.1.0.1 192.168.2.3]
    [certs] Generating "apiserver-kubelet-client" certificate and key
    [certs] Generating "front-proxy-ca" certificate and key
    [certs] Generating "front-proxy-client" certificate and key
    [certs] Generating "etcd/ca" certificate and key
    [certs] Generating "etcd/server" certificate and key
    [certs] etcd/server serving cert is signed for DNS names [localhost master] and
IPs [192.168.2.3 127.0.0.1 ::1]
    [certs] Generating "etcd/peer" certificate and key
    [certs] etcd/peer serving cert is signed for DNS names [localhost master] and
IPs [192.168.2.3 127.0.0.1 ::1]
    [certs] Generating "etcd/healthcheck-client" certificate and key
    [certs] Generating "apiserver-etcd-client" certificate and key
    [certs] Generating "sa" key and public key
    [kubeconfig] Using kubeconfig folder "/etc/kubernetes"
    [kubeconfig] Writing "admin.conf" kubeconfig file
    [kubeconfig] Writing "kubelet.conf" kubeconfig file
    [kubeconfig] Writing "controller-manager.conf" kubeconfig file
    [kubeconfig] Writing "scheduler.conf" kubeconfig file
    [kubelet-start] Writing kubelet environment file with flags to file
"/var/lib/kubelet/kubeadm-flags.env"
    [kubelet-start] Writing kubelet configuration to file
"/var/lib/kubelet/config.yaml"
    [kubelet-start] Starting the kubelet
    [control-plane] Using manifest folder "/etc/kubernetes/manifests"
    [control-plane] Creating static Pod manifest for "kube-apiserver"
    [control-plane] Creating static Pod manifest for "kube-controller-manager"
    [control-plane] Creating static Pod manifest for "kube-scheduler"
    [etcd] Creating static Pod manifest for local etcd in "/etc/kubernetes/manifests"
    [wait-control-plane] Waiting for the kubelet to boot up the control plane as
static Pods from directory "/etc/kubernetes/manifests". This can take up to 4m0s
```

```
[apiclient] All control plane components are healthy after 10.003247 seconds
[upload-config] Storing the configuration used in ConfigMap "kubeadm-config" in the "kube-system" Namespace
[kubelet] Creating a ConfigMap "kubelet-config-1.23" in namespace kube-system with the configuration for the kubelets in the cluster
NOTE: The "kubelet-config-1.23" naming of the kubelet ConfigMap is deprecated. Once the UnversionedKubeletConfigMap feature gate graduates to Beta the default name will become just "kubelet-config". Kubeadm upgrade will handle this transition transparently.
[upload-certs] Skipping phase. Please see --upload-certs
[mark-control-plane] Marking the node master as control-plane by adding the labels: [node-role.kubernetes.io/master(deprecated)
node-role.kubernetes.io/control-plane
node.kubernetes.io/exclude-from-external-load-balancers]
[mark-control-plane] Marking the node master as control-plane by adding the taints [node-role.kubernetes.io/master:NoSchedule]
[bootstrap-token] Using token: jtyapu.ojq1cxnqqab018k4
[bootstrap-token] Configuring bootstrap tokens, cluster-info ConfigMap, RBAC Roles
[bootstrap-token] configured RBAC rules to allow Node Bootstrap tokens to get nodes
[bootstrap-token] configured RBAC rules to allow Node Bootstrap tokens to post CSRs in order for nodes to get long term certificate credentials
[bootstrap-token] configured RBAC rules to allow the csrapprover controller automatically approve CSRs from a Node Bootstrap Token
[bootstrap-token] configured RBAC rules to allow certificate rotation for all node client certificates in the cluster
[bootstrap-token] Creating the "cluster-info" ConfigMap in the "kube-public" namespace
[kubelet-finalize] Updating "/etc/kubernetes/kubelet.conf" to point to a rotatable kubelet client certificate and key
[addons] Applied essential addon: CoreDNS
[addons] Applied essential addon: kube-proxy

Your Kubernetes control-plane has initialized successfully!

To start using your cluster, you need to run the following as a regular user:

  mkdir -p $HOME/.kube
  sudo cp -i /etc/kubernetes/admin.conf $HOME/.kube/config
  sudo chown $(id -u):$(id -g) $HOME/.kube/config

Alternatively, if you are the root user, you can run:

  export KUBECONFIG=/etc/kubernetes/admin.conf

You should now deploy a pod network to the cluster.
Run "kubectl apply -f [podnetwork].yaml" with one of the options listed at:
  https://kubernetes.io/docs/concepts/cluster-administration/addons/

Then you can join any number of worker nodes by running the following on each as root:

kubeadm join 192.168.2.3:6443 --token jtyapu.ojq1cxnqqab018k4 \
    --discovery-token-ca-cert-hash
```

```
sha256:75765430938b07c851b0238f1153ae24cff2a078aed27ebf8b467eac22d02c70
```

其中，init 命令表示进行集群的初始化；--kubernetes-version 指定 Kubernetes 的版本，此处为 1.25.2；--apiserver-advertise-address 指定 apiserver 的地址，此处为 Master 节点的 IP 地址；--image-repository 指定系统容器镜像仓储的地址，此处使用阿里云的容器仓储镜像；--service-cidr 指定服务所在的网络，此处为 192.1.0.0/16，后面的 16 表示子网掩码为 255.255.0.0；--pod-network-cidr 指定 Pod 所在的网络，此处为 192.244.0.0/16。

这一步很关键，由于 kubeadm 默认从 Kubernetes 的官网 k8s.grc.io 下载所需镜像，国内无法访问，因此需要通过--image-repository 选项指定阿里云镜像仓库地址，很多人初次部署都卡在此环节无法进行后续配置。

18.4.2 配置 kubectl 工具

当初始化成功之后，kubeadm 会输出一系列有用的信息，其中最重要的有两项，一项是当前节点的用户环境变量的配置，用户只需要根据提示进行操作就可以了，如示例 18-14 所示。

【示例 18-14】

```
[root@master ~]# mkdir -p $HOME/.kube
[root@master ~]# cp -i /etc/kubernetes/admin.conf $HOME/.kube/config
[root@master ~]# chown $(id -u):$(id -g) $HOME/.kube/config
```

另外一项是工作节点的初始化命令：

```
kubeadm join 192.168.2.3:6443 --token jtyapu.ojq1cxnqqab018k4 \
     --discovery-token-ca-cert-hash
sha256:75765430938b07c851b0238f1153ae24cff2a078aed27ebf8b467eac22d02c70
```

用户需要记住以上命令，然后在 Node 节点上面以 root 身份执行，以完成 Node 节点的初始化，并加入集群中。

下面就可以使用 kubectl 命令管理集群了，示例 18-15 演示了查看当前集群节点的方法。

【示例 18-15】

```
[root@master ~]# kubectl get nodes
NAME     STATUS     ROLES                  AGE    VERSION
master   NotReady   control-plane,master   39m    v1.20.1
```

示例 18-16 演示了如何查看当前集群的 Pod 的状态。

【示例 18-16】

```
[root@master ~]# kubectl get pods --all-namespaces
NAMESPACE     NAME                              READY   STATUS    RESTARTS   AGE
kube-system   coredns-7f89b7bc75-8xz6f          0/1     Pending   0          35m
kube-system   coredns-7f89b7bc75-mxk8g          0/1     Pending   0          35m
kube-system   etcd-master                       1/1     Running   0          35m
kube-system   kube-apiserver-master             1/1     Running   0          35m
kube-system   kube-controller-manager-master    1/1     Running   0          35m
kube-system   kube-proxy-nlj2z                  1/1     Running   0          35m
kube-system   kube-scheduler-master             1/1     Running   0          35m
```

其中，--all-namespaces 表示查看所有命名空间的 Pod，否则 kubectl gct pods 命令只显示当前命名空间的 Pod。

从上面的输出可以得知，除了 coredns 之外，其余的 Pod 都是运行状态，这是因为我们还没有安装部署网络，等安装好网络之后，这 2 个 Pod 就会自动改变状态。

18.4.3 部署网络

Kubernetes 的网络组件非常多，其中比较常用的有 Flannel 和 Calico，而 Calico 是目前稳定性较好、性能也非常高的一种网络组件。示例 18-17 使用 Calico 来进行讲解。以下操作只要在 master 这个主节点上面进行就可以了，不需要在每个 Master 节点上面执行。

【示例 18-17】

```
[root@master ~]# kubectl apply -f https://docs.projectcalico.org/manifests/calico.yaml
```

安装完成之后，再查看 Pod 状态，如下所示。

```
[root@master ~]# kubectl get pods --all-namespaces
NAMESPACE     NAME                                       READY   STATUS    RESTARTS   AGE
default       nginx-85b98978db-7s79w                     1/1     Running   0          3h38m
kube-system   calico-kube-controllers-66966888c4-2z989   1/1     Running   0          3h29m
kube-system   calico-node-9z7tw                          1/1     Running   0          3h29m
kube-system   calico-node-bhzrn                          1/1     Running   0          3h29m
kube-system   calico-node-zbjfz                          1/1     Running   0          3h29m
kube-system   coredns-6d8c4cb4d-qz52x                    1/1     Running   0          4h1m
kube-system   coredns-6d8c4cb4d-snkdl                    1/1     Running   0          4h1m
kube-system   etcd-master                                1/1     Running   0          4h2m
kube-system   kube-apiserver-master                      1/1     Running   0          4h2m
kube-system   kube-controller-manager-master             1/1     Running   0          4h2m
kube-system   kube-proxy-7b9gw                           1/1     Running   1          3h41m
kube-system   kube-proxy-s9dcs                           1/1     Running   0          4h1m
kube-system   kube-proxy-vqnbb                           1/1     Running   0          3h39m
kube-system   kube-scheduler-master                      1/1     Running   0          4h2m
```

可以发现，目前所有的组件都已经处于运行状态。

到目前为止，Master 节点上面的操作都已经完成了，Kubernetes 集群也已经运行起来了。

18.5 部署 Node 节点

Node 节点承载着计算任务，一个集群中可以包含多个 Node 节点，并且可以自由地扩容。下面详细介绍 Node 节点的操作方法。

18.5.1 部署 Node 节点并加入集群

在初始化 Master 节点的时候，kubeadm 命令最后给出了一条加入 Node 节点的命令。在本例中该命令为：

```
kubeadm join 192.168.2.3:6443 --token jtyapu.ojq1cxnqqab018k4 \
    --discovery-token-ca-cert-hash sha256:75765430938b07c851b0238f1153ae24cff2a078aed27ebf8b467eac22d02c70
```

其中，join 表示加入集群。--token 选项指定当前集群的令牌，--discovery-token-ca-cert-hash 选项指定当前集群认证的 SHA256 加密字符串。这两个选项是加入集群的凭证，因此必须指定。

用户需要分别在 node1 和 node2 上面以 root 身份执行以上命令，如示例 18-18 和示例 18-19 所示。

【示例 18-18】

```
[root@node1 ~]# kubeadm join 192.168.2.3:6443 --token jtyapu.ojq1cxnqqab018k4 \
    --discovery-token-ca-cert-hash sha256:75765430938b07c851b0238f1153ae24cff2a078aed27ebf8b467eac22d02c70
```

【示例 18-19】

```
[root@node2 ~]# kubeadm join 192.168.2.3:6443 --token jtyapu.ojq1cxnqqab018k4 \
    --discovery-token-ca-cert-hash sha256:75765430938b07c851b0238f1153ae24cff2a078aed27ebf8b467eac22d02c70
```

当节点加入成功之后，会输出一系列消息，如下所示。

```
[preflight] Running pre-flight checks
    [WARNING IsDockerSystemdCheck]: detected "cgroupfs" as the Docker cgroup driver. The recommended driver is "systemd". Please follow the guide at https://kubernetes.io/docs/setup/cri/
    [WARNING FileExisting-tc]: tc not found in system path
    [WARNING Service-Kubelet]: kubelet service is not enabled, please run 'systemctl enable kubelet.service'
[preflight] Reading configuration from the cluster...
[preflight] FYI: You can look at this config file with 'kubectl -n kube-system get cm kubeadm-config -o yaml'
[kubelet-start] Writing kubelet configuration to file "/var/lib/kubelet/config.yaml"
[kubelet-start] Writing kubelet environment file with flags to file "/var/lib/kubelet/kubeadm-flags.env"
[kubelet-start] Starting the kubelet
[kubelet-start] Waiting for the kubelet to perform the TLS Bootstrap...

This node has joined the cluster:
* Certificate signing request was sent to apiserver and a response was received.
* The Kubelet was informed of the new secure connection details.

Run 'kubectl get nodes' on the control-plane to see this node join the cluster.
```

18.5.2 查看节点

用户可以在 master 节点上面查看集群中的节点状态，如示例 18-20 所示。

【示例 18-20】

```
[root@master ~]# kubectl get nodes
NAME     STATUS     ROLES                  AGE   VERSION
master   NotReady   control-plane,master   23m   v1.23.6
```

```
node1      NotReady    <none>                116s    v1.23.6
node2      NotReady    <none>                16s     v1.23.6
```

从上面的输出可以得知，node1 和 node2 已经成功加入集群，并且其状态都是 Ready，即可用状态。

18.6 部署应用

当所有节点都正常运行之后，就可以在集群上面部署自己的应用程序了。本节以部署 Nginx 为例来介绍在 Kubernetes 集群中部署应用的方法。

18.6.1 通过 deployment 部署应用

在 Kubernetes 中，创建资源的方法有多种，此处主要介绍如何通过 deployment 来部署 Nginx 系统。Nginx 的部署方法如示例 18-21 所示。

【示例 18-21】

在 master 节点上面执行以下命令：

```
[root@master ~]# kubectl create deployment nginx --image=nginx
```

其中 kubectl create 命令表示创建一个资源，deployment 表示当前命令所创建的资源类型为 deployment，nginx 为 deployment 的名称，--image 选项用来指定容器所使用的镜像。

在以上命令执行的过程中，kubectl 命令会自动下载名称为 nginx 的镜像文件，然后创建一系列的资源。等待几分钟之后，在 master 节点查看 deployment 的状态，如示例 18-22 所示。

【示例 18-22】

```
[root@master ~]# kubectl get deployment
NAME     READY   UP-TO-DATE   AVAILABLE   AGE
nginx    1/1     1            1           3m8s
```

从上面的输出可以得知，所创建的 deployment 已经处于可用状态。

再查询当前集群的 Pod 状态，如示例 18-23 所示。

【示例 18-23】

```
[root@master ~]# kubectl get pod -o wide
NAME                       READY   STATUS    RESTARTS   AGE     IP              NODE    NOMINATED NODE   READINESS GATES
nginx-85b98978db-7s79w     1/1     Running   0          3h38m   192.244.104.2   node2   <none>           <none>
```

Kubernetes 会自动为 Pod 指定一个名称，在本例中为 nginx-85b98978db-7s79w。该 Pod 的状态为运行状态，位于 node2 节点上面。

18.6.2 通过服务访问应用

部署完 Nginx 之后,接下来要解决的就是如何使得外部系统能够访问 Nginx 的问题。在解决这个问题之前,用户需要理解 Kubernetes 中的网络结构。

在初始化集群的时候,我们指定了 2 个网络,一个是为服务提供的,即 192.1.0.0/16,另外一个是为 Pod 提供的,即 192.244.0.0/16。除了这 2 个网络之外,还有一个网络就是 Node 节点所在的网络,这 3 个网络之间是互通的,这是由 iptables 底层实现的。

尽管 Kubernetes 集群中的 3 个网络都是互通的,但是除了 Node 节点所在的网络之外,其余 2 个网络通常都是内部网络,外部系统无法直接访问到。

Kubernetes 提供了服务这种资源类型,用来实现外部系统访问 Pod 中的应用系统。服务主要包括 NodePort 和负载均衡两种类型,其中 NodePort 是最为便捷的一种方式。顾名思义,NodePort 的实现方式就是在 Pod 所在的 Node 节点上面监听一个端口,当外部系统访问这个 Node 的相应端口时,节点会将用户的请求转发给 Pod 中的应用系统的服务端口。示例 18-24 演示了如何通过 NodePort 实现外部系统访问 Nginx 服务。

【示例 18-24】

在 master 节点上面通过以下命令创建服务:

```
[root@master ~]# kubectl expose deployment nginx --port=80 --type=NodePort
service/nginx exposed
```

其中 kubectl expose deployment 表示暴露一个 deployment 类型的资源,后面的 nginx 为要暴露的 deployment 的名称,--port 选项指定 Pod 中 nginx 的服务端口为 80,--type 选项指定服务的类型为 NodePort。

如果用户不清楚容器中应用系统的服务端口,可以通过 docker inspect 命令查看,如示例 18-25 所示。

【示例 18-25】

```
[root@node2 ~]# docker inspect nginx
[
    {
        "Id": "sha256:ae2feff98a0cc5095d97c6c283dcd33090770c76d63877caa99aefbbe4343bdd",
        "RepoTags": [
            "nginx:latest"
        ],
        "RepoDigests": [
"nginx@sha256:4cf620a5c81390ee209398ecc18e5fb9dd0f5155cd82adcbae532fec94006fb9"
        ],
        "Parent": "",
        "Comment": "",
        "Created": "2020-12-15T20:21:00.007674532Z",
        "Container": "4cc5da85f27ca0d200407f0593422676a3bab482227daee044d797d1798c96c9",
        "ContainerConfig": {
            "Hostname": "4cc5da85f27c",
```

```
            "Domainname": "",
            "User": "",
            "AttachStdin": false,
            "AttachStdout": false,
            "AttachStderr": false,
            "ExposedPorts": {
                "80/tcp": {}
            },
    ...
        }
]
```

docker inpsect 命令是 Docker 的一个管理命令，其功能是查看镜像的描述信息，后面的 nginx 参数为镜像名称。在上面的输出中，我们可以看到其中的 ExposedPorts 属性为 80/tcp，表示其暴露的服务端口为 80，并且其协议为 TCP。

接下来通过以下命令查看当前集群中的服务状态：

```
[root@master ~]# kubectl get svc
NAME         TYPE        CLUSTER-IP      EXTERNAL-IP   PORT(S)        AGE
kubernetes   ClusterIP   192.1.0.1       <none>        443/TCP        163m
nginx        NodePort    192.1.12.178    <none>        80:30184/TCP   7m51s
```

其中名称为 nginx 的服务就是以上命令所创建的服务，它的类型为 NodePort，端口为 80:30184/TCP，表示 Pod 的端口为 80，而 Node 节点上面监听的端口为 30184。

在示例 18-23 中，我们得知该 Pod 位于 node2 节点上面，所以在 node2 节点上面执行以下命令，查看端口 30184 是否正在被监听：

```
[root@node2 ~]# netstat -tlanp
Active Internet connections (servers and established)
Proto Recv-Q Send-Q Local Address      Foreign Address   State    PID/Program name
tcp        0      0 0.0.0.0:179        0.0.0.0:*         LISTEN   18631/bird
tcp        0      0 0.0.0.0:22         0.0.0.0:*         LISTEN   860/sshd
tcp        0      0 127.0.0.1:36037    0.0.0.0:*         LISTEN   15958/kubelet
tcp        0      0 0.0.0.0:30184      0.0.0.0:*         LISTEN   16449/kube-proxy
...
```

在上面的输出中，第 1 列为协议名称，第 4 列为本地地址和端口。可以得知，本机的 30184 正在监听中。

打开浏览器，访问以下地址：

```
http://192.168.2.5:30184/
```

其中的 IP 地址为 node2 的 IP 地址，显示结果如图 18.2 所示。

图 18.2　访问 Nginx 服务

从图 18.2 中可以得知，用户已经可以成功访问前面部署的 Nginx 服务了。

18.7　部署图形化管理工具 Dashboard

Dashboard 是一个图形化的管理工具，可以通过它对 Kubernetes 集群进行管理，这在很大程度上提高了管理的效率和直观性。

18.7.1　创建 Dashboard 的 YAML 配置文件

部署 Dashboard 是在 master 节点上面进行，因此，通常情况下，用户只要在 master 节点上面执行以下命令就可以了：

```
[root@master ~]# kubectl apply -f wget
https://raw.githubusercontent.com/kubernetes/dashboard/v2.0.3/aio/deploy/recommended.yaml
```

为了外部访问，暴露端口 30002，在该文件中新增 2 行，代码如下：

```
spec:
  type: NodePort#新增
  ports:
    - port: 443
      targetPort: 8443
      nodePort: 30002#新增
  type: NodePort
  selector:
    k8s-app: kubernetes-dashboard
```

其中将类型改为 NodePort，端口号为 30002，这样在外部访问时只要通过 Node Port 的 30002 端口就可以访问 Port 的 443。

18.7.2　部署 Dashboard

接下来通过 kubectl create 部署 Dashboard，如示例 18-26 所示。

【示例 18-26】

```
[root@master ~]# kubectl create -f kubernetes-dashboard.yaml
namespace/kubernetes-dashboard created
serviceaccount/kubernetes-dashboard created
service/kubernetes-dashboard created
secret/kubernetes-dashboard-certs created
secret/kubernetes-dashboard-csrf created
secret/kubernetes-dashboard-key-holder created
configmap/kubernetes-dashboard-settings created
role.rbac.authorization.k8s.io/kubernetes-dashboard created
clusterrole.rbac.authorization.k8s.io/kubernetes-dashboard created
rolebinding.rbac.authorization.k8s.io/kubernetes-dashboard created
clusterrolebinding.rbac.authorization.k8s.io/kubernetes-dashboard created
deployment.apps/kubernetes-dashboard created
service/dashboard-metrics-scraper created
deployment.apps/dashboard-metrics-scraper created
```

部署完成之后，用户就可以查看相关服务的状态。示例 18-27 查看 kubernetes-dashboard 命名空间中的 Deployment 状态。

【示例 18-27】

```
[root@master ~]# kubectl get deployment kubernetes-dashboard -n
kubernetes-dashboard
NAME                   READY   UP-TO-DATE   AVAILABLE   AGE
kubernetes-dashboard   1/1     1            1           51s
```

从上面的输出可以得知，该命名空间中有 1 个名称为 kubernetes-dashboard 的 Deployment，其状态为可用。

示例 18-28 查看命名空间 kubernetes-dashboard 中的 Pod 的状态。

【示例 18-28】

```
[root@master ~]# kubectl get pods -n kubernetes-dashboard -o wide
NAME                                         READY   STATUS    RESTARTS
AGE     IP                NODE    NOMINATED NODE   READINESS GATES
dashboard-metrics-scraper-79c5968bdc-tvhjw   1/1     Running   0
4m17s   192.244.166.132   node1   <none>           <none>
kubernetes-dashboard-7448ffc97b-26sfz        1/1     Running   0        4m17s
192.244.166.133 node1   <none>           <none>
```

从上面的输出可以得知，该命名空间中包含 2 个 Pod，其状态都为运行中（Running）。

示例 18-29 查看该命名空间中的服务的状态。

【示例 18-29】

```
[root@master ~]# kubectl get services -n kubernetes-dashboard
NAME                        TYPE       CLUSTER-IP     EXTERNAL-IP
PORT(S)               AGE
dashboard-metrics-scraper   NodePort   192.1.66.135   <none>
8000:30001/TCP        8m42s
kubernetes-dashboard        NodePort   192.1.52.68    <none>          443:30002/TCP
8m42s
```

从上面的输出可以得知，该命名空间中包含 2 个服务，其中 kubernetes-dashboard 的端口为 30002，这个端口就是访问 Dashboard 的端口号。

18.7.3 访问 Dashboard

接下来就是通过浏览器访问 Dashboard，在前面的部署过程中，我们已经知道 Dashboard 对应的服务的端口为 30002，所以在浏览器中输入以下网址：

```
https://192.168.2.3:30002/#/login
```

其中 192.168.2.3 为 master 节点的 IP 地址。

出现如图 18.3 所示的界面。

图 18.3　Dashboard 登录界面

从图 18.3 中可以得知，Dashboard 有两种登录方式。在本例中使用 Token 来登录。关于如何获取 Token，可以参照示例 18-30。

【示例 18-30】

```
[root@master ~]# kubectl describe secrets -n kube-system $(kubectl -n kube-system get secret | awk '/kubernetes-dashboard/{print $1}')
   Type:  kubernetes.io/service-account-token

Data
====
namespace:  11 bytes
token:
eyJhbGciOiJSUzI1NiIsImtpZCI6IjNKTklYTmVnYU5SN2NKS1RHNmVHZmZBRFNZNWxSWHFhc2ZLQzF
BQk1FdUEifQ.eyJpc3MiOiJrdWJlcm5ldGVzL3NlcnZpY2VhY2NvdW50Iiwia3ViZXJuZXRlcy5pby9
zZXJ2aWNlYWNjb3VudC9uYW1lc3BhY2UiOiJrdWJlLXN5c3RlbSIsImt1YmVybmV0ZXMuaW8vc2Vydm
ljZWFjY291bnQvc2VjcmV0Lm5hbWUiOiJ0dGtlcnVudGVybxxlci10b2tlbi1yaGRzaiIsImt1YmVyb
mV0ZXMuaW8vc2VydmljZWFjY291bnQvc2VydmljZS1hY2NvdW50Lm5hbWUiOiJ0dGtlcnVudGVybxxl
ciIsImt1YmVybmV0ZXMuaW8vc2VydmljZWFjY291bnQvc2VydmljZS1hY2NvdW50LnVpZCI6ImZlNDh
mY2UxLTU3NmUtNDQ5Yi05OWIyLTVhODc4OWNlYWY1MiIsInN1YiI6InN5c3RlbTpzZXJ2aWNlYWNjb3
```

```
VudDprdWJlLXN5c3RlbTp0dGwtY29udHJvbGxlciJ9.EV-p7I3qzzBFNb V 742XyRCAL-o98TzTcgZ
VJjM85iF7I10r2m2B7E0Nf2Z8uND9OHqT6pUvSZ3C5Nih1v8Nij9xGjGNot8bINkhs5UHxreZdH4tDt
99c54FUd5gAOTYvHa_zQwoEKL0brEVHskK1wXU50-KZrwQ3njCsdH3Lzi3dNXB3LyQRn8uCtP-y5NjF
6O5ECO3bZz67WbhSVkHPZr7jC9Uk-igiPtt9Je70oCeoqI43cpyzdZbE8858GWjuAFT_TmMEiKfPHE0
TopvCoUjcVKCfWfhsMc-LaIQMuMuGuuiqrmJURYBrDWM-o8rGfTpisZDqV-MlSM9bkddg
     ca.crt:      1066 bytes
```

在上面的命令中，kubernetes-dashboard 为在 kubernetes-dashboard.yaml 配置文件中创建的 ServiceAccount 资源。

复制 token 后面的字符串，粘贴到图 18.3 所示的【输入 token】文本框中，然后单击【登录】按钮，即可登录到 Dashboard，如图 18.4 所示。

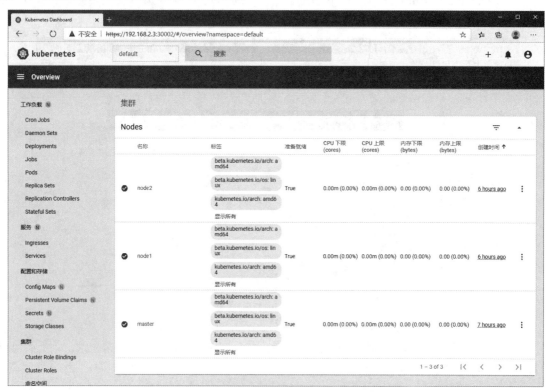

图 18.4　Dashboard

18.8　小　结

如果读者还不熟悉 Kubernetes，那就务必多复习几遍本章内容，因为本章不仅从 Kubernetes 的作用讲起，还一步一步地教读者去实践 Kubernetes，是真正的理论与实战相结合，相信读者多操作几遍后就能彻底学会 Kubernetes 了。

18.9 习　　题

一、填空题

1. Kubernetes 这个单词来自于希腊语，含义是_____。
2. 集群的节点主要包括两个部分：_____和_____。

二、选择题

以下描述不正确的是（　　）。

A. etcd 不能适用于负载均衡场景

B. image 的状态有 running、pending、unknow

C. kube-proxy 可以在每一个节点上运行

D. Kubernetes 可以自动扩容